GELSON IEZZI

FUNDAMENTOS DE MATEMÁTICA ELEMENTAR

Geometria analítica

478 exercícios propostos com resposta

296 questões de vestibulares com resposta

6ª edição | São Paulo – 2019

© Gelson Iezzi, 2013

Copyright desta edição:
SARAIVA S. A. Livreiros Editores, São Paulo, 2013
Avenida das Nações Unidas, 7221 – 1º Andar – Setor C – Pinheiros – CEP 05425-902

www.editorasaraiva.com.br
Todos os direitos reservados.

Dados Internacionais de Catalogação na Publicação (CIP)
(Câmara Brasileira do Livro, SP, Brasil)

Iezzi, Gelson

Fundamentos de matemática elementar, 7 : geometria analítica / Gelson Iezzi. — 6. ed. — São Paulo : Atual, 2013.

ISBN 978-85-357-1754-9 (aluno)
ISBN 978-85-357-1755-6 (professor)

1. Matemática (Ensino médio) 2. Matemática (Ensino médio) — Problemas e exercícios, etc. 3. Matemática (Vestibular) — Testes I. Título. II. Título: Geometria analítica.

13-01116   CDD-510.7

Índice para catálogo sistemático:
1. Matemática: Ensino médio 510.7

Fundamentos de matemática elementar — vol. 7

Gerente editorial: Lauri Cericato
Editor: José Luiz Carvalho da Cruz
Editores-assistentes: Fernando Manenti Santos/Alexandre da Silva Sanchez/Juracy Vespucci/ Guilherme Reghin Gaspar/Livio A. D'Ottaviantonio
Auxiliares de serviços editoriais: Daniella Haidar Pacifico/Margarete Aparecida de Lima/Rafael Rabaçallo Ramos/Vanderlei Aparecido Orso
Digitação de originais: Elillyane Kaori Kamimura
Pesquisa iconográfica: Cristina Akisino (coord.)/Enio Rodrigo Lopes
Revisão: Pedro Cunha Jr. e Lilian Semenichin (coords.)/Aline Araújo/Patricia Cordeiro/Rhennan Santos/Felipe Toledo/Maura Loria/Renata Palermo
Gerente de arte: Nair de Medeiros Barbosa
Supervisor de arte: Antonio Roberto Bressan
Projeto gráfico: Carlos Magno
Capa: Homem de Melo & Tróia Design
Imagem de capa: Medioimages/Photodisc/Getty Images
Assessoria de arte: Maria Paula Santo Siqueira
Ilustrações: Conceitograf/Mario Yoshida/Lettera Studio
Diagramação: TPG
Encarregada de produção e arte: Grace Alves
Coordenadora de editoração eletrônica: Silvia Regina E. Almeida
Produção gráfica: Robson Cacau Alves
Impressão e acabamento: Vox Gráfica

731.331.006.003

Avenida das Nações Unidas, 7221 – 1º Andar – Setor C – Pinheiros – CEP 05425-902

Apresentação

Fundamentos de Matemática Elementar é uma coleção elaborada com o objetivo de oferecer ao estudante uma visão global da Matemática, no ensino médio. Desenvolvendo os programas em geral adotados nas escolas, a coleção dirige-se aos vestibulandos, aos universitários que necessitam rever a Matemática elementar e também àqueles alunos de ensino médio cujo interesse se focaliza em adquirir uma formação mais consistente na área de Matemática.

No desenvolvimento dos capítulos dos livros de *Fundamentos* procuramos seguir uma ordem lógica na apresentação de conceitos e propriedades. Salvo algumas exceções bem conhecidas da Matemática elementar, as proposições e os teoremas estão sempre acompanhados das respectivas demonstrações.

Na estruturação das séries de exercícios, buscamos sempre uma ordenação crescente de dificuldade. Partimos de problemas simples e tentamos chegar a questões que envolvem outros assuntos já vistos, levando o estudante a uma revisão. A sequência do texto sugere uma dosagem para teoria e exercícios. Os exercícios resolvidos, apresentados em meio aos propostos, pretendem sempre dar explicação sobre alguma novidade que aparece. No final de cada volume, o aluno pode encontrar as respostas para os problemas propostos e assim ter seu reforço positivo ou partir à procura do erro cometido.

A última parte de cada volume é constituída por questões de vestibulares, selecionadas dos melhores vestibulares do país e acompanhadas das respectivas respostas. Essas questões podem ser usados para uma revisão da matéria estudada.

Aproveitamos a oportunidade para agradecer ao professor dr. Hygino H. Domingues, autor dos textos de história da Matemática que contribuem muito para o enriquecimento da obra.

Neste volume, fazemos o estudo analítico da reta, da circunferência e das cônicas. Há ainda mais sobre curvas no capítulo intitulado "Lugares geométricos". Nesse nível, o estudo das cônicas está incompleto, pois essas curvas são estudadas apenas nos casos em que ocupam posição particular em relação aos eixos coordenados.

Finalmente, como há sempre uma certa distância entre o anseio dos autores e o valor de sua obra, gostaríamos de receber dos colegas professores uma apreciação sobre este trabalho, notadamente os comentários críticos, os quais agradecemos.

Os autores

Sumário

CAPÍTULO I — Coordenadas cartesianas no plano 1
    I. Noções básicas 1
    II. Posições de um ponto em relação ao sistema 3
    III. Distância entre dois pontos 6
    IV. Razão entre segmentos colineares 10
    V. Coordenadas do terceiro ponto 13
    VI. Condição para alinhamento de três pontos 20
    VII. Complemento — Cálculo de determinantes 25

CAPÍTULO II — Equação da reta 28
    I. Equação geral 28
    II. Interseção de duas retas 35
    III. Posições relativas de duas retas 39
    IV. Feixe de retas concorrentes 44
    V. Feixe de retas paralelas 49
    VI. Formas da equação da reta 52
Leitura: Menaecmus, Apolônio e as seções cônicas 58

CAPÍTULO III — Teoria angular 60
    I. Coeficiente angular 60
    II. Cálculo de m 62
    III. Equação de uma reta passando por $P(x_0, y_0)$ 65
    IV. Condição de paralelismo 67
    V. Condição de perpendicularismo 71
    VI. Ângulo de duas retas 81

CAPÍTULO IV — Distância de ponto a reta 90
    I. Translação de sistema 90
    II. Distância entre ponto e reta 91
    III. Área do triângulo 96
    IV. Variação de sinal da função $E(x, y) = ax + by + c$ 101

    V. Inequações do 1º grau 104
    VI. Bissetrizes dos ângulos de duas retas 108
    VII. Complemento — Rotação de sistema 114
Leitura: Fermat, o grande amador da Matemática, e a geometria analítica 116

CAPÍTULO V — Circunferências 118
    I. Equação reduzida 118
    II. Equação normal 120
    III. Reconhecimento 120
    IV. Ponto e circunferência 126
    V. Inequações do 2º grau 129
    VI. Reta e circunferência 133
    VII. Duas circunferências 140

CAPÍTULO VI — Problemas sobre circunferências 146
    I. Problemas de tangência 146
    II. Determinação de circunferências 153
    III. Complemento 165
Leitura: Descartes, o primeiro filósofo moderno, e a geometria analítica 166

CAPÍTULO VII — Cônicas 168
    I. Elipse 168
    II. Hipérbole 174
    III. Parábola 178
    IV. Reconhecimento de uma cônica 183
    V. Interseções de cônicas 189
    VI. Tangentes a uma cônica 191

CAPÍTULO VIII — Lugares geométricos 198
    I. Equação de um lugar geométrico 198
    II. Interpretação de uma equação do 2º grau 204

APÊNDICE — Demonstração de teoremas de Geometria Plana 212
Leitura: Monge e a consolidação da geometria analítica 214

Respostas dos exercícios 216

Questões de vestibulares 231

Respostas das questões de vestibulares 303

Significado das siglas de vestibulares 311

CAPÍTULO I
Coordenadas cartesianas no plano

I. Noções básicas

1. Consideremos dois eixos x e y perpendiculares em O, os quais determinam o plano α.

Dado um ponto P qualquer, $P \in \alpha$, conduzamos por ele duas retas:

$x' \mathbin{/\mkern-5mu/} x$ e $y' \mathbin{/\mkern-5mu/} y$

Denominemos P_1 a interseção de x com y' e P_2 a interseção de y com x'.

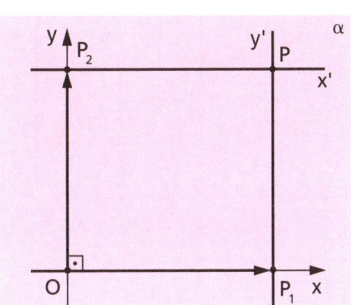

Nessas condições definimos:
a) abscissa de P é o número real $x_P = \overline{OP_1}$
b) ordenada de P é o número real $y_P = \overline{OP_2}$
c) coordenadas de P são os números reais x_P e y_P, geralmente indicados na forma de um par ordenado (x_P, y_P), em que x_P é o primeiro termo
d) eixo das abscissas é o eixo x (ou Ox)
e) eixo das ordenadas é o eixo y (ou Oy)
f) sistema de eixos cartesiano ortogonal (ou ortonormal ou retangular) é o sistema xOy
g) origem do sistema é o ponto O
h) plano cartesiano é o plano α.

COORDENADAS CARTESIANAS NO PLANO

2. Exemplo:

Vamos localizar os pontos A(2,0), B(0, −3), C(2, 5), D(−3, 4), E(−7, −3), F(4, −5), $G\left(\dfrac{5}{2}, \dfrac{9}{2}\right)$ e $H\left(-\dfrac{5}{2}, -\dfrac{9}{2}\right)$ no plano cartesiano, lembrando que, no par ordenado, o primeiro número representa a abscissa e o segundo, a ordenada do ponto.

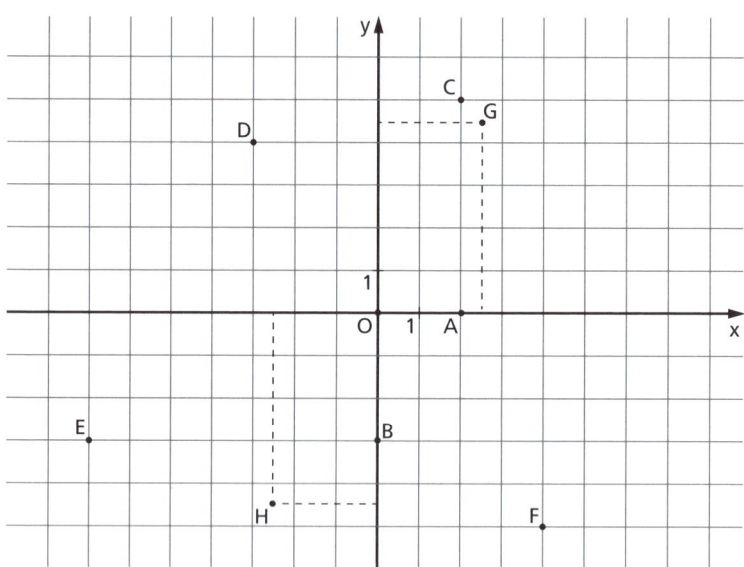

3. Teorema

Entre o conjunto dos pontos P do plano cartesiano e o conjunto dos pares ordenados (x_P, y_P) de números reais existe uma correspondência biunívoca.

Demonstração:

1ª parte

As definições dadas anteriormente indicam que a todo ponto P, P ∈ α, corresponde um único par de pontos (P_1, P_2) sobre os eixos x e y respectivamente e, portanto, um único par ordenado de números reais (x_P, y_P) tais que $x_P = \overline{OP_1}$ e $y_P = \overline{OP_2}$.

Esquema: $P \longrightarrow (P_1, P_2) \longrightarrow (x_P, y_P)$

2ª parte

Dado o par ordenado de número reais (x_P, y_P), existem $P_1 \in x$ e $P_2 \in y$ tais que $\overline{OP_1} = x_P$ e $\overline{OP_2} = y_P$.

Se construirmos x' // x por P_2 e y' // y por P_1, essas retas vão concorrer em P. Assim, a todo par (x_P, y_P) corresponde um único ponto P, $P \in \alpha$.

Esquema: $(x_P, y_P) \rightarrow (P_1, P_2) \rightarrow P$

4. Notemos que os pares ordenados (4, 2) e (2, 4) não são iguais. Eles se diferenciam pela ordem de seus termos e, portanto, não representam o mesmo ponto do plano cartesiano.

De maneira mais geral, se *a* e *b* são números reais distintos, então:

$(a, b) \neq (b, a)$

5. A principal consequência deste teorema é que em Geometria Analítica Plana:

    a) "dar um ponto P" significa dar o par ordenado (x_P, y_P);

    b) "pedir um ponto P" significa pedir o par de coordenadas (x_P, y_P);

    c) todo ponto P procurado representa duas incógnitas (x_P e y_P).

II. Posições de um ponto em relação ao sistema

6. Os eixos *x* e *y* dividem o plano cartesiano em quatro regiões angulares chamadas quadrantes, que recebem os nomes indicados na figura. É evidente que:

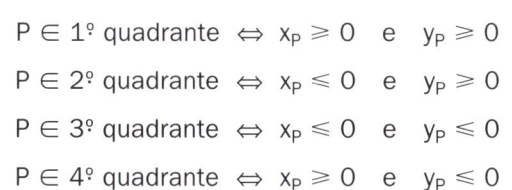

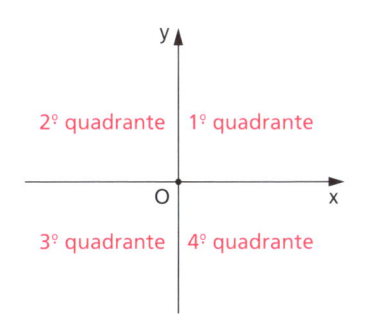

$P \in 1º$ quadrante $\Leftrightarrow x_P \geq 0$ e $y_P \geq 0$

$P \in 2º$ quadrante $\Leftrightarrow x_P \leq 0$ e $y_P \geq 0$

$P \in 3º$ quadrante $\Leftrightarrow x_P \leq 0$ e $y_P \leq 0$

$P \in 4º$ quadrante $\Leftrightarrow x_P \geq 0$ e $y_P \leq 0$

COORDENADAS CARTESIANAS NO PLANO

7. Um ponto pertence ao eixo das abscissas se, e somente se, sua ordenada é nula:

$P \in Ox \Leftrightarrow y_P = 0$

Isso significa que o eixo das abscissas é o conjunto dos pontos de ordenada nula:

$Ox = \{(a, 0) \mid a \in \mathbb{R}\}$

Notemos que, para todo número real a, o ponto $(a, 0)$ pertence ao eixo das abscissas.

8. Um ponto pertence ao eixo das ordenadas se, e somente se, sua abscissa é nula:

$P \in Oy \Leftrightarrow x_P = 0$

Isso significa que o eixo das ordenadas é o conjunto dos pontos de abscissa nula:

$Oy = \{(0, b) \mid b \in \mathbb{R}\}$

Notemos que, para todo número real b, o ponto $(0, b)$ pertence ao eixo das ordenadas.

9. Um ponto pertence à bissetriz dos quadrantes ímpares se, e somente se, tiver coordenadas iguais:

$P \in b_{13} \Leftrightarrow x_P = y_P$

Isso significa que a bissetriz b_{13} é o conjunto dos pontos de coordenadas iguais:

$b_{13} = \{(a, a) \mid a \in \mathbb{R}\}$

Notemos que, para todo a real, o ponto (a, a) pertence à bissetriz b_{13}.

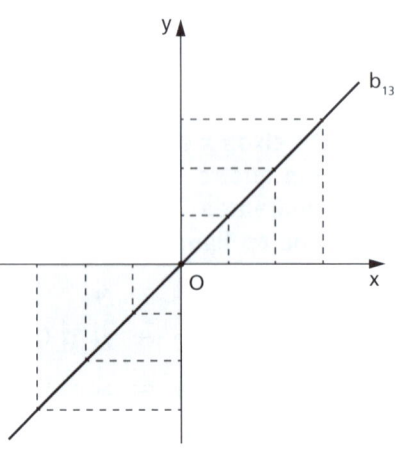

10. Um ponto pertence à bissetriz dos quadrantes pares se, e somente se, tiver coordenadas simétricas:

$P \in b_{24} \Leftrightarrow x_P = -y_P$

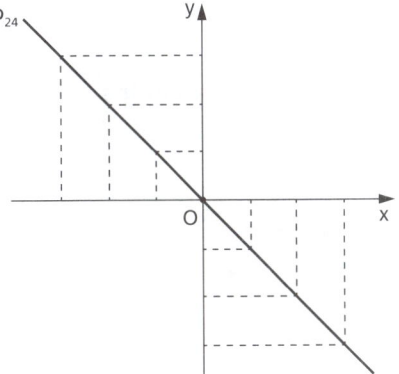

Isso significa que a bissetriz b_{24} é o conjunto dos pontos de coordenadas simétricas:

$b_{24} = \{(a, -a) \mid a \in \mathbb{R}\}$

Notemos que, para todo a real, o ponto $(a, -a)$ pertence à bissetriz b_{24}.

11. Se uma reta é paralela ao eixo das abscissas, então todos os seus pontos têm a mesma ordenada.

Se uma reta é paralela ao eixo das ordenadas, então todos os seus pontos têm a mesma abscissa.

Também valem as recíprocas dessas duas propriedades.

EXERCÍCIO

1. Dados os pontos:

A (500, 500)
B (−600, −600)
C (715, −715)
D (−1 002, 1 002)
E (0, 0)
F (711, 0)
G (0, −517)
H (−321, 0)
I (0, 8 198)
J $(\pi, \pi\sqrt{3})$
K $(\sqrt{2}, -\sqrt{2})$
L $\left(\dfrac{9}{2}, \dfrac{18}{4}\right)$

indique quais são pertencentes:
a) ao primeiro quadrante;
b) ao segundo quadrante;
c) ao terceiro quadrante;
d) ao quarto quadrante;
e) ao eixo das abscissas;
f) ao eixo das ordenadas;
g) à bissetriz dos quadrantes ímpares;
h) à bissetriz dos quadrantes pares.

III. Distância entre dois pontos

12. Dados dois pontos $A(x_1, y_1)$ e $B(x_2, y_2)$, calculemos a distância d entre eles.

1º caso: $AB \parallel Ox$
$d = d_{A_1 B_1} = |x_2 - x_1|$

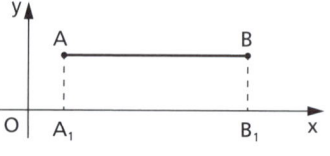

2º caso: $AB \parallel Oy$
$d = d_{A_2 B_2} = |y_2 - y_1|$

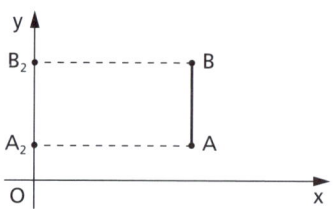

3º caso: $AB \not\parallel Ox$ e $AB \not\parallel Oy$

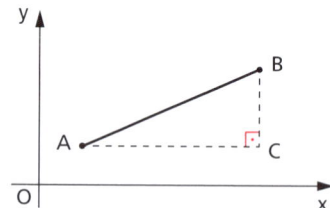
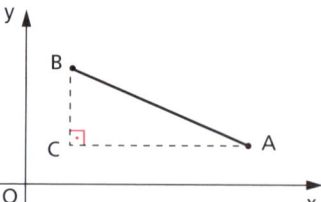

Temos inicialmente:

$\left. \begin{array}{l} AC \parallel Ox \Rightarrow y_C = y_1 \\ BC \parallel Oy \Rightarrow x_C = x_2 \end{array} \right\} \Rightarrow C(x_2, y_1)$

De acordo com os casos iniciais, temos:

$d_{AC} = |x_C - x_A| = |x_2 - x_1|$
$d_{BC} = |y_B - y_C| = |y_2 - y_1|$

Aplicando o teorema de Pitágoras ao triângulo ABC, temos:

$d^2 = d_{AC}^2 + d_{BC}^2 = (x_2 - x_1)^2 + (y_2 - y_1)^2$

e então:

$$d = \sqrt{(x_2 - x_1)^2 + (y_2 - y_1)^2}$$

13. Exemplo:

Calcular a distância entre os pontos A(−2, 5) e B(4, −3).

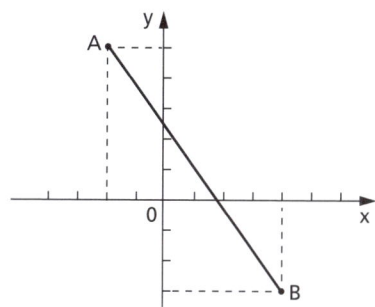

$$d = \sqrt{(x_2 - x_1)^2 + (y_2 - y_1)^2} = \sqrt{(4 + 2)^2 + (-3 - 5)^2} = \sqrt{36 + 64} = 10$$

Observemos que, se mudarmos a ordem das diferenças, *d* não se altera:

$$d = \sqrt{(x_1 - x_2)^2 + (y_1 - y_2)^2} = \sqrt{(-2 - 4)^2 + (5 + 3)^2} = \sqrt{36 + 64} = 10$$

14. Convém observarmos que, como a ordem dos termos nas diferenças de abscissas e ordenadas não influi no cálculo de *d*, uma forma simples da fórmula da distância é:

$$d = \sqrt{(\Delta x)^2 + (\Delta y)^2}$$

em que $\Delta x = x_2 - x_1$ ou $\Delta x = x_1 - x_2$ (é indiferente); $\Delta y = y_2 - y_1$ ou $\Delta y = y_1 - y_2$ (é indiferente).

EXERCÍCIOS

2. Sendo A(3, 1), B(4, −4) e C(−2, 2) vértices de um triângulo, classifique-o quanto aos seus lados e ângulos.

3. Calcule a distância entre os pontos A(1, 3) e B(−2, 1).

4. Calcule a distância do ponto P(3, −4) à origem do sistema cartesiano.

5. Calcule a distância entre os pontos A(a − 2, b + 8) e B(a + 4, b).

6. Calcule o perímetro do triângulo ABC, sendo dados A(3, 1), B(−1, 1) e C (−1, 4).

7. Prove que o triângulo cujos vértices são A(2, 2), B(−4, −6) e C(4, −12) é retângulo.

Solução

Para demonstrar que um triângulo é retângulo basta provar que as medidas dos seus lados verificam o teorema de Pitágoras: "O quadrado da medida do maior lado é igual à soma dos quadrados das medidas dos outros dois lados".

$d_{AB}^2 = (\Delta x)^2 + (\Delta y)^2 = (2 + 4)^2 + (2 + 6)^2 = 100$
$d_{BC}^2 = (\Delta x)^2 + (\Delta y)^2 = (4 + 4)^2 + (-6 + 12)^2 = 100$
$d_{CA}^2 = (\Delta x)^2 + (\Delta y)^2 = (2 - 4)^2 + (2 + 12)^2 = 200$
Então $d_{CA}^2 = d_{AB}^2 + d_{BC}^2$.

8. Determine x de modo que o triângulo ABC seja retângulo em B. São dados: A(−2, 5), B(2, −1) e C(3, x).

9. Se P(x, y) equidista de A(−3, 7) e B(4, 3), qual é a relação existente entre x e y?

Solução

$d_{PA} = d_{PB} \Rightarrow (x + 3)^2 + (y - 7)^2 = (x - 4)^2 + (y - 3)^2$
então:
$\underline{\underline{x^2}} + 6x + \underline{\underline{9}} + \underline{\underline{y^2}} - 14y + 49 = \underline{\underline{x^2}} - 8x + 16 + \underline{\underline{y^2}} - 6y + \underline{\underline{9}}$
$(6x - 14y + 49) - (-8x + 16 - 6y) = 0$
$14x - 8y + 33 = 0$
Resposta: $14x - 8y + 33 = 0$.

10. Dados A(x, 3), B(−1, 4) e C(5, 2), obtenha x de modo que A seja equidistante de B e C.

11. Determine o ponto P, pertencente ao eixo das abscissas, sabendo que é equidistante dos pontos A(2, −1) e B(3, 5).

12. Determine o ponto P, da bissetriz dos quadrantes pares, que equidista de A(0, 1) e B(−2, 3).

13. Dados os pontos A(8, 11), B(−4, −5) e C(−6, 9), obtenha o circuncentro do triângulo ABC.

Solução

O circuncentro (centro da circunferência circunscrita ao triângulo) é um ponto P equidistante dos três vértices,

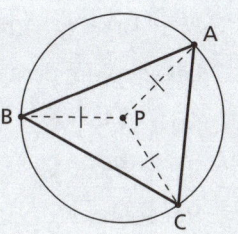

$P(x, y) \begin{cases} (1) \ d_{PA} = d_{PB} \\ (2) \ d_{PB} = d_{PC} \end{cases}$

(1) $(x - 8)^2 + (y - 11)^2 = (x + 4)^2 + (y + 5)^2$

$\underline{x^2} - 16x + 64 + \underline{\underline{y^2}} - 22y + 121 = \underline{x^2} + 8x + 16 + \underline{\underline{y^2}} + 10y + 25$

$-24x - 32y = -144$

$3x + 4y = 18 \quad (3)$

(2) $(x + 4)^2 + (y + 5)^2 = (x + 6)^2 + (y - 9)^2$

$\underline{x^2} + 8x + 16 + \underline{\underline{y^2}} + 10y + 25 = \underline{x^2} + 12x + 36 + \underline{\underline{y^2}} + 18y + 81$

$-4x + 28y = 76$

$x - 7y = -19 \quad (4)$

De (4), temos $x = 7y - 19$, que substituindo em (3) dá:

$3(7y - 19) + 4y = 18 \Rightarrow 25y = 75 \Rightarrow y = 3 \Rightarrow x = 7 \cdot 3 - 19 = 2$

Resposta: $P(2, 3)$.

14. Dados os pontos $M(a, 0)$ e $N(0, a)$, determine P de modo que o triângulo MNP seja equilátero.

15. Dados os pontos $B(2, 3)$ e $C(-4, 1)$, determine o vértice A do triângulo ABC, sabendo que é o ponto do eixo y do qual se vê BC sob ângulo reto.

Solução

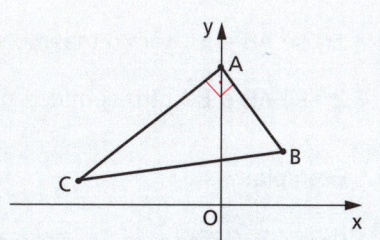

$A(x, y) \begin{cases} (1) \ A \in y \\ (2) \ AC \perp AB \end{cases} \Rightarrow$

$\Rightarrow \begin{cases} (1) \ x = 0 \\ (2) \ d_{AC}^2 + d_{AB}^2 = d_{BC}^2 \end{cases}$

De (2) temos:

$(x + 4)^2 + (y - 1)^2 + (x - 2)^2 + (y - 3)^2 = (2 + 4)^2 + (3 - 1)^2$

Levando em conta que $x = 0$, temos:

$16 + (y^2 - 2y + 1) + 4 + (y^2 - 6y + 9) = 36 + 4$

$2y^2 - 8y - 10 = 0 \Rightarrow y^2 - 4y - 5 = 0 \Rightarrow y = -1$ ou $y = 5$

Resposta: $A(0, -1)$ ou $A(0, 5)$.

16. Dados $A(5, -2)$ e $B(4, -1)$, vértices consecutivos de um quadrado, determine os outros dois vértices.

17. Dados $A(1, 2)$ e $C(3, -4)$, extremidades da diagonal de um quadrado, calcule as coordenadas dos vértices B e D, sabendo que $x_B > x_D$.

IV. Razão entre segmentos colineares

15. Dados três pontos colineares A, B e C (com $A \neq B \neq C$), chama-se razão entre os segmentos orientados $\overrightarrow{AB}$ e $\overrightarrow{BC}$ o número real r tal que:

$$r = \frac{\overline{AB}}{\overline{BC}}$$

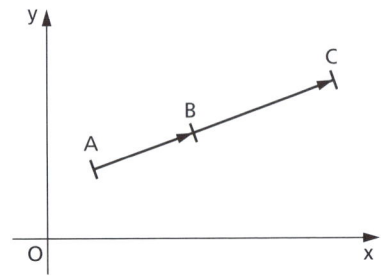

Sendo r o quociente entre as medidas algébricas de $\overrightarrow{AB}$ e de $\overrightarrow{BC}$, temos:

1º) se $\overrightarrow{AB}$ e $\overrightarrow{BC}$ têm o mesmo sentido, então a razão r é positiva;

2º) se $\overrightarrow{AB}$ e $\overrightarrow{BC}$ têm sentidos opostos, então a razão r é negativa.

16. Exemplo:

Para esclarecermos a definição dada, consideremos sobre um eixo e os pontos C, D, E, F, G, H, I, J tais que $F = A$ e $H = B$ e $\overrightarrow{CD}$, $\overrightarrow{DE}$, $\overrightarrow{EF}$, $\overrightarrow{FG}$, $\overrightarrow{GH}$, $\overrightarrow{HI}$, $\overrightarrow{IJ}$, têm comprimento ℓ e calculemos as razões:

$$\frac{\overline{AB}}{\overline{BC}}, \frac{\overline{AB}}{\overline{BD}}, \frac{\overline{AB}}{\overline{BE}}, \frac{\overline{AB}}{\overline{BF}}, \frac{\overline{AB}}{\overline{BG}}, \frac{\overline{AB}}{\overline{BH}}, \frac{\overline{AB}}{\overline{BI}} \text{ e } \frac{\overline{AB}}{\overline{BJ}}$$

$$\frac{\overline{AB}}{\overline{BC}} = \frac{2\ell}{-5\ell} = -\frac{2}{5} \qquad\qquad \frac{\overline{AB}}{\overline{BG}} = \frac{2\ell}{-\ell} = -2$$

$$\frac{\overline{AB}}{\overline{BD}} = \frac{2\ell}{-4\ell} = -\frac{1}{2} \qquad\qquad \frac{\overline{AB}}{\overline{BH}} = \frac{2\ell}{0} \text{ (não existe)}$$

$$\frac{\overline{AB}}{\overline{BE}} = \frac{2\ell}{-3\ell} = -\frac{2}{3} \qquad\qquad \frac{\overline{AB}}{\overline{BI}} = \frac{2\ell}{\ell} = 2$$

$$\frac{\overline{AB}}{\overline{BF}} = \frac{2\ell}{-2\ell} = -1 \qquad\qquad \frac{\overline{AB}}{\overline{BJ}} = \frac{2\ell}{2\ell} = 1$$

17. Uma pergunta importante é "como se poderia cacular o valor de $r = \frac{\overline{AB}}{\overline{BC}}$ quando são dadas as coordenadas de A, B e C?".

Uma primeira ideia seria tentar responder à pergunta usando a fórmula da distância entre dois pontos:

$$r = \frac{\overline{AB}}{\overline{BC}} = \frac{\sqrt{(x_B - x_A)^2 + (y_B - y_A)^2}}{\sqrt{(x_C - x_B)^2 + (y_C - y_B)^2}}$$

mas esta não é uma saída aceitável porque, além de ser trabalhosa, daria sempre um resultado $r \geqslant 0$ uma vez que dividimos distâncias e não medidas algébricas. Assim, quando $\vec{AB}$ e $\vec{BC}$ têm sentidos opostos, erramos o sinal da razão.

Para contornar essa dificuldade, a ideia é projetar os segmentos $\vec{AB}$ e $\vec{BC}$ sobre os eixos coordenados e observar o que acontece com as projeções. Vejamos:

COORDENADAS CARTESIANAS NO PLANO

1º caso: a reta $\overleftrightarrow{AB}$ não é paralela a Ox e nem a Oy.

Aplicando o teorema de Tales às transversais do feixe de paralelas $\overline{AA_1}$, $\overline{BB_1}$ e $\overline{CC_1}$, temos:

$$r = \frac{\overline{AB}}{\overline{BC}} = \frac{\overline{A_1B_1}}{\overline{B_1C_1}} \quad (1)$$

Aplicando analogamente o teorema de Tales às transversais $\overline{AA_2}$, $\overline{BB_2}$ e $\overline{CC_2}$, temos:

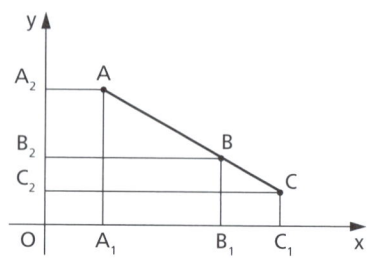

$$r = \frac{\overline{AB}}{\overline{BC}} = \frac{\overline{A_2B_2}}{\overline{B_2C_2}} \quad (2)$$

Supondo que $A = (x_1, y_1)$, $B = (x_2, y_2)$ e $C = (x_3, y_3)$, a partir das igualdades (1) e (2), temos:

$$r = \frac{\overline{A_1B_1}}{\overline{B_1C_1}} = \frac{x_2 - x_1}{x_3 - x_2} \quad \text{e} \quad r = \frac{\overline{A_2B_2}}{\overline{B_2C_2}} = \frac{y_2 - y_1}{y_3 - y_2}$$

2º caso: a reta $\overleftrightarrow{AB}$ é paralela ao eixo Ox.

Neste caso só existe o primeiro feixe de paralelas $\overline{AA_1}$, $\overline{BB_1}$ e $\overline{CC_1}$ e então:

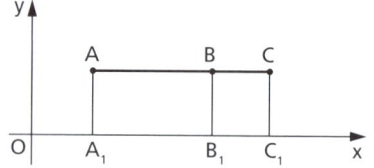

$$r = \frac{\overline{AB}}{\overline{BC}} = \frac{\overline{A_1B_1}}{\overline{B_1C_1}} \Rightarrow r = \frac{x_2 - x_1}{x_3 - x_2}$$

3º caso: a reta $\overleftrightarrow{AB}$ é paralela ao eixo Oy.

Neste caso só existe o feixe de paralelas $\overline{AA_2}$, $\overline{BB_2}$ e $\overline{CC_2}$ e então:

$$r = \frac{\overline{AB}}{\overline{BC}} = \frac{\overline{A_2B_2}}{\overline{B_2C_2}} \Rightarrow r = \frac{y_2 - y_1}{y_3 - y_2}$$

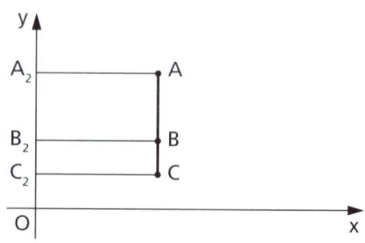

18. Exemplo:

Dados os pontos A(3, 7), B(5, 11) e C(6, 13), calcular a razão entre os segmentos $\overrightarrow{AB}$ e $\overrightarrow{BC}$.

Calculando pelas projeções no eixo Ox, temos:

$$r = \frac{x_2 - x_1}{x_3 - x_2} = \frac{5 - 3}{6 - 5} = \frac{2}{1} = 2$$

Calculando pelas projeções no eixo Oy, temos:

$$r = \frac{y_2 - y_1}{y_3 - y_2} = \frac{11 - 7}{13 - 11} = \frac{4}{2} = 2$$

É claro que só poderíamos ter obtido resultados iguais.

V. Coordenadas do terceiro ponto

19. Dados dois pontos $A(x_1, y_1)$ e $B(x_2, y_2)$, é possível calcular as coordenadas (x_3, y_3) de um terceiro ponto C pertencente à reta $\overleftrightarrow{AB}$, desde que conheçamos a razão entre dois segmentos com extremidades nesses pontos. Por exemplo, se sabemos o valor de $r = \dfrac{\overline{AB}}{\overline{BC}}$, temos:

$$r = \frac{x_2 - x_1}{x_3 - x_2} \quad \text{e} \quad r = \frac{y_2 - y_1}{y_3 - y_2}$$

equações a partir das quais é possível calcular x_3 e y_3.

20. Exemplo:

Obter as coordenadas do ponto C da reta $\overleftrightarrow{AB}$, sabendo que A = (1, 5), B = (4, 17) e $r = \dfrac{\overline{AC}}{\overline{CB}} = 2$.

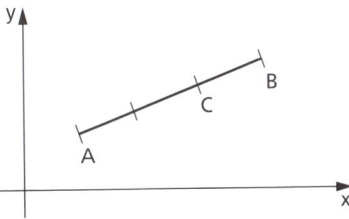

Temos:

$$r = \frac{x_3 - x_1}{x_2 - x_3} = 2 \Rightarrow \frac{x_3 - 1}{4 - x_3} = 2 \Rightarrow x_3 - 1 = 8 - 2x_3 \Rightarrow x_3 = 3$$

$$r = \frac{y_3 - y_1}{y_2 - y_3} = 2 \Rightarrow \frac{y_3 - 5}{17 - y_3} = 2 \Rightarrow y_3 - 5 = 34 - 2y_3 \Rightarrow y_3 = 13$$

Então C = (3, 13).

21. Ponto médio

No caso particular de C ser o ponto médio do segmento $\overline{AB}$, então $r = \dfrac{\overline{AC}}{\overline{CB}} = 1$ e daí:

$$r = \dfrac{x_3 - x_1}{x_2 - x_3} = 1 \quad \text{e} \quad r = \dfrac{y_3 - y_1}{y_2 - y_3} = 1$$

de onde vem:

$$x_3 - x_1 = x_2 - x_3 \quad \text{e} \quad y_3 - y_1 = y_2 - y_3$$

e finalmente:

$$\boxed{x_3 = \dfrac{x_1 + x_2}{2}} \quad \text{e} \quad \boxed{y_3 = \dfrac{y_1 + y_2}{2}}$$

22. Exemplo:

Obter o ponto médio do segmento $\overline{AB}$ quando $A = (7, -1)$ e $B = (-3, 11)$.

Temos:

$$x_3 = \dfrac{x_1 + x_2}{2} = \dfrac{7 + (-3)}{2} = 2$$

$$y_3 = \dfrac{y_1 + y_2}{2} = \dfrac{(-1) + 11}{2} = 5$$

Então $C = (2, 5)$.

EXERCÍCIOS

18. Calcule a razão $\left(\dfrac{\overline{AC}}{\overline{CB}}\right)$, sendo dados os pontos $A(1, 4)$, $B\left(\dfrac{1}{2}, 3\right)$ e $C(-2, -2)$.

19. Dados $A(5, 3)$ e $B(-1, -3)$, seja C a interseção da reta AB com o eixo das abscissas. Calcule a razão $\left(\dfrac{\overline{AC}}{\overline{CB}}\right)$.

20. Determine as coordenadas dos pontos que dividem o segmento AB em três partes iguais, sabendo que A = (−1, 7) e B = (11, −8).

Solução

1º)

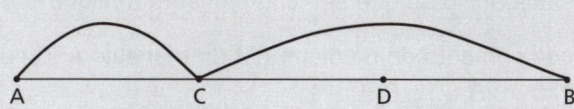

Conhecemos a razão $r = \dfrac{\overline{AC}}{\overline{CB}} = \dfrac{1}{2}$, então:

$$\dfrac{x_C - x_A}{x_B - x_C} = r \Rightarrow x_C = \dfrac{x_A + r \cdot x_B}{1 + r} = \dfrac{(-1) + \left(\dfrac{1}{2}\right) \cdot (11)}{1 + \dfrac{1}{2}} = \dfrac{\dfrac{9}{2}}{\dfrac{3}{2}} = 3$$

$$\dfrac{y_C - y_A}{y_B - y_C} = r \Rightarrow y_C = \dfrac{y_A + r \cdot y_B}{1 + r} = \dfrac{(7) + \left(\dfrac{1}{2}\right) \cdot (-8)}{1 + \dfrac{1}{2}} = \dfrac{\dfrac{6}{2}}{\dfrac{3}{2}} = 2$$

2º)

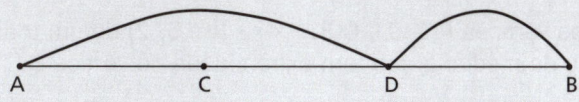

Conhecemos a razão $r' = \dfrac{\overline{AD}}{\overline{DB}} = 2$, então:

$$x_D = \dfrac{x_A + r' \cdot x_B}{1 + r'} = \dfrac{(-1) + 2 \cdot 11}{1 + 2} = \dfrac{21}{3} = 7$$

$$y_D = \dfrac{y_A + r' \cdot y_B}{1 + r'} = \dfrac{7 + 2 \cdot (-8)}{1 + 2} = \dfrac{-9}{3} = -3$$

Observemos também que D é ponto médio de $\overline{BC}$:

$$x_D = \dfrac{x_B + x_C}{2} = \dfrac{(11) + (3)}{2} = 7 \quad y_D = \dfrac{y_B + y_C}{2} = \dfrac{(-8) + 2}{2} = -3$$

Resposta: C(3, 2) e D(7, −3).

COORDENADAS CARTESIANAS NO PLANO

21. Determine os pontos que dividem AB em quatro partes iguais quando A = (3, −2) e B = (15, 10).

22. Até que ponto o segmento de extremos A(4, −2) e B$\left(\frac{2}{3}, -1\right)$ deve ser prolongado no sentido $\overrightarrow{AB}$ para que seu comprimento triplique?

23. Calcule o comprimento da mediana AM do triângulo ABC cujos vértices são os pontos A(0, 0), B(3, 7) e C(5, −1).

Solução

O ponto M é tal que:

$$x_M = \frac{x_B + x_C}{2} = \frac{3 + 5}{2} = 4$$

$$y_M = \frac{y_B + y_C}{2} = \frac{7 + (-1)}{2} = 3$$

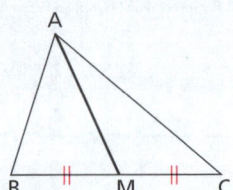

O comprimento da mediana AM é a distância entre A e M:

$$d_{AM} = \sqrt{(x_M - x_A)^2 + (y_M - y_A)^2} = \sqrt{16 + 9} = 5$$

Resposta: $d_{AM} = 5$.

24. Dados os vértices P(1, 1), Q(3, −4) e R(−5, 2) de um triângulo, calcule o comprimento da mediana que tem extremidade no vértice Q.

25. Dados os vértices consecutivos, A(4, −2) e B(3, −1), de um paralelogramo, e o ponto E(2, 1), interseção de suas diagonais, determine os outros dois vértices.

26. Do triângulo ABC são dados: o vértice A(2, 4), o ponto M(1, 2) médio do lado AB e o ponto N(−1, 1) médio do lado BC. Calcule o perímetro do triângulo ABC.

Solução

1º) M é o ponto médio de AB. Então:

$$x_M = \frac{x_A + x_B}{2} \Rightarrow 1 = \frac{2 + x_B}{2} \Rightarrow x_B = 0$$

$$y_M = \frac{y_A + y_B}{2} \Rightarrow 2 = \frac{4 + y_B}{2} \Rightarrow y_B = 0$$

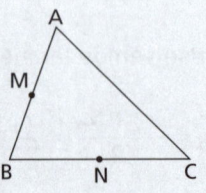

Portanto, B(0, 0).

2º) N é o ponto médio de BC. Então:

$x_N = \dfrac{x_B + x_C}{2} \Rightarrow -1 = \dfrac{0 + x_C}{2} \Rightarrow x_C = -2$

$y_N = \dfrac{y_B + y_C}{2} \Rightarrow 1 = \dfrac{0 + y_C}{2} \Rightarrow y_C = 2$

Portanto, C(−2, 2).

3º) perímetro $= d_{AB} + d_{BC} + d_{CA} =$

$= \sqrt{(2-0)^2 + (4-0)^2} + \sqrt{(0+2)^2 + (0-2)^2} + \sqrt{(2+2)^2 + (4-2)^2} =$

$= \sqrt{20} + \sqrt{8} + \sqrt{20} = 4\sqrt{5} + 2\sqrt{2} = 2(2\sqrt{5} + \sqrt{2})$

Resposta: $2(2\sqrt{5} + \sqrt{2})$.

27. Se M(1, 1), N(0, 3) e P(−2, 2) são os pontos médios dos lados AB, BC e CA, respectivamente, de um triângulo ABC, determine as coordenadas de A, B e C.

28. Calcule as coordenadas do baricentro do triângulo ABC cujos vértices são $A(x_A, y_A)$, $B(x_B, y_B)$ e $C(x_C, y_C)$.

Solução

O baricentro G é a interseção das medianas do triângulo.
Tomando um triângulo ABC e construindo as medianas AM e BN, formamos os triângulos, ABG e MNG que são semelhantes. Portanto:

$\dfrac{AG}{GM} = \dfrac{AB}{MN} = \dfrac{\ell}{\dfrac{\ell}{2}} = 2$

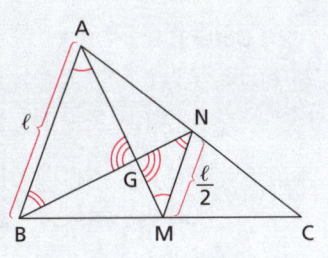

isto é, G divide a mediana $\overrightarrow{AM}$ na razão 2. Então:

$x_G = \dfrac{x_A + 2x_M}{1 + 2} = \dfrac{x_A + 2 \cdot \dfrac{x_B + x_C}{2}}{3} = \dfrac{x_A + x_B + x_C}{3}$

$y_G = \dfrac{y_A + 2y_M}{1 + 2} = \dfrac{y_A + 2 \cdot \dfrac{y_B + y_C}{2}}{3} = \dfrac{y_A + y_B + y_C}{3}$

Resposta: $G\left(\dfrac{x_A + x_B + x_C}{3}, \dfrac{y_A + y_B + y_C}{3}\right)$

COORDENADAS CARTESIANAS NO PLANO

> A conclusão tirada no problema anterior, isto é, o fato de que "as coordenadas do baricentro são as médias aritméticas das coordenadas dos vértices" poderá ser utilizada a seguir em outros problemas de Geometria Analítica.

29. O baricentro de um triângulo é G(5, 1) e dois de seus vértices são A(9, −3) e B(1, 2). Determine o terceiro vértice.

30. O baricentro de um triângulo é $G\left(\frac{2}{3}, \frac{1}{3}\right)$, o ponto médio do lado BC é $N\left(0, \frac{1}{2}\right)$ e o ponto médio do lado AB é $M\left(\frac{1}{2}, 2\right)$. Determine os vértices A, B, C.

31. Determine os vértices B e C de um triângulo equilátero ABC, sabendo que o ponto médio do lado AB é $M(\sqrt{3}, 1)$ e A é a origem do sistema.

Solução

1º) Obter B

$$x_M = \frac{x_A + x_B}{2} \Rightarrow \sqrt{3} = \frac{0 + x_B}{2} \Rightarrow x_B = 2\sqrt{3}$$

$$y_M = \frac{y_A + y_B}{2} \Rightarrow 1 = \frac{0 + y_B}{2} \Rightarrow y_B = 2$$

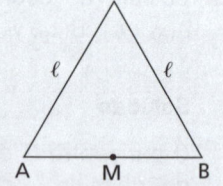

2º) Obter C

Temos:

$$\ell = d_{AB} = \sqrt{(2\sqrt{3} - 0)^2 + (2 - 0)^2} = 4$$

$C(x, y) \begin{cases} (1)\ d_{AC} = \ell \\ (2)\ d_{BC} = \ell \end{cases} \Rightarrow \begin{cases} (1)\ (x - 0)^2 + (y - 0)^2 = 16 \\ (2)\ (x - 2\sqrt{3})^2 + (y - 2)^2 = 16 \end{cases} \Rightarrow$

$\Rightarrow \begin{cases} (1)\ x^2 + y^2 = 16 \\ (2)\ x^2 + y^2 - 4\sqrt{3}x - 4y = 0 \end{cases}$

De (1) em (2) resulta: $16 - 4\sqrt{3}x - 4y = 0 \Rightarrow y = 4 - \sqrt{3}x$, que substituindo em (1) dá:

$x^2 + (4 - \sqrt{3}x)^2 = 16 \Rightarrow x^2 + 16 - 8\sqrt{3}x + 3x^2 = 16 \Rightarrow$

$\Rightarrow 4x^2 - 8\sqrt{3}x = 0 \Rightarrow x = 0$ ou $x = 2\sqrt{3} \Rightarrow$

$\Rightarrow y = 4$ ou $y = -2$ (respectivamente)

Resposta: $B(2\sqrt{3}, 2)$ e $C(0, 4)$ ou $C(2\sqrt{3}, -2)$.

32. Num triângulo ABC são dados:

(1) A $(-4, 3)$

(2) M $(-4, 6)$ ponto médio de AB

(3) $d_{AC} = 8$

(4) $d_{BC} = 10$

Obtenha o vértice C do triângulo.

33. Prove que os pontos médios dos lados do quadrilátero de vértices A(a, b), B(c, d), C(e, f) e D(g, h) são vértices de um paralelogramo.

> **Solução**
>
> 1º) Aplicando a fórmula do ponto médio, determinemos M, N, P e Q:
>
> $M\left(\dfrac{a+c}{2}, \dfrac{b+d}{2}\right)$
>
> $N\left(\dfrac{c+e}{2}, \dfrac{d+f}{2}\right)$
>
> $P\left(\dfrac{e+g}{2}, \dfrac{f+h}{2}\right)$
>
> $Q\left(\dfrac{a+g}{2}, \dfrac{b+h}{2}\right)$
>
>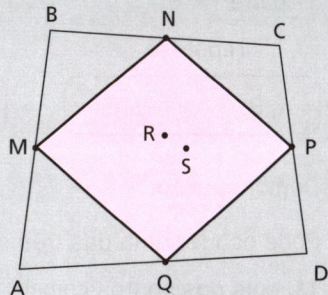
>
> 2º) Provemos que as diagonais do quadrilátero MNPQ se cortam ao meio, isto é, os seus pontos médios, R e S, são coincidentes:
>
> $R \begin{cases} x_R = \dfrac{x_N + x_Q}{2} = \dfrac{\dfrac{c+e}{2} + \dfrac{a+g}{2}}{2} = \dfrac{a+c+e+g}{4} \\[2ex] y_R = \dfrac{y_N + y_Q}{2} = \dfrac{\dfrac{d+f}{2} + \dfrac{b+h}{2}}{2} = \dfrac{b+d+f+h}{4} \end{cases}$
>
> $S \begin{cases} x_S = \dfrac{x_M + x_P}{2} = \dfrac{\dfrac{a+c}{2} + \dfrac{e+g}{2}}{2} = \dfrac{a+c+e+g}{4} \\[2ex] y_S = \dfrac{y_M + y_P}{2} = \dfrac{\dfrac{b+d}{2} + \dfrac{f+h}{2}}{2} = \dfrac{b+d+f+h}{4} \end{cases}$
>
> $R = S \Rightarrow$ MNPQ é paralelogramo.

COORDENADAS CARTESIANAS NO PLANO

34. O quadrilátero de vértices $A\left(-1, \frac{3}{2}\right)$, $B\left(0, -\frac{3}{2}\right)$, $C(1, -1)$ e $D\left(\frac{3}{2}, \frac{1}{2}\right)$ é um paralelogramo? Justifique.

VI. Condição para alinhamento de três pontos

23. Teorema

Três pontos $A(x_1, y_1)$, $B(x_2, y_2)$ e $C(x_3, y_3)$ são colineares se, e somente se, suas coordenadas verificam a igualdade:

$$(x_2 - x_1)(y_3 - y_2) = (x_3 - x_2)(y_2 - y_1)$$

1ª parte

Hipótese		Tese
A, B, C colineares	$\Rightarrow$	$(x_2 - x_1)(y_3 - y_2) = (x_3 - x_2)(y_2 - y_1)$

Demonstração:

Pode ocorrer uma das três situações seguintes:

1ª) dois dos pontos coincidem (A = B, por exemplo).

Neste caso $x_1 = x_2$ e $y_1 = y_2$ e daí:

$(x_2 - x_1)(y_3 - y_2) = 0 \cdot (y_3 - y_2) = 0$

$(x_3 - x_2)(y_2 - y_1) = (x_3 - x_2) \cdot 0 = 0$

e está provada a tese.

2ª) os três pontos são distintos e pertencem a uma reta paralela a um dos eixos (paralela ao eixo Ox, por exemplo).

Neste caso $y_1 = y_2 = y_3$ e daí:

$(x_2 - x_1)(y_3 - y_2) = (x_2 - x_1) \cdot 0 = 0$

$(x_3 - x_2)(y_2 - y_1) = (x_3 - x_2) \cdot 0 = 0$

e está provada a tese.

3ª) os três pontos são distintos e pertencem a uma reta não paralela a Ox nem a Oy.

Neste caso, seja r a razão $\dfrac{\overline{AB}}{\overline{BC}}$. Temos:

$$r = \dfrac{x_2 - x_1}{x_3 - x_2} \quad \text{e} \quad r = \dfrac{y_2 - y_1}{y_3 - y_2}$$

Daí $\dfrac{x_2 - x_1}{x_3 - x_2} = \dfrac{y_2 - y_1}{y_3 - y_2}$ e decorre que:

$$(x_2 - x_1)(y_3 - y_2) = (x_3 - x_2)(y_2 - y_1)$$

2ª parte

Hipótese $\qquad\qquad$ Tese

$(x_2 - x_1)(y_3 - y_2) = (x_3 - x_2)(y_2 - y_1) \Rightarrow$ A, B, C colineares

Demonstração:

Pode ocorrer uma das três situações seguintes:

1ª) $x_3 - x_2 = 0$ (ou seja, $x_2 = x_3$)

Neste caso, a hipótese fica sendo $(x_2 - x_1)(y_3 - y_2) = 0$ e então:

$$x_2 - x_1 = 0 \quad \text{ou} \quad y_3 - y_2 = 0$$

Se $x_2 - x_1 = 0$, resulta $x_1 = x_2 = x_3$ e então A, B, C ficam colineares por pertencerem à mesma reta paralela ao eixo Oy.

Se $y_3 - y_2 = 0$, resulta $y_2 = y_3$ e $x_2 = x_3$ e então A, B, C ficam colineares porque B e C coincidem.

2ª) $y_2 - y_1 = 0$ (ou seja, $y_1 = y_2$)

Neste caso, a hipótese fica sendo $(x_2 - x_1)(y_3 - y_2) = 0$ e então:

$$x_2 - x_1 = 0 \quad \text{ou} \quad y_3 - y_2 = 0$$

Se $x_2 - x_1 = 0$, resulta $x_1 = x_2$ e $y_1 = y_2$ e então A, B, C ficam colineares porque A e C coincidem.

Se $y_3 - y_2 = 0$, resulta $y_1 = y_2 = y_3$ e então A, B, C ficam colineares por pertencerem à mesma reta paralela ao eixo Ox.

3ª) $x_3 - x_2 \neq 0$ e $y_2 - y_1 \neq 0$

Neste caso, resulta da hipótese que:

$(x_2 - x_1)(y_3 - y_2) = (x_3 - x_2)(y_2 - y_1) \neq 0$

e daí vem:

$\dfrac{x_2 - x_1}{x_3 - x_2} = \dfrac{y_2 - y_1}{y_3 - y_2}$

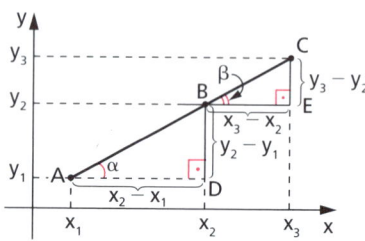

Então os triângulos ABD e BCE são retângulos e têm lados proporcionais, logo são semelhantes. Por isso temos $\alpha = \beta$ e resulta que os pontos A, B, C estão alinhados.

Nota

A condição para alinhamento de três pontos

$(x_2 - x_1)(y_3 - y_2) = (x_3 - x_2)(y_2 - y_1)$

pode ser expressa de outra forma mais simples de memorizar. Vejamos:

$(x_2 - x_1)(y_3 - y_2) - (x_3 - x_2)(y_2 - y_1) = 0$

$x_2y_3 - x_2y_2 - x_1y_3 + x_1y_2 - x_3y_2 + x_3y_1 + x_2y_2 - x_2y_1 = 0$

$x_1(y_2 - y_3) - y_1(x_2 - x_3) + (x_2y_3 - x_3y_2) = 0$

$\begin{vmatrix} x_1 & y_1 & 1 \\ x_2 & y_2 & 1 \\ x_3 & y_3 & 1 \end{vmatrix} = 0$

(Ver no final deste capítulo o desenvolvimento de determinantes pela regra de Laplace.)

24. Exemplos:

1º) Mostrar que $A(-1, 1)$, $B(1, 3)$ e $C(7, 9)$ são colineares.

$D = \begin{vmatrix} x_1 & y_1 & 1 \\ x_2 & y_2 & 1 \\ x_3 & y_3 & 1 \end{vmatrix} = \begin{vmatrix} -1 & 1 & 1 \\ 1 & 3 & 1 \\ 7 & 9 & 1 \end{vmatrix} = -\begin{vmatrix} 3 & 1 \\ 9 & 1 \end{vmatrix} - \begin{vmatrix} 1 & 1 \\ 7 & 1 \end{vmatrix} + \begin{vmatrix} 1 & 3 \\ 7 & 9 \end{vmatrix} =$

$= +6 + 6 - 12 = 0 \Rightarrow$ A, B, C colineares

2º) Para que valores de x os pontos A(x, x), B(3, 1) e C(7, −3) são colineares?

A, B, C colineares $\Rightarrow$ D = $\begin{vmatrix} x & x & 1 \\ 3 & 1 & 1 \\ 7 & -3 & 1 \end{vmatrix}$ = 0

D = x · $\begin{vmatrix} 1 & 1 \\ -3 & 1 \end{vmatrix}$ − x · $\begin{vmatrix} 3 & 1 \\ 7 & 1 \end{vmatrix}$ + $\begin{vmatrix} 3 & 1 \\ 7 & -3 \end{vmatrix}$ = 4x + 4x − 16 =

= 8x − 16 = 0 $\Rightarrow$ x = 2

EXERCÍCIOS

35. Os pontos A(2, 7), B(−3, 0) e C(16, 5) são colineares?

36. Determine y para que os pontos A(3, 5), B(−3, 8) e C(4, y) sejam colineares.

Solução

A, B, C colineares $\Rightarrow$ $\begin{vmatrix} 3 & 5 & 1 \\ -3 & 8 & 1 \\ 4 & y & 1 \end{vmatrix}$ = 0 $\Rightarrow$

$\Rightarrow$ 4(5 − 8) − y(3 + 3) + (24 + 15) = 0 $\Rightarrow$ −12 − 6y + 39 = 0 $\Rightarrow$

$\Rightarrow$ 6y = 27 $\Rightarrow$ y = $\frac{9}{2}$

Resposta: y = $\frac{9}{2}$.

37. Os pontos (2, −3), (4, 3) e $\left(5, \frac{k}{2}\right)$ estão numa mesma reta. Determine o valor de k.

38. Se o ponto (q, −4) pertence à reta que passa pelos pontos (0, 6) e (6, 0), determine q.

39. Mostre que A(a, −3a), B(a + 3, −3a − 1) e C(a + 5, −3a −2) são colineares para todo valor real de a.

COORDENADAS CARTESIANAS NO PLANO

40. Se A(0, a), B(a, −4) e C(1, 2), para que valores de *a* existe o triângulo ABC?

Solução

Existe o triângulo se $a \in \mathbb{R}$ e os pontos A, B, C não são colineares. Impondo o alinhamento:

$$D = \begin{vmatrix} x_A & y_A & 1 \\ x_B & y_B & 1 \\ x_C & y_C & 1 \end{vmatrix} = \begin{vmatrix} 0 & a & 1 \\ a & -4 & 1 \\ 1 & 2 & 1 \end{vmatrix} = 0 \text{ então } -a \cdot \begin{vmatrix} a & 1 \\ 1 & 1 \end{vmatrix} + 1 \cdot \begin{vmatrix} a & -4 \\ 1 & 2 \end{vmatrix} = 0$$

isto é:
$-a(a - 1) + (2a + 4) = 0 \Rightarrow a^2 - 3a - 4 = 0$ donde $a = -1$ ou $a = 4$
Resposta: *a* real; $a \neq -1$ e $a \neq 4$.

41. O ponto P(3, m) é interno a um dos lados do triângulo A(1, 2), B(3, 1) e C(5, −4). Determine *m*.

42. Dados A(10, 9) e B(2, 3), obtenha o ponto em que a reta AB intercepta o eixo das abscissas.

43. Dados A(3, −1) e B(7, −5), obtenha o ponto em que a reta AB intercepta o eixo das ordenadas.

44. Dados A(1, 5) e B(3, −1), obtenha o ponto em que a reta AB intercepta a bissetriz dos quadrantes ímpares.

45. Dados A(1, −5) e B(−1, −9), obtenha o ponto em que a reta AB intercepta a bissetriz dos quadrantes pares.

46. Dados A(−3, 4) e B(2, 9), C(2, 7) e D(4, 5), obtenha a interseção das retas AB e CD.

Solução

Seja P(x, y) a interseção das retas.

Como P, B, A são colineares, temos:

$$\begin{vmatrix} x & y & 1 \\ 2 & 9 & 1 \\ -3 & 4 & 1 \end{vmatrix} = 0 \Rightarrow$$

$\Rightarrow 5x - 5y + 35 = 0 \Rightarrow x - y = -7$ (1)

Como P, C, D são colineares, temos:

$$\begin{vmatrix} x & y & 1 \\ 2 & 7 & 1 \\ 4 & 5 & 1 \end{vmatrix} = 0 \Rightarrow 2x + 2y - 18 = 0 \Rightarrow x + y = 9 \quad (2)$$

Somando (1) e (2), vem: $2x = 2 \Rightarrow x = 1 \Rightarrow 1 + y = 9 \Rightarrow y = 8$

Resposta: P(1, 8).

47. Determine $P(x_0, y_0)$ colinear simultaneamente com A(0, 3) e B(1, 0) e com C(1, 2) e D(0, 1).

48. Determine o ponto P da reta AB que está à distância 5 da origem. Dados A(0, −25) e B(−2, −11).

Solução

$$P(x, y) \begin{cases} (1) \ d_{OP} = 5 \\ (2) \ P, A, B \text{ colineares} \end{cases} \Rightarrow \begin{cases} (1) \ (x-0)^2 + (y-0)^2 = 25 \\ (2) \ \begin{vmatrix} x & y & 1 \\ 0 & -25 & 1 \\ -2 & -11 & 1 \end{vmatrix} = 0 \end{cases}$$

De (2): $-14x - 2y - 50 = 0 \Rightarrow y = -7x - 25$ que, substituindo em (1), dá:

$x^2 + (-7x - 25)^2 = 25 \Rightarrow x^2 + 49x^2 + 350x + 625 = 25 \Rightarrow$

$\Rightarrow 50x^2 + 350x + 600 = 0 \Rightarrow x = -3$ ou $x = -4 \Rightarrow$

$\Rightarrow y = -4$ ou $y = +3$ (respectivamente)

Resposta: $P(-3, -4)$ ou $P(-4, 3)$.

49. Determine na reta AB os pontos equidistantes dos eixos cartesianos. Dados: A(2, 3) e B(−5, 1).

VII. Complemento — Cálculo de determinantes

25. Um determinante de 2ª ordem

$$D = \begin{vmatrix} a_{11} & a_{12} \\ a_{21} & a_{22} \end{vmatrix}$$

COORDENADAS CARTESIANAS NO PLANO

é calculado pela fórmula:

$D = a_{11} \cdot a_{22} - a_{12} \cdot a_{21}$

   Exemplo:

$D = \begin{vmatrix} 1 & -5 \\ 4 & 7 \end{vmatrix} = 1 \cdot 7 - (-5) \cdot 4 = 7 + 20 = 27$

   Um determinante de 3ª ordem

$D = \begin{vmatrix} a_{11} & a_{12} & a_{13} \\ a_{21} & a_{22} & a_{23} \\ a_{31} & a_{32} & a_{33} \end{vmatrix}$

de acordo com o teorema de Laplace, é calculado da seguinte maneira:

   1º) escolhe-se uma linha ou coluna qualquer de D;

   2º) multiplica-se cada elemento da linha ou coluna escolhida pelo determinante de ordem 2 que se obtém suprimindo em D a linha e a coluna à qual pertence o elemento tomado;

   3º) multiplica-se cada produto pelo cofator que é dado por $A_{ij} = (-1)^{i+j}$, sendo A_{ij} o elemento tomado e $i + j$ a soma de seus índices. Se o expoente obtido for par, o cofator será 1; e se o expoente for ímpar, o cofator será -1.

   4º) somam-se os três produtos obtidos.

26. Exemplos:

   1º) Desenvolvimento de D pela 1ª linha:

$D = (+1) \cdot a_{11} \begin{vmatrix} a_{22} & a_{23} \\ a_{32} & a_{33} \end{vmatrix} + (-1) \cdot a_{12} \begin{vmatrix} a_{21} & a_{23} \\ a_{31} & a_{33} \end{vmatrix} + (+1) \cdot a_{13} \begin{vmatrix} a_{21} & a_{22} \\ a_{31} & a_{32} \end{vmatrix} =$

$= a_{11}(a_{22} \cdot a_{33} - a_{32} \cdot a_{23}) - a_{12}(a_{21} \cdot a_{33} - a_{31} \cdot a_{23}) + a_{13}(a_{21} \cdot a_{32} - a_{31} \cdot a_{22})$

   2º) Desenvolvimento de D pela 3ª linha:

$D = (+1) \cdot a_{31} \begin{vmatrix} a_{12} & a_{13} \\ a_{22} & a_{23} \end{vmatrix} + (-1) \cdot a_{32} \begin{vmatrix} a_{11} & a_{13} \\ a_{21} & a_{23} \end{vmatrix} + (+1) \cdot a_{33} \begin{vmatrix} a_{11} & a_{12} \\ a_{21} & a_{22} \end{vmatrix} =$

$= a_{31}(a_{12} \cdot a_{23} - a_{22} \cdot a_{13}) - a_{32}(a_{11} \cdot a_{23} - a_{21} \cdot a_{13}) + a_{33}(a_{11} \cdot a_{22} - a_{21} \cdot a_{12})$

3º) Calcular D

$$D = \begin{vmatrix} 1 & 3 & 2 \\ 2 & 5 & 2 \\ 4 & 3 & 1 \end{vmatrix}$$

Temos, pela 1ª linha:

$$D = +1 \cdot \begin{vmatrix} 5 & 2 \\ 3 & 1 \end{vmatrix} - 3 \cdot \begin{vmatrix} 2 & 2 \\ 4 & 1 \end{vmatrix} + 2 \cdot \begin{vmatrix} 2 & 5 \\ 4 & 3 \end{vmatrix} =$$

$$= +1(5 \cdot 1 - 3 \cdot 2) - 3(2 \cdot 1 - 4 \cdot 2) + 2(2 \cdot 3 - 4 \cdot 5) =$$
$$= 1(5 - 6) - 3(2 - 8) + 2(6 - 20) = -1 + 18 - 28 = -11$$

EXERCÍCIO

50. Calcule os determinantes:

$$A = \begin{vmatrix} 3 & 2 & 7 \\ -1 & 4 & 3 \\ 6 & -10 & -2 \end{vmatrix} \qquad E = \begin{vmatrix} 0 & 0 & 0 \\ 1 & 2 & 3 \\ 4 & 5 & 6 \end{vmatrix}$$

$$B = \begin{vmatrix} x & y & 1 \\ 0 & 0 & 1 \\ 3 & -2 & 1 \end{vmatrix} \qquad F = \begin{vmatrix} 1 & 0 & 0 \\ 2 & 3 & 5 \\ 7 & 6 & 3 \end{vmatrix}$$

$$C = \begin{vmatrix} 1 & 1 & 1 \\ 2 & 3 & 6 \\ 4 & 9 & 36 \end{vmatrix} \qquad G = \begin{vmatrix} 1 & 2 & 1 \\ 1 & 3 & 1 \\ 1 & 4 & 1 \end{vmatrix}$$

$$D = \begin{vmatrix} 2 & -1 & 1 \\ 5 & 0 & 1 \\ 0 & 3 & 1 \end{vmatrix} \qquad H = \begin{vmatrix} 2 & 3 & 1 \\ 4 & 5 & 1 \\ 6 & 7 & 1 \end{vmatrix}$$

CAPÍTULO II

Equação da reta

I. Equação geral

27. Teorema

"A toda reta *r* do plano cartesiano está associada ao menos uma equação da forma ax + by + c = 0 em que *a*, *b*, *c* são números reais, a ≠ 0 ou b ≠ 0, e (x, y) representa um ponto genérico de *r*."

Demonstração:

Sejam $Q(x_1, y_1)$ e $R(x_2, y_2)$ dois pontos distintos do plano cartesiano. Isto significa que x_1, y_1, x_2, y_2 são números reais (constantes) conhecidos.

Seja *r* a reta definida pelos pontos Q e R. Se P(x, y) é um ponto que percorre *r*, então x e y são variáveis. Como P, Q, R são colineares, temos necessariamente:

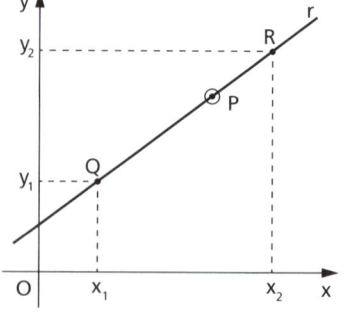

$$\begin{vmatrix} x & y & 1 \\ x_1 & y_1 & 1 \\ x_2 & y_2 & 1 \end{vmatrix} = 0$$

EQUAÇÃO DA RETA

Desenvolvendo esse determinante pela regra de Laplace, temos:

$$x \cdot \begin{vmatrix} y_1 & 1 \\ y_2 & 1 \end{vmatrix} - y \cdot \begin{vmatrix} x_1 & 1 \\ x_2 & 1 \end{vmatrix} + 1 \cdot \begin{vmatrix} x_1 & y_1 \\ x_2 & y_2 \end{vmatrix} = 0$$

$$\underbrace{(y_1 - y_2)}_{a} \cdot x + \underbrace{(x_2 - x_1)}_{b} \cdot y + \underbrace{(x_1 y_2 - x_2 y_1)}_{c} = 0$$

Fazendo $y_1 - y_2 = a$, $x_2 - x_1 = b$ e $x_1 y_2 - x_2 y_1 = c$, decorre que todo ponto $P \in r$ deve verificar a equação

$$\boxed{ax + by + c = 0}$$

chamada equação geral de *r*.

28. Comentários

1º) Ficou provado que toda reta (não importa qual seja sua posição) tem equação geral.

2º) Convém notar que a mesma reta admite várias (infinitas) equações gerais, pois, se usarmos $Q'(x_1', y_1')$ e $R'(x_2', y_2')$ para definirmos *r*, com $Q' \neq Q$ e $R' \neq R$, obteremos provavelmente uma outra equação: $a'x + b'y + c' = 0$. Veremos, no 3º caso do item 39, que $a'x + b'y + c' = 0$ é, entretanto, equivalente a $ax + by + c = 0$.

Isso significa que a toda reta *r* do plano cartesiano está associado um conjunto de equações equivalentes entre si.

3º) Os coeficientes *a* e *b* não podem ser simultaneamente nulos, pois:

$$\left. \begin{array}{l} a = 0 \Rightarrow y_1 - y_2 = 0 \Rightarrow y_1 = y_2 \\ b = 0 \Rightarrow x_2 - x_1 = 0 \Rightarrow x_1 = x_2 \end{array} \right\} \Rightarrow Q = R$$

e $Q \neq R$ por hipótese.

29. Exemplos:

1º) Obter a equação da reta que passa por $Q(4, 3)$ e $R(0, 7)$.

Entendemos por equação da reta $\overleftrightarrow{QR}$ a condição que as coordenadas do ponto $P(x, y)$ devem satisfazer para que P seja colinear com Q e R. Se P, Q e R são colineares, então:

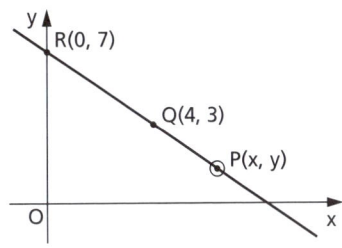

EQUAÇÃO DA RETA

$$\begin{vmatrix} x & y & 1 \\ 0 & 7 & 1 \\ 4 & 3 & 1 \end{vmatrix} = 0 \Rightarrow 4x + 4y - 28 = 0 \Rightarrow x + y - 7 = 0$$

isto é, todo ponto da reta $\overleftrightarrow{QR}$ deve apresentar soma das coordenadas igual a sete.

2º) Obter a equação da reta da figura.

Devemos escolher dois pontos dados para montar o determinante juntamente com o ponto (x, y) variável. Se escolhermos (2, 1) e (1, 0), vem:

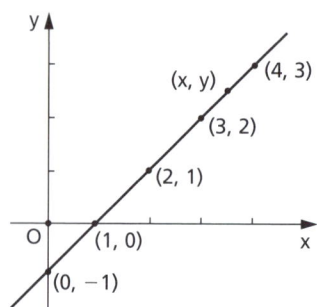

$$\begin{vmatrix} x & y & 1 \\ 2 & 1 & 1 \\ 1 & 0 & 1 \end{vmatrix} = 0 \Rightarrow x - y - 1 = 0$$

Se escolhermos (4, 3) e (0, −1), vem:

$$\begin{vmatrix} x & 7 & 1 \\ 4 & 3 & 1 \\ 0 & -1 & 1 \end{vmatrix} = 0 \Rightarrow 4x - 4y - 4 = 0$$

que é equivalente à anterior. Assim, a equação da reta é $x - y - 1 = 0$ (a mais simples) ou qualquer equação equivalente a esta.

30. Teorema

"A toda equação da forma $ax + by + c = 0$, com $a, b, c \in \mathbb{R}$, $a \neq 0$ ou $b \neq 0$, está associada uma única reta r do plano cartesiano cujos pontos P(x, y) são as soluções da equação dada."

Demonstração:

Faremos a demonstração apenas para o caso geral em que $a \neq 0$ e $b \neq 0$.

Sejam $P_1(x_1, y_1)$, $P_2(x_2, y_2)$ e $P_3(x_3, y_3)$ três pontos dois a dois distintos que satisfazem a equação dada. Então, temos:

$$ax_1 + by_1 + c = 0 \Rightarrow ax_1 = -by_1 - c \Rightarrow x_1 = \frac{-by_1 - c}{a}$$

$$ax_2 + by_2 + c = 0 \Rightarrow ax_2 = -by_2 - c \Rightarrow x_2 = \frac{-by_2 - c}{a}$$

$$ax_3 + by_3 + c = 0 \Rightarrow ax_3 = -by_3 - c \Rightarrow x_3 = \frac{-by_3 - c}{a}$$

Temos ainda:

$$(x_2 - x_1)(y_3 - y_2) = \frac{(-by_2 - c) - (-by_1 - c)}{a} \cdot (y_3 - y_2) = \frac{b(y_1 - y_2)(y_3 - y_2)}{a}$$

$$(x_3 - x_2)(y_2 - y_1) = \frac{(-by_3 - c) - (-by_2 - c)}{a} \cdot (y_2 - y_1) = \frac{b(y_2 - y_3)(y_2 - y_1)}{a}$$

então $(x_2 - x_1)(y_3 - y_2) = (x_3 - x_2)(y_2 - y_1)$, portanto P_1, P_2 e P_3 são colineares.

Está provado que todo ponto P_3 (variável), que satisfaz a condição $ax + by + c = 0$, pertence necessariamente à reta $\overleftrightarrow{P_1P_2}$ (que existe e é única), à qual daremos o nome r.

31. Comentários

1º) Esse teorema mostra que, dada a equação $ax + by + c = 0$, o conjunto dos pares (x, y) que a satisfazem é uma reta.

Exemplo:

Construir o gráfico dos pontos que verificam a equação $x + 2y - 6 = 0$.

Como já sabemos, o gráfico é uma reta e, para localizá-la, basta localizar dois de seus pontos. Assim, temos:

$x = 0 \Rightarrow 0 + 2y - 6 = 0 \Rightarrow y = 3$
$x = 6 \Rightarrow 6 + 2y - 6 = 0 \Rightarrow y = 0$

isto é, os pontos $(0, 3)$ e $(6, 0)$ definem a reta.

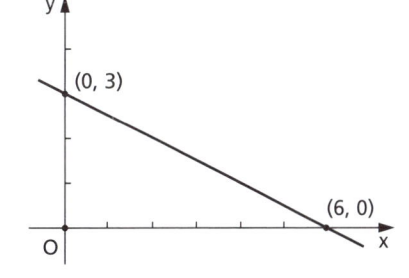

2º) Esse teorema mostra também que só os pontos que satisfazem a equação $ax + by + c = 0$ pertencem à reta; portanto, um ponto está sobre uma reta somente se suas coordenadas verificam a equação da reta.

EQUAÇÃO DA RETA

32. Exemplo:

Verificar se A(2, 2), B(4, 1) e C(7, −1) pertencem à reta r de equação $x + 2y - 6 = 0$.

Basta substituir x e y na equação dada pelas coordenadas de cada ponto e verificar se a igualdade obtida é verdadeira ou falsa:

A $\to$ (2) + 2(2) − 6 = 0 (verdadeira) $\to$ A $\in$ r

B $\to$ (4) + 2(1) − 6 = 0 (verdadeira) $\to$ B $\in$ r

C $\to$ (7) + 2(−1) − 6 = 0 (falsa) $\to$ C $\notin$ r

33. A principal consequência dos teoremas dos itens 27 e 30 é que em Geometria Analítica Plana:

a) "dar uma reta" significa dar uma das equações da reta;

b) "pedir uma reta" significa pedir uma das equações da reta.

34. O anulamento de um dos coeficientes da equação geral da reta revela uma propriedade especial da reta. Assim, temos:

(1) $a = 0 \Leftrightarrow y_1 - y_2 = 0 \Leftrightarrow y_1 = y_2 \Leftrightarrow r \mathbin{/\mkern-2mu/} x$

isto é, quando a equação não tem o termo em x (exemplos: $3y - 4 = 0$, $7y + 11 = 0$), a reta é paralela ao eixo das abscissas.

(2) $b = 0 \Leftrightarrow x_2 - x_1 = 0 \Rightarrow x_1 = x_2 \Leftrightarrow r \mathbin{/\mkern-2mu/} y$

isto é, quando a equação não tem o termo em y (exemplos: $7x + 5 = 0$, $9x - 4 = 0$), a reta é paralela ao eixo das ordenadas.

(3) $c = 0 \Leftrightarrow ax + by = 0 \Leftrightarrow$ (0, 0) satisfaz a equação, pois $a \cdot 0 + b \cdot 0 = 0 \Leftrightarrow (0, 0) \in r$

isto é, quando a equação não tem o termo independente (exemplos: $3x + 4y = 0$, $12x - 13y = 0$), a reta passa pela origem.

(4) ($a = 0$ e $c = 0$) $\Rightarrow$ ($r \mathbin{/\mkern-2mu/} x$ e $(0, 0) \in r$) $\Rightarrow$ $r = x$

(5) ($b = 0$ e $c = 0$) $\Rightarrow$ ($r \mathbin{/\mkern-2mu/} y$ e $(0, 0) \in r$) $\Rightarrow$ $r = y$

Assim: $x = 0$, $7x = 0$, $\sqrt{2} \cdot x = 0$ são equações do eixo dos y;

$y = 0$, $5y = 0$, $-513y = 0$ são equações do eixo dos x.

EXERCÍCIOS

51. Determine a equação da reta *r* indicada no diagrama ao lado.

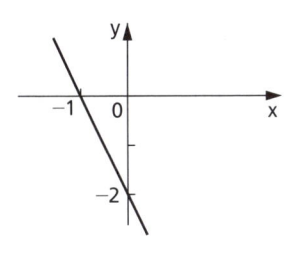

52. Dados os pontos A(1, 2), B(2, −2) e C(4, 3), obtenha a equação da reta que passa por A e pelo ponto médio do segmento BC.

53. Determine as equações das retas suportes dos lados do triângulo cujos vértices são A(0, 0), B(1, 3) e C(4, 0).

Solução

Cada reta é definida por dois vértices:

reta AB

$$\begin{vmatrix} x & y & 1 \\ 1 & 3 & 1 \\ 0 & 0 & 1 \end{vmatrix} = 0 \Rightarrow 3x - y = 0$$

reta BC

$$\begin{vmatrix} x & y & 1 \\ 1 & 3 & 1 \\ 4 & 0 & 1 \end{vmatrix} = 0 \Rightarrow 3x + 3y - 12 = 0 \Rightarrow x + y - 4 = 0$$

reta CA

$$\begin{vmatrix} x & y & 1 \\ 4 & 0 & 1 \\ 0 & 0 & 1 \end{vmatrix} = 0 \Rightarrow 4y = 0 \Rightarrow y = 0$$

Resposta: $3x - y = 0$, $x + y - 4 = 0$, $y = 0$.

54. Determine a equação da reta definida pelos pontos $A\left(\dfrac{5}{4}, \dfrac{3}{4}\right)$ e $B\left(-\dfrac{3}{4}, -\dfrac{5}{4}\right)$.

EQUAÇÃO DA RETA

55. A reta determinada por A(a, 0) e B(0, b) passa por C(2, 5). Qual é a relação entre *a* e *b*?

56. A reta determinada por A(p, q) e B(7, 3) passa pela origem. Qual é a relação entre *p* e *q*?

57. Prove que os pontos A(a, b + c), B(b, a + c) e C(c, a + b) são colineares e determine a equação da reta que os contém.

58. Dados A(−5, −5), B(1, 5), C(19, 0) e r: 5x − 3y = 0, verifique se *r* passa pelo baricentro do triângulo ABC.

Solução

Conforme vimos no exercício 28, as coordenadas do baricentro são:

$$x_G = \frac{x_A + x_B + x_C}{3} = \frac{(-5) + (1) + (19)}{3} = 5$$

$$y_G = \frac{y_A + y_B + y_C}{3} = \frac{(-5) + (5) + (0)}{3} = 0$$

Substituindo G(5, 0) na equação de *r*, temos:

5(5) − 3(0) = 0 (falsa) ⇒ G ∉ r

Resposta: G ∉ r.

59. Determine a equação da reta que passa pelos pontos A e B da figura abaixo.

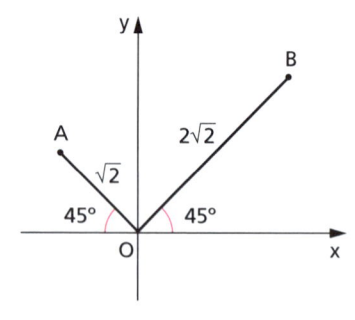

60. Desenhe no plano cartesiano as retas cujas equações são dadas abaixo:
 a) y = 3x   b) x + y = 3   c) x − y + 2 = 0   d) 3y + x = 0

II. Interseção de duas retas

35. Todo ponto de interseção de duas retas tem de satisfazer as equações de ambas as retas. Portanto, obtemos o ponto comum $P(x_0, y_0)$ a duas retas concorrentes resolvendo o sistema formado pelas suas equações:

$$(S) \begin{cases} r: a_1 \cdot x + b_1 \cdot y + c_1 = 0 \\ s: a_2 \cdot x + b_2 \cdot y + c_2 = 0 \end{cases}$$

36. Exemplo:

Obter a interseção das retas:

$r: x - y + 1 = 0$ e $s: 2x + y - 2 = 0$

Vamos resolver o sistema pelo método da adição:

$$+\begin{array}{l} x - y + 1 = 0 \quad (1) \\ 2x + y - 2 = 0 \quad (2) \end{array}$$

$$\overline{3x - 1 = 0} \Rightarrow x = \frac{1}{3}$$

(1) $\frac{1}{3} - y + 1 = 0 \Rightarrow y = \frac{4}{3}$

Logo, a interseção de r com s é $P\left(\frac{1}{3}, \frac{4}{3}\right)$.

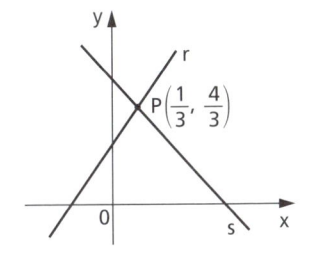

EXERCÍCIOS

61. Determine a interseção das retas $x - 5y = 14$ e $3x + 2y = -9$.

62. Determine a interseção das retas r e s indicadas no gráfico ao lado.

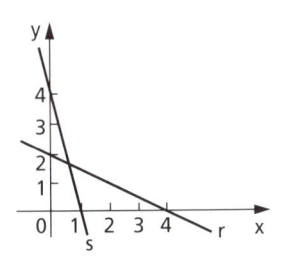

EQUAÇÃO DA RETA

63. As retas $2x + 3y = 2$ e $x - 3y = 1$ passam pelo ponto (a, b). Calcule $a + b$.

64. Para que valores de a a interseção da reta $y = a(x + 2)$ com a reta $y = -x + 2$ se dá no primeiro quadrante?

65. As retas suportes dos lados do triângulo ABC são:
AB: $3x - 4y = 0$, BC: $x + y - 7 = 0$ e CA: $4x - 3y = 0$
Mostre que ABC é um triângulo isósceles.

Solução

1º) Cada vértice do triângulo é a interseção de duas retas suportes:

$\{A\} = AB \cap CA \rightarrow \begin{cases} 3x - 4y = 0 \\ 4x - 3y = 0 \end{cases}$

$\{B\} = AB \cap BC \rightarrow \begin{cases} 3x - 4y = 0 \\ x + y - 7 = 0 \end{cases}$

$\{C\} = BC \cap CA \rightarrow \begin{cases} x + y - 7 = 0 \\ 4x - 3y = 0 \end{cases}$

Resolvendo os três sistemas formados, temos:
$A = (0, 0)$, $B = (4, 3)$ e $C = (3, 4)$

2º) Calculemos as medidas dos lados AB e AC:

$\left. \begin{array}{l} d_{AB} = \sqrt{(0-4)^2 + (0-3)^2} = 5 \\ d_{AC} = \sqrt{(0-3)^2 + (0-4)^2} = 5 \end{array} \right\} \Rightarrow \overline{AB} \equiv \overline{AC}$

66. Calcule o perímetro do triângulo cujos vértices são as interseções das retas $x + y = 6$, $x = 1$ e $y = 1$.

67. Prove que as retas de equações $2x + 3y - 1 = 0$, $x + y = 0$ e $3x + 4y - 1 = 0$ concorrem no mesmo ponto P.

Solução

1º) Determinemos P, interseção da 1ª com a 2ª:
$\begin{cases} 2x + 3y - 1 = 0 \\ x + y = 0 \end{cases} \xrightarrow{\text{resolvendo}} x = -1 \text{ e } y = +1 \rightarrow P(-1, +1)$

2º) Provemos que P pertence à 3ª reta:
$3x_P + 4y_P - 1 = 3(-1) + 4(+1) - 1 = -3 + 4 - 1 = 0$

68. Demonstre que as retas

r: $x - 2y = 0$, s: $x + 2y - 8 = 0$ e t: $(1 + k)x + 2(1 - k)y - 8 = 0$ são concorrentes no mesmo ponto P, $\forall k \in \mathbb{R}$.

Solução

1º) Determinemos a interseção de r e s:

$\begin{cases} x - 2y = 0 \\ x + 2y - 8 = 0 \end{cases} \xrightarrow{\text{resolvendo}} x = 4 \text{ e } y = 2 \rightarrow P(4, 2)$

2º) Provemos que $P \in t$:

$(1 + k)x_P + 2(1 - k)y_P - 8 = (1 + k)4 + 2(1 - k)2 - 8 =$
$= 4 + 4k + 4 - 4k - 8 = 0, \forall k \in \mathbb{R}$

69. Determine a para que as retas de equações $3x - 3y + 2a = 0$, $ax - y = 0$ e $3x + 3y - 4a = 0$ sejam concorrentes no mesmo ponto.

70. Demonstre que as retas de equações $4x - 7y = 0$, $(8k + 2)x - (14k - 1)y - 18 = 0$ e $x - y - 3 = 0$ são concorrentes no mesmo ponto, qualquer que seja k.

71. Determine m de modo que as retas de equações $x - 2y + m = 0$, $3x + 2y - 5 = 0$ e $x + 2y + 5 = 0$ definam um triângulo.

72. Qual é a equação da reta que passa por P(3, 1), intercepta r: $3x - y = 0$ em A e s: $x + 5y = 0$ em B tais que P é médio do segmento AB.

Solução

1º) Se $A \in r$, então as coordenadas de A verificam a equação de r. Fazendo $x_A = a$, decorre:

$y_A = 3x_A \Rightarrow y_A = 3a \Rightarrow A(a, 3a)$

2º) Se $B \in s$, então as coordenadas de B verificam a equação de s. Fazendo $y_B = b$, decorre:

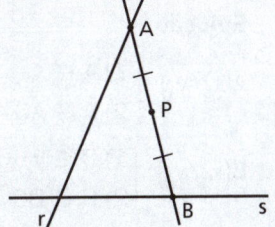

$x_B = -5y_B \Rightarrow x_B = -5b \Rightarrow B(-5b, b)$

EQUAÇÃO DA RETA

3º) P é ponto médio de AB, então:

$x_P = \dfrac{x_A + x_B}{2} \Rightarrow 3 = \dfrac{a - 5b}{2} \Rightarrow a - 5b = 6$ (1)

$y_P = \dfrac{y_A + y_B}{2} \Rightarrow 1 = \dfrac{3a + b}{2} \Rightarrow 3a + b = 2$ (2)

Resolvendo o sistema formado por (1) e (2), temos $a = 1$ e $b = -1$; portanto, $A = (1, 3)$ e $B = (5, -1)$.

4º) A equação da reta AB é: $\begin{vmatrix} x & y & 1 \\ 1 & 3 & 1 \\ 5 & -1 & 1 \end{vmatrix} = 0 \Rightarrow 4x + 4y - 16 = 0 \Rightarrow$

$\Rightarrow x + y - 4 = 0$

73. Dado o ponto $A(-2, 4)$, determine as coordenadas de dois pontos P e Q, situados respectivamente sobre as retas $y = 3x$ e $y = -x$, de tal modo que A seja o ponto médio do segmento PQ.

74. Dê a equação da reta suporte de um segmento que tem centro $P(3, 0)$ e extremidade em cada uma das retas $2x - y - 2 = 0$ e $x + y + 3 = 0$.

75. Determine o ponto B da bissetriz do 2º e 4º quadrantes de tal forma que o ponto médio do segmento AB pertença à reta r. São dados: $A(5, 4)$ e $r: 2x - y + 3 = 0$.

76. Determine o ponto B da reta s de tal forma que o segmento AB intercepte a reta r no ponto C que o divide na razão $\dfrac{1}{2}$. São dados: $A(-1, 6)$, $r: 3x - y = 0$ e $s: x - 2y + 4 = 0$.

77. Determine o perímetro do triângulo ABC que verifica as seguintes condições:
a) o vértice A pertence ao eixo dos x;
b) o vértice B pertence ao eixo dos y;
c) a reta BC tem equação $x - y = 0$;
d) a reta AC tem equação $x + 2y - 3 = 0$.

Solução

$A(x_A, y_A) \begin{cases} 1) \; A \in x \Rightarrow y_A = 0 \\ 2) \; A \in AC \Rightarrow x_A + 2y_A - 3 = 0 \end{cases} \Rightarrow A(3, 0)$

$B(x_B, y_B) \begin{cases} 1) \; B \in y \Rightarrow x_B = 0 \\ 2) \; B \in BC \Rightarrow x_B - y_B = 0 \end{cases} \Rightarrow B(0, 0)$

$C(x_C, y_C) \begin{cases} 1) \ C \in AC \Rightarrow x_C + 2y_C - 3 = 0 \\ 2) \ C \in BC \Rightarrow x_C - y_C = 0 \end{cases} \Rightarrow C(1, 1)$

perímetro $= d_{AB} + d_{BC} + d_{CA} = \sqrt{3^2 + 0^2} + \sqrt{1^2 + 1^2} + \sqrt{2^2 + 1^2} =$
$= 3 + \sqrt{2} + \sqrt{5}$

Resposta: $3 + \sqrt{2} + \sqrt{5}$.

78. Num triângulo ABC, sabe-se que:
(1) A pertence ao eixo das abscissas;
(2) B pertence à bissetriz b_{13};
(3) a equação da reta AC é $x + y - 4 = 0$;
(4) a equação da reta BC é $2x - 3y + 7 = 0$.
Calcule o perímetro do triângulo ABC.

79. Determine y de modo que $P(2, y)$ seja ponto interior do triângulo definido pelas retas $2x - y - 7 = 0$, $4x - y - 11 = 0$ e $10x - 3y - 25 = 0$.

III. Posições relativas de duas retas

37. Dadas duas retas r e s cujas equações são:

$(\Sigma) \begin{cases} r: a_1x + b_1y = c_1 \ (1) \\ s: a_2x + b_2y = c_2 \ (2) \end{cases}$

elas podem ocupar apenas três posições relativas no plano cartesiano. Essas posições são definidas com base no número de pontos comuns às retas, isto é:

r e s concorrentes $\Leftrightarrow$ um único ponto comum
r e s paralelas e distintas $\Leftrightarrow$ nenhum ponto comum
r e s coincidentes $\Leftrightarrow$ infinitos pontos comuns

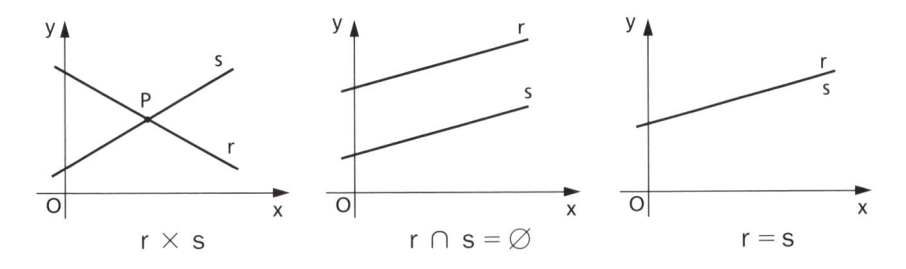

EQUAÇÃO DA RETA

Com o símbolo r × s indicaremos que *r* e *s* são concorrentes; com r ∩ s = ∅ indicaremos que *r* e *s* são paralelas e distintas; com r = s indicaremos que *r* e *s* são coincidentes (ou paralelas coincidentes).

Notemos que r // s significa r ∩ s = ∅ ou r = s.

38. Todo ponto comum a *r* e *s* é solução do sistema (Σ). Resolvendo o sistema (Σ) pelo método da adição, temos:

$$\begin{array}{l}(1) \times b_2 \\ (2) \times (-b_1)\end{array} \Rightarrow \left.\begin{array}{l}a_1 b_2 x + b_1 b_2 y = c_1 b_2 \\ -a_2 b_1 x - b_1 b_2 y = -c_2 b_1\end{array}\right\} \oplus$$

$$(a_1 b_2 - a_2 b_1) x = (c_1 b_2 - c_2 b_1) \quad (3)$$

$$\begin{array}{l}(1) \times (-a_2) \\ (2) \times a_1\end{array} \Rightarrow \left.\begin{array}{l}-a_1 a_2 x - a_2 b_1 y = -a_2 c_1 \\ a_1 a_2 x + a_1 b_2 y = a_1 c_2\end{array}\right\} \oplus$$

$$(a_1 b_2 - a_2 b_1) y = (a_1 c_2 - a_2 c_1) \quad (4)$$

Fazendo:

$$a_1 b_2 - a_2 b_1 = \begin{vmatrix} a_1 & b_1 \\ a_2 & b_2 \end{vmatrix} = D$$

$$c_1 b_2 - c_2 b_1 = \begin{vmatrix} c_1 & b_1 \\ c_2 & b_2 \end{vmatrix} = D_1$$

$$a_1 c_2 - a_2 c_1 = \begin{vmatrix} a_1 & c_1 \\ a_2 & c_2 \end{vmatrix} = D_2$$

o sistema (Σ) fica reduzido a:

$$(\overline{\Sigma}) \begin{cases} D \cdot x = D_1 & (3) \\ D \cdot y = D_2 & (4) \end{cases}$$

cuja discussão é imediata.

39. São possíveis três casos:

1º caso:

$D \neq 0 \Leftrightarrow (\overline{\Sigma})$ tem uma única solução $\Leftrightarrow$ r × s

EQUAÇÃO DA RETA

2º caso:

$$\left. \begin{array}{l} D = 0 \\ D_1 \text{ (ou } D_2) \neq 0 \end{array} \right\} \Leftrightarrow (\overline{\Sigma}) \text{ não tem solução} \Leftrightarrow r \cap s = \varnothing$$

3º caso:

$$\left. \begin{array}{l} D = 0 \\ D_1 = 0 \\ D_2 = 0 \end{array} \right\} \Leftrightarrow (\overline{\Sigma}) \text{ tem infinitas soluções} \Leftrightarrow r = s$$

Quando $a_2 \neq 0$, $b_2 \neq 0$ e $c_2 \neq 0$, temos:

$$D = \begin{vmatrix} a_1 & b_1 \\ a_2 & b_2 \end{vmatrix} = 0 \Leftrightarrow a_1 b_2 = a_2 b_1 \Leftrightarrow \frac{a_1}{a_2} = \frac{b_1}{b_2}$$

$$D_1 = \begin{vmatrix} c_1 & b_1 \\ c_2 & b_2 \end{vmatrix} = 0 \Leftrightarrow c_1 b_2 = c_2 b_1 \Leftrightarrow \frac{b_1}{b_2} = \frac{c_1}{c_2}$$

$$D_2 = \begin{vmatrix} a_1 & c_1 \\ a_2 & c_2 \end{vmatrix} = 0 \Leftrightarrow a_1 c_2 = a_2 c_1 \Leftrightarrow \frac{a_1}{a_2} = \frac{c_1}{c_2}$$

e a teoria pode ser simplificada para:

$$\begin{array}{ll} r \times s & \Leftrightarrow \dfrac{a_1}{a_2} \neq \dfrac{b_1}{b_2} \\[2ex] r \cap s = \varnothing & \Leftrightarrow \dfrac{a_1}{a_2} = \dfrac{b_1}{b_2} \neq \dfrac{c_1}{c_2} \\[2ex] r = s & \Leftrightarrow \dfrac{a_1}{a_2} = \dfrac{b_1}{b_2} = \dfrac{c_1}{c_2} \end{array}$$

40. Exemplos:

1º) As retas $r: x + 2y + 3 = 0$ e $s: 2x + 3y + 4 = 0$ são concorrentes, pois $\dfrac{a_1}{a_2} \neq \dfrac{b_1}{b_2}$, isto é, $\dfrac{1}{2} \neq \dfrac{2}{3}$

EQUAÇÃO DA RETA

2º) As retas r: $x + 2y + 3 = 0$ e s: $3x + 6y + 1 = 0$ são paralelas e distintas, pois

$$\frac{a_1}{a_2} = \frac{b_1}{b_2} \neq \frac{c_1}{c_2}, \text{ isto é, } \frac{1}{3} = \frac{2}{6} \neq \frac{3}{1}$$

3º) As retas r: $x + 2y + 3 = 0$ e s: $2x + 4y + 6 = 0$ são coincidentes, pois

$$\frac{a_1}{a_2} = \frac{b_1}{b_2} = \frac{c_1}{c_2}, \text{ isto é, } \frac{1}{2} = \frac{2}{4} = \frac{3}{6}$$

4º) As retas r: $x - 2 = 0$ e s: $y + 4 = 0$ são concorrentes, pois

$$D = \begin{vmatrix} a_1 & b_1 \\ a_2 & b_2 \end{vmatrix} = \begin{vmatrix} 1 & 0 \\ 0 & 1 \end{vmatrix} = 1 \neq 0$$

5º) As retas r: $x + y + m = 0$ e s: $x + y + 2 = 0$ são paralelas, pois

$$\frac{a_1}{a_2} = \frac{b_1}{b_2}, \text{ isto é, } \frac{1}{1} = \frac{1}{1}$$

para $m = 2$, temos $r = s$ (coincidentes);

para $m \neq 2$ e $m \in \mathbb{R}$, temos $r \cap s = \emptyset$ (paralelas distintas).

EXERCÍCIOS

80. Qual é a posição relativa entre as retas $3x - y - 7 = 0$ e $6x - 2y + 17 = 0$?

81. Determine a posição relativa das seguintes retas, tomadas duas a duas:

r: $5x - 7y + 8 = 0$ s: $-x + 2y - 1 = 0$
t: $5x - 7y + 3 = 0$ u: $-3x + y = 0$
v: $-x + 2y = -1$ z: $10x - 14y = -16$

82. Discuta a posição relativa das retas

r: $(m - 1)x + my - 1 = 0$ e s: $(1 - m)x + (m + 1)y + 1 = 0$

Solução

Calculemos D e os valores de m que anulam D:

$$D = \begin{vmatrix} a_1 & b_1 \\ a_2 & b_2 \end{vmatrix} = \begin{vmatrix} m - 1 & m \\ 1 - m & m + 1 \end{vmatrix} = (m^2 - 1) - m(1 - m) = 2m^2 - m - 1$$

$$D = 0 \Rightarrow 2m^2 - m - 1 = 0 \Rightarrow m = \frac{1 \pm \sqrt{9}}{4} \Rightarrow \begin{cases} m = 1 \\ \text{ou} \\ m = -\frac{1}{2} \end{cases}$$

É evidente que, quando $D \neq 0$, as retas são concorrentes. Então:

$m \in \mathbb{R}$, $m \neq 1$ e $m \neq -\frac{1}{2} \Rightarrow D \neq 0 \Rightarrow r \times s$

Por outro lado, quando $D = 0$, trocamos m pelos valores críticos $\left(1 \text{ e } -\frac{1}{2}\right)$ nas equações iniciais e verificamos o que ocorre:

$m = 1 \Rightarrow \begin{cases} r: y - 1 = 0 \\ s: 2y + 1 = 0 \end{cases} \Rightarrow r \cap s = \emptyset$

$m = -\frac{1}{2} \Rightarrow \begin{cases} r: -\frac{3}{2}x - \frac{1}{2}y - 1 = 0 \\ s: \frac{3}{2}x + \frac{1}{2}y + 1 = 0 \end{cases} \Rightarrow r = s$

83. Discuta em função de m e p a posição relativa das retas r: $mx + y - p = 0$ e s: $3x + - 7 = 0$.

Solução

Calculemos as raízes de D: $D = \begin{vmatrix} a_1 & b_1 \\ a_2 & b_2 \end{vmatrix} = \begin{vmatrix} m & 1 \\ 3 & 3 \end{vmatrix} = 3m - 3 = 0 \Rightarrow m = 1$

É evidente que: $m \in \mathbb{R}$, $m \neq 1 \Rightarrow D \neq 0 \Rightarrow r \times s$.

Quando $D = 0$, temos:

$m = 1 \Rightarrow \begin{cases} r: x + y - p = 0 \\ s: 3x + 3y - 7 = 0 \end{cases}$ então $\begin{cases} \text{se } p = \frac{7}{3}, \quad r = s \\ \text{se } p \neq \frac{7}{3}, \quad r \cap s = \emptyset \end{cases}$

EQUAÇÃO DA RETA

> Resposta: $m \in \mathbb{R}$, $m \neq 1 \Rightarrow r \times s$
>
> $m = 1$ e $p = \dfrac{7}{3} \Rightarrow r = s$
>
> $m = 1$ e $p \neq \dfrac{7}{3} \Rightarrow r \cap s = \emptyset$

84. Discuta a posição relativa das retas r: $2mx + my - 5 = 0$ e s: $3mx + 3y + m = 0$ em função de m.

85. Discuta em função de m a posição relativa das retas r: $5x + y + 5 = 0$ e s: $2x + my + 5m = 0$.

86. Para que valores de k as retas $(k + 1)x + 10y - 1 = 0$ e $8x + (k - 1)y + 1 = 0$ são paralelas?

87. Discuta em função de a e b a posição relativa das retas r: $ax - 5y + b = 0$ e s: $4x - 2y + 7 = 0$.

88. Entre os triângulos OAB com o vértice O na origem e os outros dois vértices A e B, respectivamente, nas retas $y = 1$ e $y = 3$ e alinhados com o ponto P(7, 0), determine aquele para o qual é mínima a soma dos quadrados dos lados.

IV. Feixe de retas concorrentes

41. Exemplo preliminar

Consideremos as retas r: $x - y + 1 = 0$ e s: $2x + y - 4 = 0$. Essas retas são concorrentes e seu ponto de interseção é P(1, 2).

Vamos agora repetir a mesma experiência três vezes: vamos multiplicar as equações de r e s por números reais (arbitrários e ambos não nulos), somar os resultados obtidos e analisar como é a nova reta em relação a P.

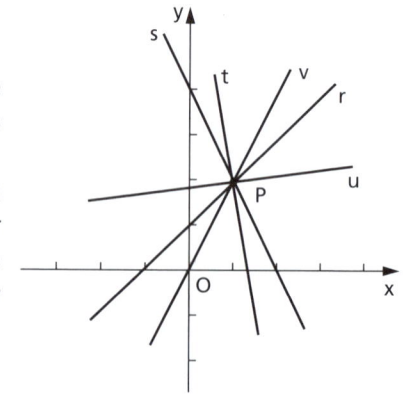

EQUAÇÃO DA RETA

$$\begin{array}{rl}(r) \times 2 \Rightarrow & 2x - 2y + 2 = 0 \\ (s) \times 3 \Rightarrow & 6x + 3y - 12 = 0\end{array}\Big\}$$
$$(t)\ \ 8x + y - 10 = 0$$

Substituindo P, vem:

$8(1) + (2) - 10 = 0 \Rightarrow P \in t$

$$\begin{array}{rl}(r) \times 5 \Rightarrow & 5x - 5y + 5 = 0 \\ (s) \times (-2) \Rightarrow & -4x - 2y + 8 = 0\end{array}\Big\}$$
$$(u)\ \ x - 7y + 13 = 0$$

Substituindo P, vem:

$(1) - 7(2) + 13 = 0 \Rightarrow P \in u$

$$\begin{array}{rl}(r) \times (-4) \Rightarrow & -4x + 4y - 4 = 0 \\ (s) \times (-1) \Rightarrow & -2x - y + 4 = 0\end{array}\Big\}$$
$$(v)\ -6x + 3y = 0$$

Substituindo P, vem: $-6(1) + 3(2) = 0 \Rightarrow P \in v$.

As três novas retas obtidas também passam por P. Será que isso foi por acaso, isto é, será que isso aconteceu por causa dos multiplicadores escolhidos? Ou será que a nova reta passará por P, quaisquer que sejam os multiplicadores? A teoria seguinte vai explicar.

42. Definição

Feixe de retas concorrentes é um conjunto de retas coplanares, concorrentes num único ponto $P(x_0, y_0)$.

Um feixe de concorrentes fica definido por seu centro $P(x_0, y_0)$ ou por duas de suas retas.

Consideremos o feixe definido pelas retas:

$$\left.\begin{array}{l}r:\ a_1x + b_1y + c_1 = 0 \\ s:\ a_2x + b_2y + c_2 = 0\end{array}\right\} \text{concorrentes em } P(x_0, y_0)$$

Temos:

$P \in r \Rightarrow a_1 \cdot x_0 + b_1 \cdot y_0 + c_1 = 0$ (1)
$P \in s \Rightarrow a_2 \cdot x_0 + b_2 \cdot y_0 + c_2 = 0$ (2)

EQUAÇÃO DA RETA

Consideremos a equação:

$$k_1 \cdot (a_1 x + b_1 y + c_1) + k_2 \cdot (a_2 x + b_2 y + c_2) = 0 \quad (3)$$

em que $k_1 \in \mathbb{R}$, $k_2 \in \mathbb{R}$ e $k_1 \neq 0$ ou $k_2 \neq 0$.

Essa equação representa uma reta, pois, desenvolvendo e ordenando, temos:

$(k_1 a_1 + k_2 a_2)x + (k_1 b_1 + k_2 b_2)y + (k_1 c_1 + k_2 c_2) = 0$

O ponto $P(x_0, y_0)$ pertence a essa reta, pois:

$k_1 \underbrace{(a_1 x_0 + b_1 y_0 + c_1)}_{\text{veja (1)}} + k_2 \underbrace{(a_2 x_0 + b_2 y_0 + c_2)}_{\text{veja (2)}} = k_1 \cdot 0 + k_2 \cdot 0 = 0, \; \forall k_1, \forall k_2 \in \mathbb{R}$

Isso significa que a equação (3), para cada valor atribuído a k_1 e k_2, representa uma reta t passando por P. Variando k_1 e k_2, essa reta t se "movimenta" descrevendo o feixe de centro P. A equação (3) representa, pois, o feixe de retas concorrentes em P.

43. Exemplos:

1º) As retas $r: x - y + 1 = 0$ e $s: 2x + y - 4 = 0$ definem um feixe de retas concorrentes cuja equação é

$k_1(x - y + 1) + k_2(2x + y - 4) = 0$

em que k_1 e k_2 são reais e não nulos simultaneamente.

2º) O feixe de concorrentes cuja equação é

$k_1(2x - 3y) + k_2(x + 3y - 9) = 0$

tem centro no ponto de interseção das retas $r: 2x - 3y = 0$ e $s: x + 3y - 9 = 0$, isto é, $P(3, 2)$.

Esse ponto pode também ser determinado, achando a interseção de duas retas quaisquer do feixe:

$k_1 = 1$ e $k_2 = 2 \Rightarrow (2x - 3y) + (2x + 6y - 18) = 0 \Rightarrow 4x + 3y - 18 = 0$
$k_1 = 2$ e $k_2 = 3 \Rightarrow (4x - 6y) + (3x + 9y - 27) = 0 \Rightarrow 7x + 3y - 27 = 0$

e, resolvendo o último sistema, temos $x = 3$ e $y = 2$.

EQUAÇÃO DA RETA

3º) É comum apresentar-se a equação de um feixe em função de um só parâmetro (k) em vez de dois (k_1 e k_2). No exemplo anterior, supondo $k_1 \neq 0$ e dividindo por k_1, temos:

$(2x - 3y) + \dfrac{k_2}{k_1} \cdot (x + 3y - 9) = 0$

e, fazendo $\dfrac{k_2}{k_1} = k$, resulta:

$(2x - 3y) + k \cdot (x + 3y - 9) = 0$

Notemos, porém, que esta última equação exclui uma reta do feixe: a reta $x + 3y - 9 = 0$, correspondente a $k_1 = 0$.

EXERCÍCIOS

89. O que representa a equação $-2x + y + 8 + t(3x - 2y - 13) = 0$, sendo t uma variável real?

90. Determine o centro do feixe de retas concorrentes cuja equação é:
$k_1(3x + 3y + 1) + k_2(18x + 21y + 4) = 0$

91. Determine a equação da reta que pertence ao feixe definido pela equação:
$(2x + 3y - 15) + k \cdot (5x - 2y + 29) = 0$
e que passa pela origem do sistema cartesiano.

92. Determine a equação da reta comum aos feixes:
(1) $(x + y + 1) + m \cdot (x - y - 3) = 0$
(2) $(2x + 3y - 5) + p \cdot (4x + y - 5) = 0$

Solução

1º) Determinemos o centro do feixe (1), achando a interseção de duas retas:
$m = 1 \Rightarrow (x + y + 1) + 1 \cdot (x - y - 3) = 0 \Rightarrow 2x - 2 = 0$
$m = 0 \Rightarrow (x + y + 1) + 0 \cdot (x - y - 3) = 0 \Rightarrow x + y + 1 = 0$
Resolvendo o sistema, vem $x = 1$ e $y = -2$.

EQUAÇÃO DA RETA

2º) Analogamente para o feixe (2):

$\left.\begin{array}{l} p = 0 \Rightarrow 2x + 3y - 5 = 0 \\ p = -3 \Rightarrow -10x + 10 = 0 \end{array}\right\} \Rightarrow x = 1 \text{ e } y = 1$

3º) A reta comum aos dois feixes é aquela definida pelos pontos $(1, -2)$ e $(1, 1)$:

$\begin{vmatrix} x & y & 1 \\ 1 & -2 & 1 \\ 1 & 1 & 1 \end{vmatrix} = 0 \Rightarrow -3x + 3 = 0 \Rightarrow x = 1$

Resposta: $x = 1$.

93. São dados os feixes de retas concorrentes:

$3x - 2y - 6 + k(x + 2y - 2) = 0$

$3x - 3y + 4 + \ell(2x + 3y + 1) = 0$

Obtenha a equação da reta comum aos dois feixes.

94. Calcule o valor de m para que os três feixes definidos pelas equações

$2x + 3y - 8 + k_1(mx - 3y + 5) = 0$

$4x + 3y + 25 + k_2(2x - 3y - 1) = 0$

$mx + my + 1 + k_3(-mx - 4y - 1) = 0$

tenham uma reta comum.

95. Demonstre que as retas de equações

$(m + 2)x - my - 4 + m = 0$

em que m e uma variável real passam por um mesmo ponto.

> **Solução 1**
>
> A equação dada representa um conjunto de retas, pois m é variável. Tomemos duas retas particulares do conjunto:
>
> $\left.\begin{array}{l} m = 0 \Rightarrow 2x - 4 = 0 \\ m = -2 \Rightarrow 2y - 6 = 0 \end{array}\right\}$
>
> A interseção dessas retas é o ponto $P(2, 3)$. Provemos que P pertence a qualquer reta do conjunto, substituindo-o na equação dada:
>
> $(m + 2) \cdot x_P - m \cdot y_P - 4 + m = (m + 2) \cdot 2 - m \cdot 3 - 4 + m =$
> $= 2m + 4 - 3m - 4 + m = 0, \forall m \in \mathbb{R}$

Solução 2

Desenvolvendo a equação dada, temos: $mx + 2x - my - 4 + m = 0$, isto é, $(x - y + 1)m + (2x - 4) = 0$, que é a equação de um feixe de concorrentes.

Solução 3

Temos:
$mx + 2x - my - 4 + m = 0$
$(x - y + 1)m + (2x - 4) = 0$

impondo que o polinômio do 1º membro, na variável *m*, seja idêntico a zero, temos:

$$\begin{cases} x - y + 1 = 0 \\ 2x - 4 = 0 \end{cases} \xrightarrow{\text{resolvendo}} x = 2 \text{ e } y = 3$$

Portanto o ponto P(2, 3) anula o 1º membro $\forall m \in \mathbb{R}$, isto é, ele pertence a todas as retas cujas equações são obtidas atribuindo valores a *m*. Logo, todas essas retas passam pelo mesmo ponto P.

96. Demonstre que as retas de equações $(2 + m)x + (3 + 2m)y - 1 = 0$, em que *m* é uma variável real, passam por um mesmo ponto.

97. Prove que as retas de equações $(m^2 + 6m + 3)x - (2m^2 + 18m + 2)y - 3m + 2 = 0$, em que *m* é uma variável real, passam pelo mesmo ponto.

98. Dadas as retas r_m: $(2m + 1)x - (3m - 1)y + 3m - 1 = 0$, em que *m* é um número real qualquer, responda:

a) As retas passam por um ponto fixo?

b) Existe *m* para o qual r_m coincide com um dos eixos?

Justifique as respostas.

V. Feixe de retas paralelas

44. Exemplo preliminar

Como poderíamos construir a equação de uma reta paralela a
r: $3x + 4y + 1 = 0$?

EQUAÇÃO DA RETA

Uma paralela a *r* deve ter coeficientes *a* e *b* respectivamente proporcionais a 3 e 4; em particular, se a = 3 e b = 4, fica garantido o paralelismo. Assim, são paralelas a *r* as retas: $3x + 4y = 0$, $3x + 4y + 500 = 0$, $3x + 4y - \sqrt{2} = 0$, $3x + 4y - \frac{5}{3} = 0$, $6x + 8y + 1 = 0$, etc.

Como vemos, desde que $\frac{a}{3} = \frac{b}{4}$, o termo independente pode ser qualquer número real que o paralelismo já está garantido.

45. Definição

Feixe de retas paralelas é um conjunto de retas coplanares, todas paralelas a uma reta dada (logo paralelas entre si).

Um feixe de paralelas está determinado quando conhecemos uma de suas retas (ou sua direção).

Consideremos o feixe de retas paralelas determinado pela reta *r* de equação geral $ax + by + c = 0$.

Consideremos a equação:

$$\boxed{ax + by + c' = 0} \quad (c' \in \mathbb{R})$$

Para cada valor atribuído a c', essa equação representa uma reta *s* paralela a *r*, pois:

$$D = \begin{vmatrix} a_1 & b_1 \\ a_2 & b_2 \end{vmatrix} = \begin{vmatrix} a & b \\ a & b \end{vmatrix} = 0$$

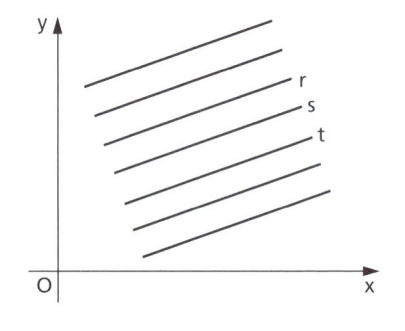

Variando c', essa reta *s* se "movimenta" descrevendo o feixe de paralelas a *r*. A equação $ax + by + c' = 0$ representa, pois, o feixe de retas paralelas à reta *r*.

46. Exemplos:

1º) A equação do feixe de paralelas à reta r: $3x + 4y - 2 = 0$ é $3x + 4y + c' = 0$, em que $c' \in \mathbb{R}$.

Pertencem a esse feixe, por exemplo, as retas

s: $3x + 4y + 1 = 0$ e t: $3x + 4y - 5 = 0$

2º) A equação do feixe de paralelas à reta r: $5x + 11y - 51 = 0$ é $5x + 11y + c' = 0$, em que $c' \in \mathbb{R}$.

Em particular, a paralela a r passando por P(2, −1) é tal que:

$5(2) + 11(-1) + c' = 0 \Rightarrow c' = 1$

e, portanto, sua equação é $5x + 11y + 1 = 0$.

EXERCÍCIOS

99. Dada a equação da reta r: $7x + 3y + \sqrt{2} = 0$, obtenha:
  a) a equação do feixe de paralelas a r;
  b) a equação da paralela a r pela origem;
  c) a equação da paralela a r por P(9, −10).

Solução

a) Para construir a equação do feixe basta copiar a e b e deixar "livre" o termo independente: $7x + 3y + c = 0$, $c \in \mathbb{R}$.
b) A reta do feixe que passa pela origem apresenta c = 0, portanto sua equação é $7x + 3y = 0$.
c) O ponto P deve verificar a equação da paralela. Logo:

$7x_P + 3y_P + c = 7(9) + 3(-10) + c = 0 \Rightarrow c = -33$

e, portanto, sua equação é $7x + 3y - 33 = 0$.

100. Determine a equação do feixe de paralelas à reta $2x - 7y - 4 = 0$.

101. Determine a reta do feixe $k_1 \cdot (x - 2y + 3) + k_2 \cdot (2x + y - 2) = 0$, que é paralela à reta r: $7x + y + 4 = 0$.

102. Dois lados de um paralelogramo acham-se sobre as retas r: $3x - 4y + 12 = 0$ e s: $5x + 6y + 30 = 0$. Obtenha as equações das retas suportes dos outros dois lados, sabendo que um dos vértices do paralelogramo é o ponto $\left(3, -\dfrac{1}{2}\right)$.

103. Demonstre que os pontos do plano cartesiano cujas coordenadas satisfazem a equação tg x = tg y constituem um feixe de retas paralelas.

104. Que figura constituem os pontos do plano xy cujas coordenadas satisfazem a equação sen (x − y) = 0?

EQUAÇÃO DA RETA

VI. Formas da equação da reta

47. Forma geral

Vimos no item 27 que, dada uma reta r, podemos determinar pelo menos uma equação do tipo

$$ax + by + c = 0$$

denominada equação geral da reta r, a qual é satisfeita por todos os pontos P(x, y) pertencentes à reta r.

48. Forma reduzida

Dada a equação geral da reta r, ax + by + c = 0, se b ≠ 0, temos:

$$by = -ax - c \Rightarrow y = \underbrace{\left(-\frac{a}{b}\right)}_{m}x + \underbrace{\left(-\frac{c}{b}\right)}_{q} \Rightarrow \boxed{y = mx + q}$$

Esta última equação, que expressa y em função de x, é denominada **equação reduzida** da reta r.

Conforme veremos, m é o coeficiente angular da reta (item 63) e q é a medida do segmento que r define no eixo Oy (item 52).

49. Exemplo:

Se uma reta r passa por A(0, 3) e B(−1, 0), qual é sua equação reduzida?

$$\begin{vmatrix} x & y & 1 \\ 0 & 3 & 1 \\ -1 & 0 & 1 \end{vmatrix} = 0 \Rightarrow \underbrace{3x - y + 3 = 0}_{\text{equação geral}} \Rightarrow \underbrace{y = 3x + 3}_{\text{equação reduzida}}$$

50. Forma segmentária

Consideremos uma reta r que intercepta os eixos cartesianos nos pontos Q(0, q) e P(p, 0), distintos.

A equação dessa reta é:

$$\begin{vmatrix} x & y & 1 \\ 0 & q & 1 \\ p & 0 & 1 \end{vmatrix} = 0 \Rightarrow$$

$\Rightarrow qx + py - pq = 0 \Rightarrow$

$\Rightarrow qx + py = pq \Rightarrow \boxed{\dfrac{x}{p} + \dfrac{y}{q} = 1}$

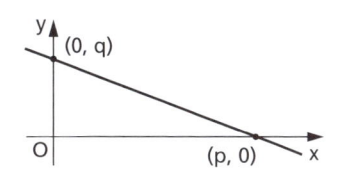

denominada **equação segmentária**.

51. Exemplo:

Obter a equação geral da reta que intercepta os eixos em P(2, 0) e Q(0, −3).

A equação segmentária é $\dfrac{x}{2} + \dfrac{y}{-3} = 1$ e a equação geral é obtida eliminando os denominadores: $3x - 2y - 6 = 0$.

52. Interseções com os eixos

Consideremos uma reta *r* de equação geral $ax + by + c = 0$ com $a \neq 0$, $b \neq 0$ e $c \neq 0$ para que a reta corte os eixos em pontos distintos P(p, 0) e Q(0, q). Determinemos *p* e *q*:

$P \in r \Rightarrow a \cdot p + b \cdot 0 + c = 0 \Rightarrow \boxed{p = -\dfrac{c}{a}}$

$Q \in r \Rightarrow a \cdot 0 + b \cdot q + c = 0 \Rightarrow \boxed{q = -\dfrac{c}{b}}$

53. Obtenção da equação segmentária a partir da equação geral

A equação segmentária é obtida a partir da equação geral da seguinte maneira:

$ax + by + c = 0 \Rightarrow ax + by = -c \Rightarrow -\dfrac{a}{c}x - \dfrac{b}{c}y = 1 \Rightarrow$

$\Rightarrow \dfrac{x}{-\dfrac{c}{a}} + \dfrac{y}{-\dfrac{c}{b}} = 1 \Rightarrow \dfrac{x}{p} + \dfrac{y}{q} = 1$

54. Exemplo:

Obter a equação segmentária da reta (r) $7x + 11y + 3 = 0$.

$7x + 11y = -3 \Rightarrow -\dfrac{7}{3}x - \dfrac{11}{3}y = 1 \Rightarrow \dfrac{x}{-\dfrac{3}{7}} + \dfrac{y}{-\dfrac{3}{11}} = 1$

55. Forma paramétrica

As equações geral, reduzida e segmentária relacionam diretamente entre si as coordenadas (x, y) de um ponto genérico da reta. É possível, entretanto, fixar a lei a ser obedecida pelos pontos da reta dando as coordenadas x e y de cada ponto da reta em função de uma terceira variável t, chamada **parâmetro**.

Por exemplo, se os pontos de uma reta r satisfazem as leis $x = 3t + 4$ e $y = 2 - 3t$, como é o gráfico de r e qual é sua equação geral?

Um modo de solucionar essas questões é construir uma tabela dando valores a t e calculando, para cada valor de t, as coordenadas x e y de um ponto da reta.

t	x	y	ponto
$\dfrac{2}{3}$	6	0	(6, 0)
1	7	−1	(7, −1)
0	4	2	(4, 2)
$-\dfrac{1}{3}$	3	3	(3, 3)
$-\dfrac{2}{3}$	2	4	(2, 4)
$-\dfrac{4}{3}$	0	6	(0, 6)

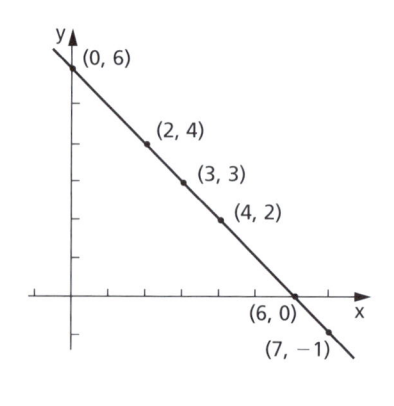

Colocados dois desses pontos no plano, já é possível desenhar a reta r. A equação geral de r pode ser obtida tomando dois pontos e aplicando a condição de alinhamento. Por exemplo, usando (4, 2) e (3, 3), temos:

$\begin{vmatrix} x & y & 1 \\ 4 & 2 & 1 \\ 3 & 3 & 1 \end{vmatrix} = 0 \Rightarrow -x - y + 6 = 0 \Rightarrow x + y - 6 = 0$

EQUAÇÃO DA RETA

Um outro modo de obter a equação geral é isolar t em cada uma das equações dadas e igualar as expressões obtidas. Vejamos:

$$\left. \begin{array}{l} x = 3t + 4 \Rightarrow t = \dfrac{x-4}{3} \\ y = 2 - 3t \Rightarrow t = \dfrac{2-y}{3} \end{array} \right\} \Rightarrow \dfrac{x-4}{3} = \dfrac{2-y}{3}$$

então $x - 4 = 2 - y$ e daí $x + y - 6 = 0$.

As equações que dão as coordenadas (x, y) de um ponto qualquer da reta em função de uma terceira variável t:

$$\boxed{x = f_1(t) \text{ e } y = f_2(t)}$$

são chamadas **equações paramétricas** da reta.

56. Como norma geral, no caso em que é dada a equação de uma reta na forma (A) e pede-se a forma (B), devemos usar o esquema

(A) $\rightarrow$ equação geral $\rightarrow$ (B)

isto é, devemos começar obtendo a equação geral.

57. Exemplo:

Obter a equação segmentária da reta cujas equações paramétricas são

$x = 3t + 1$ e $y = 4t + 5$

Temos: $\left. \begin{array}{l} t = \dfrac{x-1}{3} \\ t = \dfrac{y-5}{4} \end{array} \right\} \Rightarrow \dfrac{x-1}{3} = \dfrac{y-5}{4} \Rightarrow \underbrace{4x - 3y + 11 = 0}_{\text{geral}} \Rightarrow$

$\Rightarrow 4x - 3y = -11 \Rightarrow -\dfrac{4}{11}x + \dfrac{3}{11}y = 1 \Rightarrow \underbrace{\dfrac{x}{-\dfrac{11}{4}} + \dfrac{y}{\dfrac{11}{3}} = 1}_{\text{segmentária}}$

EQUAÇÃO DA RETA

EXERCÍCIOS

105. Dada a reta de equação

$$\begin{vmatrix} x & y & 1 \\ 3 & 2 & -1 \\ 1 & 0 & 1 \end{vmatrix} = 0$$

dê sua expressão sob forma reduzida.

106. Determine a equação reduzida da reta AB quando A(2, 7) e B(−1, 5).

107. Dados A(3, 10) e B(−6, −5), determine a equação segmentária da reta AB.

108. Determine a equação geral das retas abaixo:

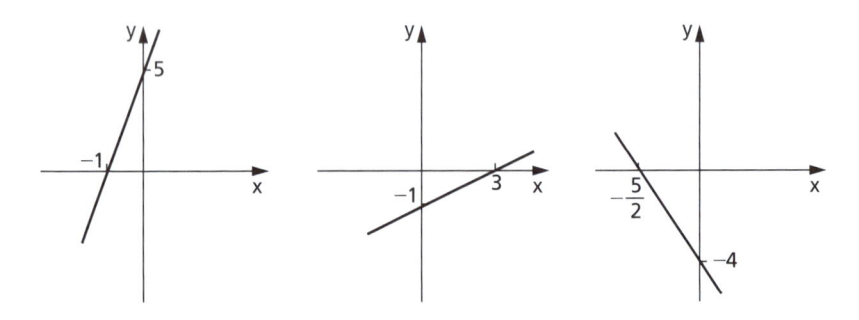

109. Dadas as equações paramétricas de uma reta r: $x = 10t - 2$ e $y = 3t$, obtenha sua equação segmentária.

110. Ache as coordenadas do ponto de interseção das retas

$$r \begin{cases} x = 3t + 1 \\ y = -2t + 5 \end{cases} t \in \mathbb{R} \quad \text{e} \quad s \begin{cases} x = 2u - 2 \\ y = 7 + u \end{cases} u \in \mathbb{R}$$

111. Qual é a posição relativa das retas r: $\dfrac{x}{\frac{2}{3}} + \dfrac{y}{-2} = 1$ e s: $x = t - 1$, $y = 3t - 2$?

112. Obtenha uma reta paralela a r: $2x + y = 0$ e que define com os eixos um triângulo cuja área é 16.

EQUAÇÃO DA RETA

Solução

A equação da paralela tem a forma $2x + y + c = 0$. Como a área é 16, temos:

$$S = \frac{|p| \cdot |q|}{2} = \frac{\left|-\frac{c}{2}\right| \cdot \left|-\frac{c}{1}\right|}{2} =$$

$$= \frac{c^2}{4} = 16$$

Então $c^2 = 64 \Rightarrow c = \pm 8$.

Resposta: $2x + y + 8 = 0$ ou $2x + y - 8 = 0$.

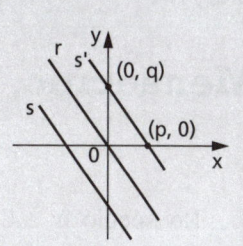

113. Prove que, se uma reta se desloca de modo que a soma das medidas p e q dos segmentos determinados por ela sobre os eixos seja igual ao produto dessas medidas, então a reta passa por um ponto fixo P do plano cartesiano.

Solução

A reta tem equação segmentária

$\frac{x}{p} + \frac{y}{q} = 1$, em que p e q são variáveis,

mas $p + q = pq$, por hipótese.

Vamos eliminar o parâmetro q da equação da reta, usando a hipótese:

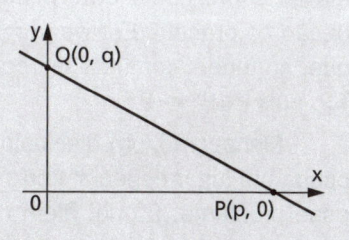

$$\frac{x}{p} + \frac{y}{\frac{p}{p-1}} = 1 \Rightarrow \frac{x}{p} + \frac{(p-1)y}{p} = 1 \Rightarrow x + (p-1)y = p \quad (1)$$

Dando a p dois valores arbitrários e diferentes de 0 e 1, temos:

$p = 2 \Rightarrow x + y = 2$ (r) $\qquad p = 3 \Rightarrow x + 2y = 3$ (s)

As retas r e s, concorrentes em $(1, 1)$, são elementos do conjunto de retas dado por (1), que é um feixe de concorrentes em $(1, 1)$, pois

$(1) + (p - 1)(1) = p, \forall p \in \mathbb{R} - \{0, 1\}$

114. Prove que, se uma reta se desloca de modo que a soma dos inversos das medidas dos segmentos por ela determinados sobre os eixos seja $\frac{1}{k}$ (constante), então a reta passa por um ponto fixo P do plano cartesiano.

LEITURA

Menaecmo, Apolônio e as seções cônicas

Hygino H. Domingues

No século IV a.C., quando violento surto de peste assolava Atenas, os moradores da cidade resolveram aconselhar-se com o oráculo de Delos (pequena ilha grega do mar Egeo). Este lhes sugeriu que o altar a Apolo na ilha, que era cúbico, deveria ser dobrado. Os atenienses se apressaram em construir um outro, com o dobro das dimensões do anterior. Ora, se as dimensões do altar mediam x e passaram a $2x$, o volume do altar passou de x^3 para $(2x)^3 = 8x^3$ — ou seja, octoplicou. Consta que a peste se intensificou e os atenienses decidiram, então, consultar os matemáticos da academia de Platão sobre como determinar as dimensões que atendessem à recomendação do oráculo. Estava surgindo assim o *problema da duplicação do cubo*, que, no fundo, consiste em construir um segmento de reta cuja medida seja $\sqrt[3]{2}$, pois $(\sqrt[3]{2})^3 = 2$.

Menaecmo, um discípulo de Eudóxio e membro da Academia de Platão, ocupa um lugar especial entre os matemáticos que se propuseram a resolver esse problema. É que, além de lograr êxito em uma empreitada, o caminho que tomou propiciou-lhe a descoberta das secções cônicas: elipse, parábola e hipérbole. Em notação moderna é fácil concluir que a interseção da parábola $y = x^2$ com a hipérbole $xy = 2$ é o ponto de abscissa $\sqrt[3]{2}$.

Mas Menaecmo não dispunha do recurso de uma notação algébrica, posto que a matemática grega de sua época era essencialmente geométrica. E introduziu essas curvas usando três tipos de superfícies cônicas ilimitadas de uma folha: com seção meridiana aguda, reta ou obtusa. Interceptando cada superfície dessas com um plano perpendicular a uma de suas seções meridianas, obtinha, respectivamente, uma elipse, uma parábola ou uma hipérbole. A figura 1 mostra o primeiro desses casos. Fica evidente a partir dessa definição o porquê da designação se-ções *cônicas* para essas curvas. Mas os nomes **elipse**, **parábola** e **hipérbole** seriam introduzidos por Apolônio de Perga (c. 262-190 a.C.).

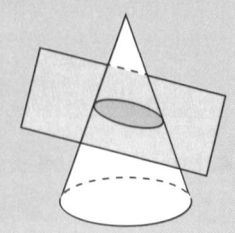

(Figura 1)

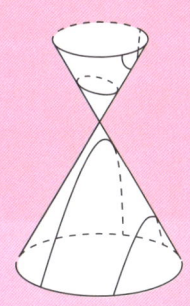

(Figura 2)

Natural de Perga, colônia grega ao sul da Ásia Menor, Apolônio estudou matemática em Alexandria, onde passou também algum tempo ensinando. Ensinou ainda em Pérgamo, cuja biblioteca, na época, somente era excedida pela de Alexandria. Conhecido como "o grande geômetra", sua obra maior é Seções cônicas, em oito livros, dos quais restaram os sete primeiros.

Ao contrário de Menaecmo, Apolônio obtinha todas as seções cônicas numa única superfície cônica circular genérica de duas folhas, mediante inclinações convenientes dos planos de seção (figura 2).

Assim, através de um estudo integrado dessas curvas, conseguiu em sua obra resultados de grande alcance e originalidade. De fato, Seções cônicas, em suas 487 proposições, praticamente esgota o assunto sob o ponto de vista teórico e, com justa razão, é considerado o ponto alto da geometria grega.

Dentre os livros restantes, o mais notável talvez seja o quinto, cujo objeto é a determinação de distâncias máximas e mínimas de um particular ponto à cônica. Por exemplo, se P é um desses pontos, X ≠ P está no plano da cônica e XP é uma distância máxima ou mínima a uma cônica, então a reta perpendicular a $\overline{XP}$ em P é tangente à cônica.

Apolônio buscou os nomes elipse, parábola e hipérbole na matemática da escola pitagórica, no problema da aplicação das áreas em suas três formas: por falta (elipse), exata (parábola) e por excesso (hipérbole). De fato, a área de um quadrado cujo lado seja a ordenada de um ponto qualquer da elipse é menor que a área de um retângulo cujas dimensões sejam sua abscissa e o *lactus retum* da cônica (diâmetro pelo foco, perpendicular ao eixo principal); e assim por diante, respectivamente.

Curiosamente, em Seções Cônicas não aparece explicitamente o conceito de foco. Mas, a despeito disso, sua grandiosidade fez com que as obras anteriores sobre o tema, mesmo as que trabalharam com esse conceito, caíssem no esquecimento.

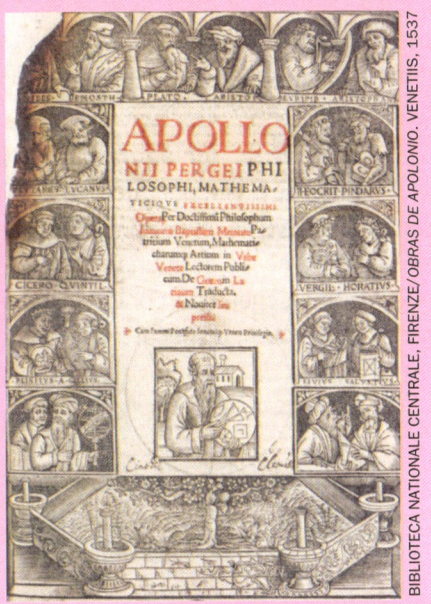

Folha de rosto das Obras de Apolônio, 1537.

CAPÍTULO III

Teoria angular

I. Coeficiente angular

58. Fixemos em uma reta dada *r* dois pontos distintos A e B. Se $y_A = y_B$, *r* é paralela ao eixo *x*; nesse caso, adotaremos como sentido positivo da reta *r* o sentido positivo do eixo *x*.

Se $y_A \neq y_B$, então $y_A > y_B$ ou $y_B > y_A$; nesse caso, adotaremos como sentido positivo da reta *r* aquele em que se parte do ponto de menor ordenada (A ou B) e se chega ao ponto de maior ordenada (B ou A, respectivamente).

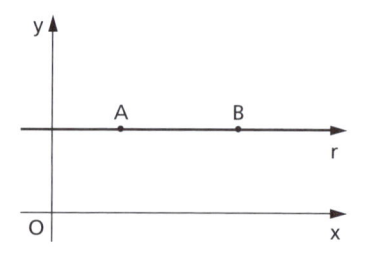

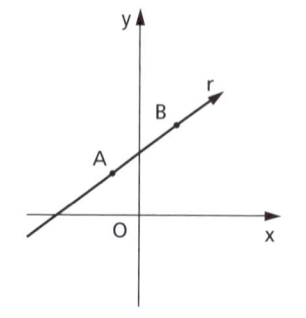

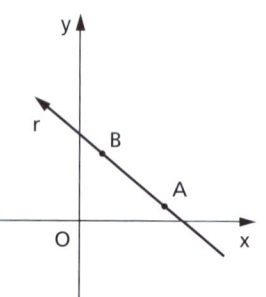

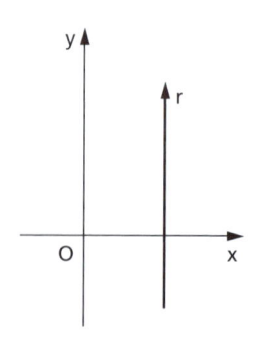

TEORIA ANGULAR

59. Ângulo que uma reta r forma com o eixo x é o ângulo $\hat{rx}$, assim definido:

se $r \mathbin{/\!/} x$, $\hat{rx}$ é nulo;

se $r \not\mathbin{/\!/} x$, $\hat{rx}$ é o menor ângulo formado pelas semirretas $\vec{IX}$ e $\vec{IR}$, em que I é o ponto de interseção de r com x.

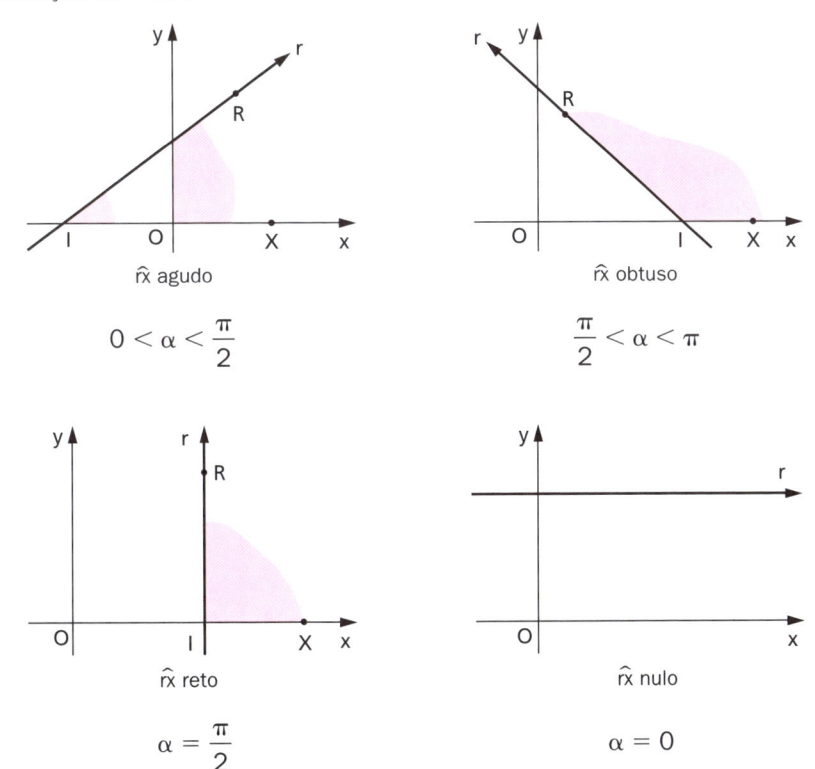

$\hat{rx}$ agudo

$$0 < \alpha < \frac{\pi}{2}$$

$\hat{rx}$ obtuso

$$\frac{\pi}{2} < \alpha < \pi$$

$\hat{rx}$ reto

$$\alpha = \frac{\pi}{2}$$

$\hat{rx}$ nulo

$$\alpha = 0$$

De acordo com essa definição, a medida do ângulo $\hat{rx}$, que chamaremos α, na unidade radiano, é tal que $0 \leqslant \alpha < \pi$.

60. Coeficiente angular ou declive de uma reta r não perpendicular ao eixo das abscissas (*) é o número real m tal que:

$$m = \operatorname{tg} \alpha$$

(*) Daqui para a frente, em vez de "perpendicular ao eixo das abscissas", diremos só que r é "vertical".

TEORIA ANGULAR

São evidentes as seguintes propriedades do coeficiente angular:

1ª) se $\hat{rx}$ é agudo, então m é positivo;
2ª) se $\hat{rx}$ é obtuso, então m é negativo;
3ª) se $\hat{rx}$ é nulo, então m é nulo;
4ª) se $\hat{rx}$ é reto, então não se define m;
5ª) dar o declive de uma reta equivale a dar a direção da reta; assim, quando dizemos que uma reta r tem declive $m = 1$, r forma com o eixo Ox um ângulo de 45°; portanto, r é qualquer reta do feixe de paralelas da figura. Analogamente, se o declive de r é $m = -1$, então $\hat{rx} = 135°$; portanto r pode ser qualquer reta do outro feixe de paralelas.

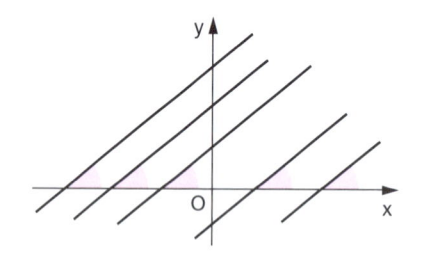

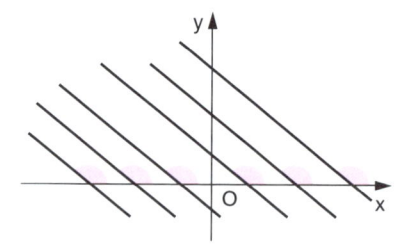

II. Cálculo de m

61. Só é possível calcular o coeficiente angular de uma reta quando dela se conhece:

1º) dois pontos distintos;
   ou
2º) a equação geral;
   ou
3º) a direção (por exemplo, sabe-se que a reta é paralela a uma reta dada).

62. Vamos calcular o coeficiente angular de uma reta que passa por dois pontos conhecidos: $A(x_1, y_1)$ e $B(x_2, y_2)$.

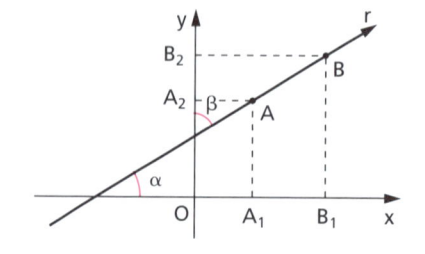

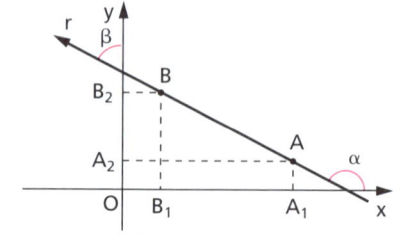

TEORIA ANGULAR

Projetemos $\vec{AB}$ sobre os eixos do sistema cartesiano e apliquemos a Trigonometria:

sobre x: $\overline{A_1B_1} = \overline{AB} \cdot \cos \alpha$

sobre y: $\overline{A_2B_2} = \overline{AB} \cdot \cos \beta = \overline{AB} \cdot \cos(90° - \alpha) = \overline{AB} \cdot \text{sen } \alpha$

Temos:

$$\frac{\overline{A_2B_2}}{\overline{A_1B_1}} = \frac{\overline{AB} \cdot \text{sen } \alpha}{\overline{AB} \cdot \cos \alpha} = \text{tg } \alpha = m$$

mas $\overline{A_2B_2} = y_2 - y_1$ e $\overline{A_1B_1} = x_2 - x_1$. Logo:

$$\boxed{m = \frac{y_2 - y_1}{x_2 - x_1}} \quad (x_2 \neq x_1)$$

Preferimos a notação

$$\boxed{m = \frac{\Delta y}{\Delta x}} \quad (\Delta x \neq 0)$$

em que Δx e Δy são, respectivamente, a diferença de abscissas e a diferença de ordenadas entre A e B, calculadas no mesmo sentido.

Assim, por exemplo, o declive da reta que passa por A(−5, 4) e B(1, 10) é:

$$m = \frac{\Delta y}{\Delta x} = \frac{(10) - (4)}{(1) - (-5)} = \frac{(4) - (10)}{(-5) - (1)} = 1$$

63. Vamos calcular o coeficiente angular de uma reta cuja equação geral é conhecida: $ax + by + c = 0$.

Lembremos que, dados $A(x_1, y_1)$ e $B(x_2, y_2)$ pertencentes à reta, a equação geral é:

$$\begin{vmatrix} x & y & 1 \\ x_1 & y_1 & 1 \\ x_2 & y_2 & 1 \end{vmatrix} = 0$$

isto é,

$$\underbrace{(y_1 - y_2)}_{a} \cdot x + \underbrace{(x_2 - x_1)}_{b} \cdot y + (x_1 y_2 - x_2 y_1) = 0$$

TEORIA ANGULAR

Como vimos, $m = \dfrac{y_2 - y_1}{x_2 - x_1}$ e portanto resulta:

$$m = -\dfrac{a}{b} \quad (b \neq 0)$$

Assim, por exemplo, o coeficiente angular da reta r: $\sqrt{3}x - 3y + c = 0$ é:

$$m = -\dfrac{a}{b} = -\dfrac{\sqrt{3}}{-3} = \dfrac{\sqrt{3}}{3}$$

Notemos que o termo independente c não tem influência no cálculo de m, isto é, retas como $\sqrt{3}x - 3y + 1 = 0$ e $\sqrt{3}x - 3y + 500 = 0$ têm o mesmo declive.

64. No item 48 do capítulo II demonstramos que a equação reduzida de uma reta é $y = mx + q$ e, portanto, sempre que uma reta tiver equação reduzida (isto é, $b \neq 0$), estaremos expressando y em função de x e o coeficiente de x é m.

65. Exemplo:

Dada a equação geral $2x - 7y + 1 = 0$, deduzimos que a equação reduzida é $y = \dfrac{2}{7}x + \dfrac{1}{7}$, logo $m = \dfrac{2}{7}$.

EXERCÍCIOS

115. Determine o coeficiente angular da reta que passa pelos pontos A(0, 3) e B(3, 0).

116. Qual é o coeficiente angular da reta $5x + 3y + 13 = 0$?

117. Calcule o coeficiente angular das retas:
a) $x - 2y + 6 = 0$
b) $2x + 5 = 2y$
c) $y = -4x + 7$
d) $\dfrac{x}{7} + \dfrac{y}{-4} = 1$
e) $\begin{cases} x = 5t \\ y = 2 - 3t \end{cases}$
f) $x = 9$
g) $3y = -5$
h) $4x - 5y = 0$
i) $\mu(2x + 7y - 3) + \lambda(x + y - 2) = 0$
j) $x \cdot \text{sen } 60° + y \cdot \cos 60° = 10$
k) contém $\begin{cases} A(a, b) \\ B(b, a) \end{cases}$

118. Considere os pontos $A(-5, -3)$, $B(-2, 12)$ e $C(4, 6)$ e o triângulo ABC. Determine o coeficiente angular da reta que contém a mediana obtida a partir do vértice A.

III. Equação de uma reta passando por P(x_0, y_0)

66. Seja P(x_0, y_0) um ponto conhecido. Se quisermos obter a equação de uma reta que, entre outras propriedades, tem a propriedade de passar por P, podem ocorrer dois casos:

1º) essa reta *r* não é perpendicular ao eixo dos *x*; portanto, existe o coeficiente angular de *r*, que é

$$m = \dfrac{y - y_0}{x - x_0}$$

em que (x, y) representa um ponto genérico Q, pertencente à reta.

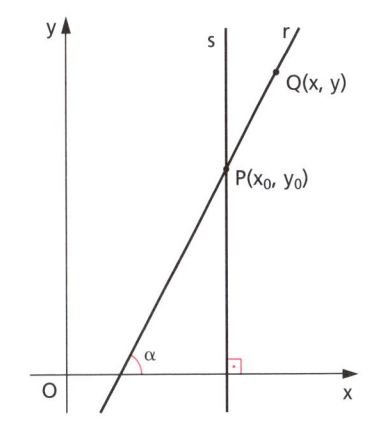

Neste caso, a equação da reta é:

$$y - y_0 = m(x - x_0) \quad (1)$$

2º) essa reta *s* é perpendicular ao eixo dos *x*; portanto sua equação é:

$$x = x_0 \quad (2)$$

TEORIA ANGULAR

67. Exemplo:

Conduzir por P(5, 4) retas que formam com o eixo dos x os seguintes ângulos:
a) 45°; b) 90°; c) 135°; d) 60°; e) arc tg $\left(-\dfrac{4}{3}\right)$.

    a) $y - 4 = 1(x - 5)$
isto é: $x - y - 1 = 0$
    b) $x - 5 = 0$
    c) $y - 4 = -1(x - 5)$
isto é: $x + y - 9 = 0$
    d) $y - 4 = \sqrt{3}(x - 5)$
isto é: $\sqrt{3}x - y + 4 - 5\sqrt{3} = 0$
    e) $y - 4 = -\dfrac{4}{3}(x - 5)$
isto é: $4x + 3y - 32 = 0$

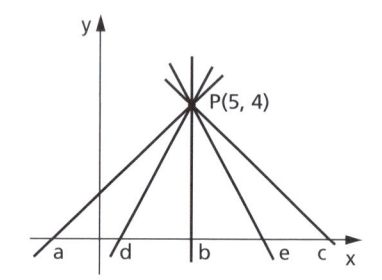

68. Se fizermos, na equação (1), m assumir todos os valores reais, para cada m teremos a equação de uma reta passando por P e formando com o eixo dos x um ângulo cuja tangente é m; assim, a equação (1) representa um conjunto de infinitas retas que passam por P, contidas no plano cartesiano. Só não pertence a esse conjunto a retas s, que não tem coeficiente angular. O feixe de retas concorrentes em P é:

$\{r \subset \alpha \mid P \in r \text{ e } \exists\ m_r\} \cup \{s \subset \alpha \mid P \in s \text{ e } \nexists\ m_s\}$

Portanto a equação do feixe é:

$$\boxed{y - y_0 = m(x - x_0) \text{ ou } x = x_0} \qquad (m \text{ variável real})$$

EXERCÍCIOS

119. Dê a equação geral da reta que passa pelo ponto P(2, −5) e tem coeficiente angular $-\dfrac{4}{5}$.

120. Dê a equação da reta *r* indicada na figura ao lado, supondo conhecidos *a* e θ.

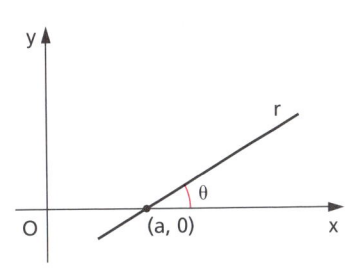

121. Determine a equação da reta que passa por P e tem inclinação α em relação ao eixo dos x nos casos seguintes:

a) $P(-2, 4)$ e $\alpha = 45°$

b) $P(-1, 8)$ e $\alpha = 60°$

c) $P(3, -5)$ e $\alpha = 90°$

d) $P(2, 5)$ e $\alpha = \text{arc sen } \dfrac{12}{13}$

e) $P(3, -1)$ e $\alpha = 0°$

e) $P(2, -2)$ e $\alpha = \text{arc tg } 3$

122. Qual é a equação do feixe de retas concorrentes em $P(-3, 2)$?

IV. Condição de paralelismo

69. Teorema

"Duas retas *r* e *s*, não verticais, são paralelas entre si se, e somente se, seus coeficientes angulares são iguais."

$$r \mathbin{/\mkern-6mu/} s \Leftrightarrow m_r = m_s$$

Demonstração:

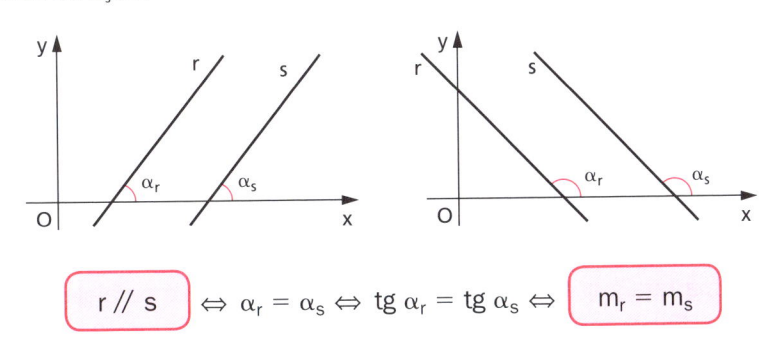

$$\boxed{r \mathbin{/\mkern-6mu/} s} \Leftrightarrow \alpha_r = \alpha_s \Leftrightarrow \text{tg } \alpha_r = \text{tg } \alpha_s \Leftrightarrow \boxed{m_r = m_s}$$

TEORIA ANGULAR

70. Observação

Nos itens 37, 38 e 39 do capítulo II vimos que: "duas retas r: $a_1x + b_1y + c_1 = 0$ e s: $a_2x + b_2y + c_2 = 0$ são paralelas (distintas ou não) se, e somente se,

$$D = \begin{vmatrix} a_1 & b_1 \\ a_2 & b_2 \end{vmatrix} = 0".$$

Nos casos em que r e s não são verticais, vamos provar que as condições de paralelismo $D = 0$ e $m_r = m_s$ são equivalentes. Lembrando que $b_1 \neq 0$ e $b_2 \neq 0$, temos:

$$\boxed{D = 0} \Leftrightarrow a_1b_2 - a_2b_1 = 0 \Leftrightarrow a_1b_2 = a_2b_1 \Leftrightarrow \frac{a_1}{b_1} = \frac{a_2}{b_2} \Leftrightarrow \boxed{m_r = m_s}$$

Nos casos em que $r \parallel s \parallel Oy$ só vale a condição $D = 0$, pois não existem os coeficientes angulares m_r e m_s.

71. Exemplos:

1º) r: $3x + 6y - 1 = 0$ e s: $2x + 4y + 7 = 0$ são paralelas, pois:

$$\begin{cases} m_r = -\dfrac{a_1}{b_1} = -\dfrac{3}{6} = -\dfrac{1}{2} \\ m_s = -\dfrac{a_2}{b_2} = -\dfrac{2}{4} = -\dfrac{1}{2} \end{cases} \Rightarrow m_r = m_s$$

e também:

$$D = \begin{vmatrix} a_1 & b_1 \\ a_2 & b_2 \end{vmatrix} = \begin{vmatrix} 3 & 6 \\ 2 & 4 \end{vmatrix} = 12 - 12 = 0$$

2º) r: $500x - 1 = 0$ e s: $71x - 13 = 0$ são paralelas, pois:

$$D = \begin{vmatrix} a_1 & b_1 \\ a_2 & b_2 \end{vmatrix} = \begin{vmatrix} 500 & 0 \\ 71 & 0 \end{vmatrix} = 0$$

embora $\nexists\, m_r$ e $\nexists\, m_s$.

72. Construção da paralela

Obter uma reta s que passa por um ponto P (dado) e é paralela a uma reta r (dada, não vertical).

Por exemplo, vamos resolver este problema quando r tem equação
$5x + 7y + 1 = 0$ e $P = (6, -5)$:

$m_r = -\dfrac{a}{b} = -\dfrac{5}{7}$

$s \mathbin{/\!/} r \Rightarrow m_s = m_r = -\dfrac{5}{7}$

Como s passa por P, vamos aplicar a teoria do item 66; a equação de s é:

$y - (-5) = -\dfrac{5}{7}(x - 6)$

$7(y + 5) = -5(x - 6)$
$7y + 35 = -5x + 30$
$5x + 7y + 5 = 0$

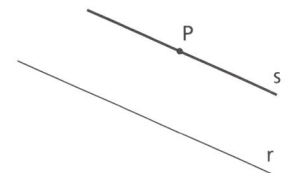

73. Vimos no item 48 que a equação reduzida de uma reta r é $y = mx + q$ em que $m = -\dfrac{a}{b}$ é o coeficiente angular de r e $q = -\dfrac{c}{b}$ é a ordenada do ponto onde r corta o eixo Oy.

Supondo m constante e q variável, a equação reduzida passa a representar um conjunto de retas paralelas (mesmo declive), isto é, um feixe de retas paralelas.

Assim, por exemplo, $y = 3x + q$ é a equação do feixe de retas paralelas com coeficiente angular 3.

EXERCÍCIOS

123. A reta $y = mx - 5$ é paralela à reta $2y = -3x + 1$. Determine m.

124. Qual é o valor de r para que a reta de equação $x - 5y + 20 = 0$ seja paralela à reta determinada pelos pontos $M(r, s)$ e $N(2, 1)$?

125. Qual é a equação da reta que passa pelo ponto $A(1, 1)$ e é paralela à reta $y = -2x + 1$?

TEORIA ANGULAR

126. Determine a equação da reta paralela à reta determinada pelos pontos de coordenadas (2, 3) e (1, −4) passando pela origem.

127. Determine a equação da reta que passa pelo ponto (3, 4) e é paralela à bissetriz do 2º quadrante.

128. Determine a equação da reta s que contém P(−5, +4) e é paralela à reta r cujas equações paramétricas são x = 3t e y = 2 − 5t.

Solução

1º) Coeficiente angular de r

$$t = \frac{x}{3} = \frac{2-y}{5} \Rightarrow 5x = 6 - 3y \Rightarrow 5x + 3y - 6 = 0$$

$$m_r = -\frac{a}{b} = -\frac{5}{3}$$

2º) Equação de s

$$s \mathbin{/\mkern-5mu/} r \Rightarrow m_s = m_r = -\frac{5}{3}$$

$$P \in s \Rightarrow y - 4 = m_s(x + 5) \Rightarrow y - 4 = -\frac{5}{3}(x + 5) \Rightarrow$$

$$\Rightarrow 3y - 12 = -5x - 25 \Rightarrow 5x + 3y + 13 = 0$$

Resposta: s: 5x + 3y + 13 = 0.

129. Determine a equação da reta que passa por P(−3, 7) e é paralela à reta definida por $A\left(\frac{2}{3}, \frac{4}{7}\right)$ e $B\left(-\frac{1}{3}, \frac{1}{7}\right)$.

130. Determine a equação da reta u que passa pelo ponto de interseção das retas r e t e é paralela à reta s. Dados:

r: $\frac{x}{-1} + \frac{y}{-1} = 1$, s: x = 2t − 1 e y = 2 + 3t e t: 2x − y − 4 = 0

131. Os pontos M, N, P e Q são os vértices de um paralelogramo situado no primeiro quadrante. Sendo M(3, 5), N(1, 2) e P(5, 1), determine o vértice Q.

132. Dois lados de um paralelogramo ABCD estão contidos nas retas r: 2x + y − 3 = 0 e s: x + y − 2 = 0. Dado o vértice A(−3, 4), determine B, C e D.

133. Qual é a figura formada pelos pontos do plano cartesiano cujas coordenadas satisfazem a equação |x − y| = 1?

V. Condição de perpendicularismo

74. Teorema

"Duas retas r e s, não verticais, são perpendiculares entre si se, e somente se, o produto de seus coeficientes angulares é -1."

$$r \perp s \Leftrightarrow m_r \cdot m_s = -1$$

Demonstração:

1ª parte:
$$r \perp s \Rightarrow m_r \cdot m_s = -1$$

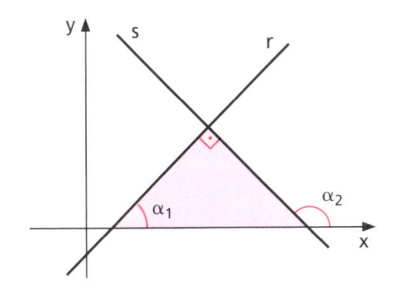

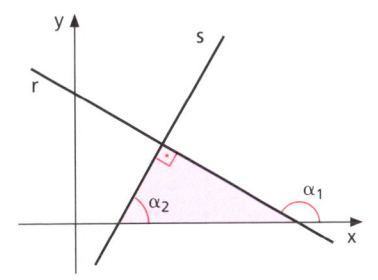

Conforme o caso, das figuras acima tiramos:

$$\alpha_2 = \alpha_1 + \frac{\pi}{2} \text{ ou } \alpha_1 = \alpha_2 + \frac{\pi}{2}$$

(o ângulo externo é igual à soma dos internos não adjacentes)
e então:

$$\text{tg } \alpha_2 = \text{tg}\left(\alpha_1 + \frac{\pi}{2}\right) \Rightarrow \text{tg } \alpha_2 = \text{cotg}(-\alpha_1) \Rightarrow \text{tg } \alpha_2 = -\frac{1}{\text{tg } \alpha_1} \Rightarrow$$

$$\Rightarrow \text{tg } \alpha_1 \cdot \text{tg } \alpha_2 = -1 \Rightarrow m_r \cdot m_s = -1$$

TEORIA ANGULAR

2ª parte: $\boxed{m_r \cdot m_s = -1 \Rightarrow r \perp s}$

1º) $m_r \cdot m_s = -1 \Rightarrow m_r = -\dfrac{1}{m_s}$

isto é, $m_r \neq m_s$, portanto as retas r e s são concorrentes e formam um ângulo θ tal que:

$$\boxed{\alpha_1 = \theta + \alpha_2} \quad (1)$$

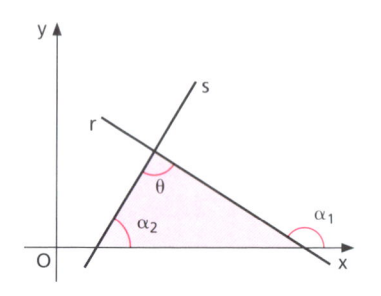

2º) Temos:

$m_r = -\dfrac{1}{m_s} \Rightarrow \text{tg}\,\alpha_1 = -\dfrac{1}{\text{tg}\,\alpha_2} \Rightarrow \text{tg}\,\alpha_1 = -\cotg\,\alpha_2 \Rightarrow$

$\Rightarrow \text{tg}\,\alpha_1 = \text{tg}\left(\dfrac{\pi}{2} + \alpha_2\right) \Rightarrow \boxed{\alpha_1 = \dfrac{\pi}{2} + \alpha_2} \quad (2)$

Comparando (1) e (2): $\theta = \dfrac{\pi}{2} \Rightarrow \boxed{r \perp s}$

75. Exemplos:

1º) $r: 3x + 2y - 1 = 0$ e $s: 4x - 6y + 3 = 0$ são perpendiculares, pois:

$\left.\begin{array}{l} m_r = -\dfrac{a_1}{b_1} = -\dfrac{3}{2} \\ m_s = -\dfrac{a_2}{b_2} = +\dfrac{4}{6} = \dfrac{2}{3} \end{array}\right\} \Rightarrow m_r \cdot m_s = -1$

2º) $r: 3x - 11y + 4 = 0$ e $s: 11x + 3y - \sqrt{2} = 0$ são perpendiculares, pois:

$\left.\begin{array}{l} m_r = -\dfrac{a_1}{b_1} = \dfrac{3}{11} \\ m_s = -\dfrac{a_2}{b_2} = -\dfrac{11}{3} \end{array}\right\} \Rightarrow m_r \cdot m_s = -1$

3º) $r: x = 3$ e $s: y = -1$ são perpendiculares, pois $r \,/\!/\, y$ e $s \,/\!/\, x$.

Notemos que neste último caso não vale a relação $m_r \cdot m_s = -1$, uma vez que r é vertical.

76. Comentário

Existe uma condição de perpendicularismo que vale também no caso de uma das retas ser vertical. Deixamos como exercício a sua demonstração:

"Duas retas r: $a_1x + b_1y + c_1 = 0$ e s: $a_2x + b_2y + c_2 = 0$ são perpendiculares se, e somente se, $a_1a_2 + b_1b_2 = 0$."

Assim, por exemplo, as retas $x = 3$ e $y = -1$ são perpendiculares, pois:
$a_1a_2 + b_1b_2 = 1 \cdot 0 + 0 \cdot 1 = 0$

77. Construção da perpendicular

Obter uma reta s que passa por um ponto P (dado) e é perpendicular a uma reta r (dada, não horizontal).

Por exemplo, vamos resolver este problema quando r tem equação $5x + 7y + 1 = 0$ e $P = (6, -5)$:

$$m_r = -\frac{a}{b} = -\frac{5}{7}$$

$$s \perp r \Rightarrow m_s = -\frac{1}{m_r} = -\frac{1}{-\frac{5}{7}} = \frac{7}{5}$$

Como s passa por P, vamos aplicar a teoria do item 66; a equação de s é:

$$y - (-5) = \frac{7}{5}(x - 6)$$

$5(y + 5) = 7(x - 6)$

$5y + 25 = 7x - 42$

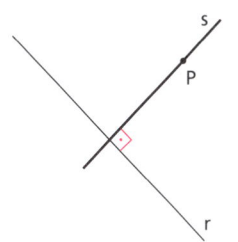

$\boxed{7x - 5y - 67 = 0}$

EXERCÍCIOS

134. Demonstre que r: $\frac{x}{3} + \frac{y}{7} = 1$ e s: $\frac{x}{7} = \frac{y}{3}$ são retas perpendiculares.

TEORIA ANGULAR

135. Determine p de modo que as retas r: $-2x + (p - 7)y + 3 = 0$ e s: $px + y - 13 = 0$ sejam perpendiculares.

136. Se $\dfrac{x}{a} + \dfrac{y}{b} = 1$ e $Ax + By + C = 0$ são retas perpendiculares, calcule $bA + aB$.

137. Dentre os seguintes pares de retas, qual não é formado por retas paralelas ou perpendiculares?

a) $2x + 7y - 3 = 0$ e $\dfrac{x}{-7} + \dfrac{y}{-2} = 1$

b) $\begin{cases} x = t + 1 \\ y = 3 - 3t \end{cases}$ e $-x + 3y + 9 = 0$

c) $2x - 7 = 0$ e $5y + 2 = 0$

d) $x = 2$ e $x = -\dfrac{2}{5}$

e) $(a + 1)x + (a - 1)y = 0$ e $(a - 1)x = (a + 1)y$

138. Qual é o coeficiente angular da mediatriz do segmento que une os pontos $(-2, -1)$ e $(8, 3)$?

139. Dê a equação da mediatriz do segmento que une os pontos $A(0, 0)$ e $B(2, 3)$.

140. Determine a equação da reta s que contém $P(2, 1)$ e é perpendicular à reta r: $2x - y + 2 = 0$.

141. Determine a equação da reta que passa pelo ponto $(-5, 4)$ e é perpendicular à reta $5x - 4y + 7 = 0$.

142. Qual é a equação da reta perpendicular à reta $y - 2 = 0$, passando pelo ponto $P(3, 1)$?

143. Seja r a reta que passa pelos pontos $(0, 1)$ e $(1, 0)$. Dê a equação da reta s que passa pelo ponto $(1, 2)$ e é perpendicular à reta r.

144. Determine a equação da reta perpendicular à reta $y = x$ e que passa pela interseção das retas $2x - 3y - 1 = 0$ e $3x - y - 2 = 0$.

145. Ache a equação da reta r, conhecendo-se o ponto $H(2, 3)$, pé da perpendicular baixada da origem $O(0, 0)$ sobre a reta r.

146. Escreva a equação da reta que passa pelo ponto P de abscissa 2 e pertence à reta $y = 3x - 1$, perpendicular à reta $x + 3y - 13 = 0$.

147. Determine a projeção ortogonal do ponto $P(-7, 15)$ sobre a reta r: $x = 2t$, $y = 3t$.

Solução

1º) Coeficiente angular de r

$t = \dfrac{x}{2} = \dfrac{y}{3} \Rightarrow 3x = 2y \Rightarrow 3x - 2y = 0$

$m_r = -\dfrac{a}{b} = -\dfrac{3}{-2} = \dfrac{3}{2}$

2º) Equação de s tal que $s \perp r$, por P

$s \perp r \Rightarrow m_s = -\dfrac{1}{m_r} = -\dfrac{2}{3}$

$P \in s \Rightarrow y - 15 = m_s(x + 7) \Rightarrow$

$\Rightarrow y - 15 = -\dfrac{2}{3}(x + 7) \Rightarrow$

$\Rightarrow 2x + 3y - 31 = 0$

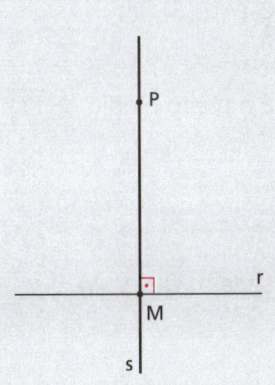

3º) Interseção de r com s

$\begin{cases} r: 3x - 2y = 0 \\ s: 2x + 3y = 31 \end{cases}$

Resolvendo o sistema, obtemos $x = \dfrac{62}{13}, y = \dfrac{93}{13}$.

Resposta: $M\left(\dfrac{62}{13}, \dfrac{93}{13}\right)$.

148. Determine o pé da perpendicular baixada de $P(-2, 1)$ sobre r: $2x - y - 20 = 0$.

149. Determine o ponto Q, simétrico de P em relação à reta r. Dados $P(-3, +2)$ e r: $x + y - 1 = 0$.

Solução

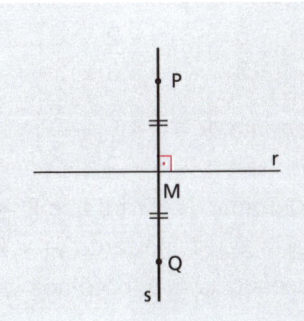

1º) s, por P, perpendicular a r

$m_r = -\dfrac{a}{b} = -1 \Rightarrow m_s = -\dfrac{1}{m_r} = +1$

$P \in s \Rightarrow y - 2 = 1(x + 3) \Rightarrow$

$\Rightarrow x - y + 5 = 0$

2º) Interseção de r com s
$$\begin{cases} r: x + y - 1 = 0 \\ s: x - y + 5 = 0 \end{cases}$$
Resolvendo o sistema, obtemos $x = -2$ e $y = 3$; portanto, $M = (-2, 3)$.

3º) Q
M é o ponto médio de $\overline{PQ}$; então:

$x_M = \dfrac{x_P + x_Q}{2} \Rightarrow x_Q = 2x_M - x_P = -4 + 3 = -1$

$y_M = \dfrac{y_P + y_Q}{2} \Rightarrow y_Q = 2y_M - y_P = 6 - 2 = 4$

Resposta: $Q(-1, 4)$.

150. Qual é o ponto simétrico de $P(2, 3)$ com relação à reta $y = x - 3$?

151. Em um sistema cartesiano ortogonal xOy são dados os pontos A, sobre Ox de abscissa $+1$, e B sobre Oy de ordenada $+2$. Calcule as coordenadas do ponto P simétrico da origem O em relação à reta AB.

152. Determine a reta s, simétrica de $r: x - y + 1 = 0$ em relação a $t: 2x + y + 4 = 0$.

Solução

1º) Interseção de r com t
$$\begin{cases} r: x - y + 1 = 0 \\ s: 2x + y + 4 = 0 \end{cases}$$
Resolvendo o sistema, obtemos
$x = -\dfrac{5}{3}$ e $y = -\dfrac{2}{3}$;
portanto, $R = \left(-\dfrac{5}{3}, -\dfrac{2}{3}\right)$.

2º) Tomar $P \in r$ tal que $P \neq R$
$r: y = x + 1$, portanto $y_P = x_P + 1$
Fazendo $x_P = 0$, obtemos $y_P = 1$, isto é, $P = (0, 1)$.

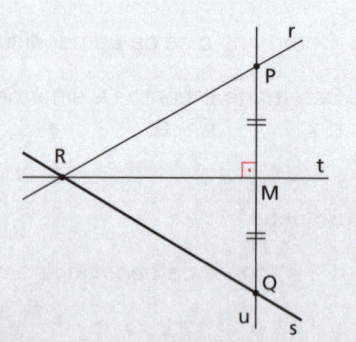

3º) Equação de u ⊥ t, por P

$m_t = -\dfrac{a}{b} = -2 \Rightarrow m_u = -\dfrac{1}{m_t} = \dfrac{1}{2}$

$P \in u \Rightarrow y - 1 = \dfrac{1}{2}(x - 0) \Rightarrow u: x - 2y + 2 = 0$

4º) Interseção de u com t
$\begin{cases} u: x - 2y + 2 = 0 \\ t: 2x + y + 4 = 0 \end{cases}$
Resolvendo o sistema, obtemos $x = -2$ e $y = 0$; portanto, $M = (-2, 0)$.

5º) Q, simétrico de P em relação a t

$x_M = \dfrac{x_P + x_Q}{2} \Rightarrow -2 = \dfrac{0 + x_Q}{2} \Rightarrow x_Q = -4$

$y_M = \dfrac{y_P + y_Q}{2} \Rightarrow 0 = \dfrac{1 + y_Q}{2} \Rightarrow y_Q = -1$

Portanto $Q = (-4, -1)$.

6º) s é a reta RQ

$\begin{vmatrix} x & y & 1 \\ x_R & y_R & 1 \\ x_Q & y_Q & 1 \end{vmatrix} = 0 \Rightarrow \begin{vmatrix} x & y & 1 \\ -\dfrac{5}{3} & -\dfrac{2}{3} & 1 \\ -4 & -1 & 1 \end{vmatrix} = 0 \Rightarrow$

$\Rightarrow \dfrac{x}{3} - \dfrac{7y}{3} - 1 = 0 \Rightarrow$

$\Rightarrow x - 7y - 3 = 0$

153. Determine a equação da reta s simétrica da reta r: $2x + 3y - 7 = 0$ em relação à bissetriz do 2º quadrante.

154. Dados $P(2, 2)$ e r: $3x + 2y - 6 = 0$, forneça:
a) a equação de s perpendicular a r por P;
b) o ponto M, pé da perpendicular a r por P;
c) o ponto Q, simétrico de P em relação a r;
d) a reta t, simétrica de r em relação a P.

TEORIA ANGULAR

155. Determine a simétrica da reta r: $x - 6y + 12 = 0$ em relação:
  a) ao eixo dos x;
  b) ao eixo dos y;
  c) à reta s: $x + y - 9 = 0$.

156. Determine as equações das alturas do triângulo ABC e prove que elas concorrem no mesmo ponto H (ortocentro).
Dados: $A(0, -3)$, $B(-4, 0)$ e $C(2, 1)$.

Solução

1º) Equação de h_a tal que $h_a \perp BC$, por A

$m_{BC} = \dfrac{\Delta y}{\Delta x} = \dfrac{y_C - y_B}{x_C - x_B} = \dfrac{1 - 0}{2 + 4} = \dfrac{1}{6}$

$m_{h_a} = -\dfrac{1}{m_{BC}} = -6$

$A \in h_a \Rightarrow y + 3 = -6(x - 0) \Rightarrow$
$\Rightarrow 6x + y + 3 = 0 \quad (h_a)$

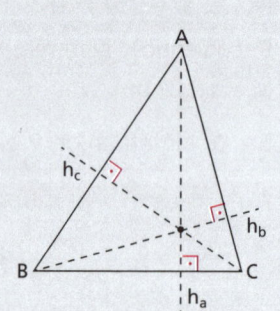

2º) Equação de h_b tal que $h_b \perp CA$, por B

$m_{CA} = \dfrac{\Delta y}{\Delta x} = \dfrac{1 + 3}{2 - 0} = 2 \Rightarrow m_{h_b} = -\dfrac{1}{2}$

$B \in h_b \Rightarrow y - 0 = -\dfrac{1}{2}(x + 4) \Rightarrow 2y = -x - 4 \Rightarrow x + 2y + 4 = 0 \quad (h_b)$

3º) Equação de h_c tal que $h_c \perp AB$, por C

$m_{AB} = \dfrac{\Delta y}{\Delta x} = \dfrac{0 + 3}{-4 - 0} = -\dfrac{3}{4} \Rightarrow m_{h_c} = \dfrac{4}{3}$

$C \in h_c \Rightarrow y - 1 = \dfrac{4}{3}(x - 2) \Rightarrow 3y - 3 = 4x - 8 \Rightarrow 4x - 3y - 5 = 0$

4º) Provemos que existe $H \in h_a \cap h_b \cap h_c$

$\{H\} = h_a \cap h_b \begin{cases} 6x + y + 3 = 0 \\ x + 2y + 4 = 0 \end{cases} \xrightarrow{\text{resolvendo}} H\left(-\dfrac{2}{11}, -\dfrac{21}{11}\right)$

$H \in h_c$, pois $4x_H - 3y_H - 5 = -\dfrac{8}{11} + \dfrac{63}{11} - 5 = \dfrac{-8 + 63 - 55}{11} = 0$

157. Determine o ortocentro H do triângulo ABC cujos vértices são $A(2, -1)$, $B(0, 3)$ e $C(1, 2)$.

158. Dados os pontos A(1, 1), B(5, 5) e C(−1, 2), determine a razão entre as áreas dos triângulos ABC e BCD, em que D é o pé da altura do triângulo ABC, traçada por C.

159. Dados H(−1, 0), r: 2x + y − 1 = 0 e s: x − y − 2 = 0, obtenha a reta *t* que determina com *r* e *s* um triângulo cujo ortocentro é H.

160. Demonstre que o quadrilátero de vértices

A(a, b), B(a + 4, b + 3), C(a + 7, b + 7) e D(a + 3, b + 4)

é um losango.

Solução

Uma das maneiras de provar que ABCD é losango é mostrar que seus lados são paralelos dois a dois e suas diagonais são perpendiculares.

$$\left. \begin{array}{l} m_{AB} = \dfrac{\Delta y}{\Delta x} = \dfrac{(b+3)-b}{(a+4)-a} = \dfrac{3}{4} \\ \\ m_{CD} = \dfrac{\Delta y}{\Delta x} = \dfrac{(b+7)-(b+4)}{(a+7)-(a+3)} = \dfrac{3}{4} \end{array} \right\} \Rightarrow AB \parallel CD$$

$$\left. \begin{array}{l} m_{BC} = \dfrac{\Delta y}{\Delta x} = \dfrac{(b+7)-(b+3)}{(a+7)-(a+4)} = \dfrac{4}{3} \\ \\ m_{AD} = \dfrac{\Delta y}{\Delta x} = \dfrac{(b+4)-b}{(a+3)-a} = \dfrac{4}{3} \end{array} \right\} \Rightarrow BC \parallel AD$$

$$\left. \begin{array}{l} m_{AC} = \dfrac{\Delta y}{\Delta x} = \dfrac{(b+7)-b}{(a+7)-a} = 1 \\ \\ m_{BD} = \dfrac{\Delta y}{\Delta x} = \dfrac{(b+4)-(b+3)}{(a+3)-(a+4)} = -1 \end{array} \right\} \Rightarrow AC \perp BD$$

161. Obtenha os vértices de um losango ABCD tal que:

a) A está no eixo dos *y*;

b) B está no eixo dos *x*;

c) a diagonal AC está contida em r: 7x + y − 3 = 0;

d) as diagonais se interceptam em $E\left(x, -\dfrac{1}{2}\right)$.

TEORIA ANGULAR

162. Obtenha uma reta perpendicular a r: $4x + 3y = 0$ e que defina com os eixos coordenados um triângulo de área 6.

Solução

$m_r = -\dfrac{4}{3} \Rightarrow m_s = +\dfrac{3}{4}$

A equação reduzida da reta s é:

$y = \dfrac{3}{4}x + q$

Fazendo $4q = c$, a equação geral de s é:
$3x - 4y + c = 0$

A reta s corta os eixos nos pontos $\left(0, \dfrac{c}{4}\right)$

e $\left(-\dfrac{c}{3}, 0\right)$. Como a área do triângulo é 6, temos:

$6 = \dfrac{\left|\dfrac{c}{4}\right| \cdot \left|\dfrac{c}{3}\right|}{2} \Rightarrow 12 = \dfrac{c^2}{12} \Rightarrow c^2 = 144 \Rightarrow c = \pm 12$

Resposta: $3x - 4y \pm 12 = 0$.

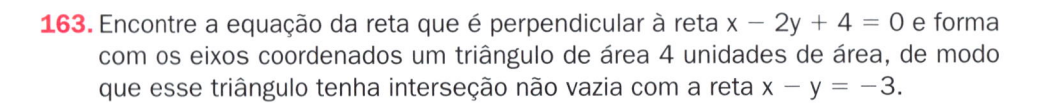

163. Encontre a equação da reta que é perpendicular à reta $x - 2y + 4 = 0$ e forma com os eixos coordenados um triângulo de área 4 unidades de área, de modo que esse triângulo tenha interseção não vazia com a reta $x - y = -3$.

164. Dados os pontos $A(a, 0)$ e $B(0, b)$, tomemos sobre a reta AB um ponto C de modo que $\overline{BC} = m \cdot \overline{AB}$ ($m \neq 0$ real). Pede-se a equação da reta perpendicular a AB, a qual passa pelo ponto médio do segmento AC.

165. O ponto $P(3, 3)$ é o centro de um feixe de retas no plano cartesiano. Determine as equações das retas desse feixe, perpendiculares entre si, que interceptam o eixo Ox nos pontos A e B, e tais que a distância entre eles seja $\dfrac{15}{2}$.

166. Dados o ponto $A(3, 1)$ e a reta r cuja equação é $y = 2x$, traçam-se por A as retas AB $\perp$ x e AC $\perp$ r, onde B e C são, respectivamente, os pés das perpendiculares AB e AC. Prove que a reta determinada pelos pontos médios de OA e BC é perpendicular a BC.

167. Dados A(1, 4), B(−3, 6), C(0, 2) e P(0, 6), traçam-se por P as perpendiculares aos lados do triângulo ABC.

a) Obtenha os pés das perpendiculares.

b) Prove que são colineares.

168. Pelo ponto P de coordenadas cartesianas ortogonais cos β, sen α $\left(0 \leq \alpha < \beta \leq \frac{\pi}{2}\right)$ passam duas retas r e s paralelas aos eixos coordenados (ver figura).

a) Determine as coordenadas das interseções de r e s com a circunferência $x^2 + y^2 = 1$.

b) Determine a equação da reta PM, em que M é o ponto médio do segmento AB.

c) Demonstre analiticamente que as retas CD e PM são perpendiculares.

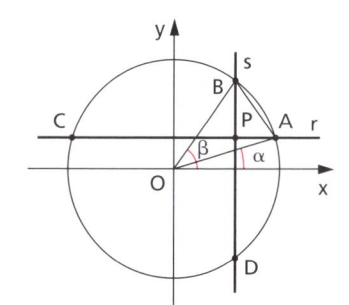

169. Dado um ponto P situado no prolongamento do lado AB de um quadrado ABCD, traçam-se as retas PC e PD; pelo ponto E, interseção de BC e PD, conduzimos a reta AE cuja interseção com PC é o ponto F. Prove que BF e PD são perpendiculares.

VI. Ângulo de duas retas

78. Dadas duas retas r: $a_1x + b_1y + c_1 = 0$ e s: $a_2x + b_2y + c_2 = 0$, vamos calcular os ângulos que elas determinam.

Se r // s ou r ⊥ s, o problema é imediato; portanto, deixaremos esses dois casos de lado.

Quando duas retas são concorrentes, elas determinam quatro ângulos, dois a dois opostos pelos vértices (e congruentes).

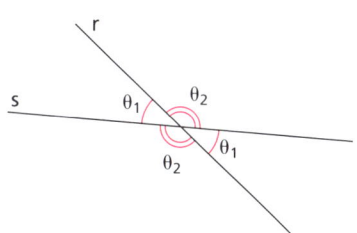

TEORIA ANGULAR

79. Calculemos θ_1, ângulo agudo formado por r e s:

1º caso: uma das retas (s, por exemplo) é vertical.

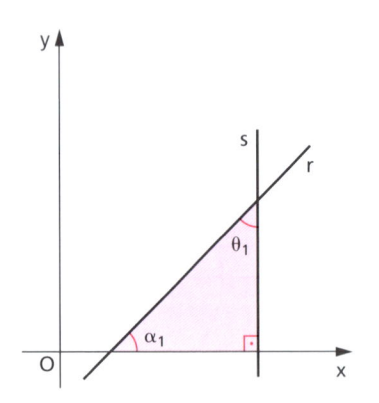

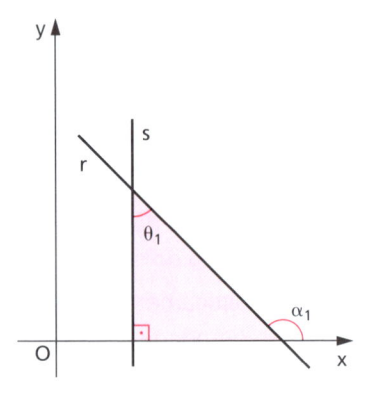

$\theta_1 = \dfrac{\pi}{2} - \alpha_1$ $\qquad\qquad\qquad\qquad$ $\theta_1 = \alpha_1 - \dfrac{\pi}{2}$

$\text{tg } \theta_1 = \text{tg}\left(\dfrac{\pi}{2} - \alpha_1\right)$ $\qquad\qquad$ $\text{tg } \theta_1 = \text{tg}\left(\alpha_1 - \dfrac{\pi}{2}\right)$

$\text{tg } \theta_1 = \text{cotg } \alpha_1$ $\qquad\qquad\qquad$ $\text{tg } \theta_1 = -\text{cotg } \alpha_1$

$\text{tg } \theta_1 = \dfrac{1}{m_r}$ $\qquad\qquad\qquad\quad$ $\text{tg } \theta_1 = -\dfrac{1}{m_r}$

Unificando as duas possibilidades, temos:

$$\boxed{\text{tg } \theta_1 = \left|\dfrac{1}{m_r}\right|}$$

Resumo

Dadas r e s, se uma delas não tem coeficiente angular, a tangente do ângulo agudo $\hat{rs}$ é o módulo do inverso do declive da outra.

TEORIA ANGULAR

2º caso: nenhuma das retas é vertical.

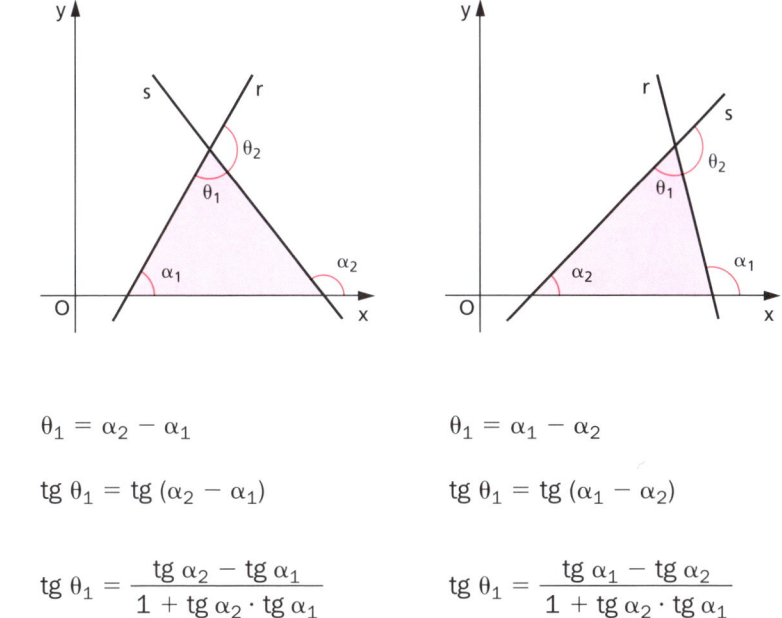

$\theta_1 = \alpha_2 - \alpha_1$

tg θ_1 = tg $(\alpha_2 - \alpha_1)$

tg $\theta_1 = \dfrac{\text{tg } \alpha_2 - \text{tg } \alpha_1}{1 + \text{tg } \alpha_2 \cdot \text{tg } \alpha_1}$

tg $\theta_1 = \dfrac{m_s - m_r}{1 + m_s \cdot m_r}$

$\theta_1 = \alpha_1 - \alpha_2$

tg θ_1 = tg $(\alpha_1 - \alpha_2)$

tg $\theta_1 = \dfrac{\text{tg } \alpha_1 - \text{tg } \alpha_2}{1 + \text{tg } \alpha_2 \cdot \text{tg } \alpha_1}$

tg $\theta_1 = -\dfrac{m_s - m_r}{1 + m_s \cdot m_r}$

Portanto, em qualquer situação, temos:

$$\text{tg } \theta_1 = \left| \dfrac{m_s - m_r}{1 + m_s \cdot m_r} \right|$$

Nas duas situações, se obtivermos tg $\theta_1 > 0$, teremos calculado diretamente a tg θ_1; se tg $\theta_1 < 0$, então calculamos a tg θ_2 (ângulo complementar a θ_1) e, trocamos de sinal para obtermos tg θ_1.

Resumo

Dadas r e s, se as duas têm coeficiente angular, a tangente do ângulo agudo r̂s é o módulo da diferença dos declives dividida por 1 somado ao produto dos declives.

7 | Fundamentos de Matemática Elementar

TEORIA ANGULAR

80. Exemplos:

1º) Calcular o ângulo agudo formado pelas retas

r: $3x - y + 5 = 0$ e   s: $2x + y + 3 = 0$

$$\text{tg } \theta = \left| \frac{m_s - m_r}{1 + m_s m_r} \right| = \left| \frac{(3) - (-2)}{1 + 3 \cdot (-2)} \right| = \left| \frac{5}{-5} \right| = 1 \Rightarrow \theta = \frac{\pi}{4}$$

2º) Calcular o ângulo formado pelas retas cujas equações são

r: $2x + 3y - 1 = 0$ e   s: $6x - 4y + 5 = 0$

$m_r = -\frac{2}{3}$ e $m_s = +\frac{3}{2} \Rightarrow m_r m_s = -1 \Rightarrow r \perp s \Rightarrow \theta = \frac{\pi}{2}$

3º) Calcular o ângulo agudo formado pelas retas

r: $4x + 2y - 1 = 0$ e   s: $3x - 4 = 0$

$\left. \begin{array}{l} m_r = -\frac{4}{2} = -2 \\ \nexists \, m_s \end{array} \right\} \Rightarrow \text{tg } \theta = \left| \frac{1}{m_r} \right| = \left| \frac{1}{-2} \right| = \frac{1}{2} \Rightarrow \theta = \text{arc tg } \frac{1}{2}$

4º) Calcular o ângulo formado pelas retas

r: $5x + 2y = 0$ e   s: $10x + 4y - 7 = 0$

$\left. \begin{array}{l} m_r = -\frac{5}{2} \\ m_s = -\frac{10}{4} = -\frac{5}{2} \end{array} \right\} \Rightarrow m_r = m_s \Rightarrow r \, // \, s \Rightarrow \theta = 0$

81. Comentário

Existe uma fórmula para calcular o ângulo agudo entre duas retas que só não é válida se as retas forem perpendiculares.

Deixamos como exercício a sua demonstração:

"O ângulo agudo formado pelas retas

r: $a_1 x + b_1 y + c_1 = 0$ e   s: $a_2 x + b_2 y + c_2 = 0$

é θ tal que $\text{tg } \theta = \dfrac{a_1 b_2 - a_2 b_1}{a_1 a_2 + b_1 b_2}$ $(a_1 a_2 + b_1 b_2 \neq 0)$."

82. Construção da oblíqua

Obter uma reta s que passa por um ponto P (dado) e forma ângulo agudo θ (dado) com uma reta r (dada, não vertical).

Por exemplo, vamos resolver este problema com os seguintes dados:

$$\begin{cases} P(6, -5) \\ \theta = 45° \\ r: 5x + 7y + 1 = 0 \end{cases}$$

$m_r = -\dfrac{a}{b} = -\dfrac{5}{7}$

$\text{tg } \theta = \left|\dfrac{m_s - m_r}{1 + m_s \cdot m_r}\right| \Rightarrow \text{tg } 45° = \left|\dfrac{m_s - \left(-\dfrac{5}{7}\right)}{1 + m_s\left(-\dfrac{5}{7}\right)}\right| \Rightarrow 1 = \left|\dfrac{7m_s + 5}{7 - 5m_s}\right| \Rightarrow$

$\Rightarrow 1 = \dfrac{(7m_s + 5)^2}{(7 - 5m_s)^2} \Rightarrow 49 - 70m_s + 25m_s^2 = 49m_s^2 + 70m_s + 25 \Rightarrow$

$\Rightarrow 24m_s^2 + 140m_s - 24 = 0 \Rightarrow m_s = \dfrac{1}{6}$ ou $m_s = -6$

Como s passa por P, vamos aplicar a teoria do item 66. Existem duas possibilidades para a equação de s:

1ª	2ª
$y - (-5) = \dfrac{1}{6}(x - 6)$	$y - (-5) = -6(x - 6)$
$6(y + 5) = (x - 6)$	$y + 5 = -6(x - 6)$
$6y + 30 = x - 6$	$y + 5 = -6x + 36$
$\boxed{x - 6y - 36 = 0}$ ou	$\boxed{6x + y - 31 = 0}$

EXERCÍCIOS

170. Qual é a tangente do ângulo agudo formado pelas retas $3x + 2y + 2 = 0$ e $-x + 2y + 5 = 0$?

TEORIA ANGULAR

171. Calcule a cotangente do ângulo agudo formado pelas retas $x = 3y + 7$ e $x = 13y + 9$.

172. Calcule a tangente do ângulo agudo formado pelas retas não perpendiculares $a_1x + b_1y + c_1 = 0$ e $a_2x + b_2y + c_2 = 0$.

173. Calcule o ângulo agudo formado pelas seguintes retas:
1º caso: r: $x + 2y - 3 = 0$ e s: $2x + 3y - 5 = 0$

2º caso: r: $\dfrac{x}{3} + \dfrac{y}{5} = 1$ e s: $\begin{cases} x = t + 1 \\ y = 2t \end{cases}$

3º caso: r: $x \cos 60° + y \sen 60° = 6$ e s: $3y - \sqrt{2} = 0$

4º caso: r: $\dfrac{x}{2} + \dfrac{y}{-3} = 1$ e s: $2x - 3 = 0$

174. Em um plano, munido de um sistema cartesiano ortogonal de referência, são dados os pontos A(3, 0), B(10, 1) e M(6, k). Determine o valor de *k* para o qual o ângulo $\widehat{BAM} = 45°$.

175. Dados os pontos $A(4, -1)$, $B(2, -1)$ e $C(5 + \sqrt{3}, \sqrt{3})$, calcule os ângulos internos do triângulo ABC.

176. Conduza por P(0, 0) as retas que formam ângulo $\theta = \dfrac{\pi}{4}$ com r: $6x + 2y - 3 = 0$.

> **Solução**
>
> A equação de uma reta qualquer passando por P é: $y - 0 = m(x - 0)$, isto é, $mx - y = 0$.
>
> Para obter *m* vamos impor que essa reta forme ângulo $\theta = 45°$ com r:
>
> $\tg \theta = \left| \dfrac{m - m_1}{1 + mm_1} \right| \Rightarrow 1 = \left| \dfrac{m - (-3)}{1 + m(-3)} \right| \Rightarrow 1 = \left| \dfrac{m + 3}{1 - 3m} \right|$
>
> então: $1 - 3m = m + 3$ ou $1 - 3m = -(m + 3)$
>
> isto é: $m = -\dfrac{1}{2}$ ou $m = 2$.
>
> As retas procuradas têm equações: $-\dfrac{1}{2}x - y = 0$ ou $2x - y = 0$.
>
> Resposta: $x + 2y = 0$ ou $2x - y = 0$.

177. Dados o ponto P(5, 4) e a reta r: $2x - y + 7 = 0$, conduza as seguintes retas por P:
s paralela a r
t perpendicular a r
u formando $\theta = \text{arc tg } 3$ com r
v paralela ao eixo Ox
z paralela ao eixo Oy

Solução

A principal finalidade deste problema é mostrar que as retas s, t, u, v são retas que passam por P e têm coeficiente angular; portanto, suas equações são da forma:
$y - 4 = m \cdot (x - 5)$
e o que as distingue é o valor de m.
Assim, temos:

$$\begin{cases} s \parallel r \Rightarrow m_s = m_r = 2 \\ t \perp r \Rightarrow m_t = -\dfrac{1}{m_r} = -\dfrac{1}{2} \\ \widehat{ur} = \text{arc tg } 3 \Rightarrow 3 = \left|\dfrac{m_u - 2}{1 + m_u \cdot 2}\right| \Rightarrow m_u = -1 \text{ ou } m_u = -\dfrac{1}{7} \\ v \parallel Ox \Rightarrow m_v = 0 \end{cases}$$

A reta z passa por P e não tem declive; portanto, sua equação é:
$x - 5 = 0$

Resposta:
s: $y - 4 = 2 \cdot (x - 5)$
t: $y - 4 = -\dfrac{1}{2} \cdot (x - 5)$
u: $y - 4 = -1 \cdot (x - 5)$ ou $y - 4 = -\dfrac{1}{7} \cdot (x - 5)$
v: $y - 4 = 0$
z: $x - 5 = 0$

178. Determine as equações das retas s_1 e s_2 que passam por P e formam ângulo θ com a reta r nos seguintes casos:

1º caso: P(1, 0) $\theta = 30°$ r: $x + y + 1 = 0$
2º caso: P(0, 1) $\theta = \text{arc tg } 2$ r: $2x - y + 7 = 0$
3º caso: P(2, −1) $\theta = 45°$ r: $x + 2y = 0$

TEORIA ANGULAR

179. Considere as retas r e s coplanares formando ângulos α e β com $\alpha < \beta$. Pelo ponto de interseção passa uma reta t que forma com r um ângulo igual a $\dfrac{\alpha + \beta}{2}$. Quais os ângulos formados pelas retas t e s?

180. Determine a reta s, simétrica de $r: x - y + 1 = 0$ em relação a $t: 2x + y + 4 = 0$.

> **Solução**
>
> 1º) Interseção de r com t
> Já vimos no exercício 152 que é
> $R\left(-\dfrac{5}{3}, -\dfrac{2}{3}\right)$.
>
> 2º) Ângulo agudo $\hat{rt}$
> $$\operatorname{tg} \theta = \left|\dfrac{m_r - m_t}{1 + m_r \cdot m_t}\right| = \left|\dfrac{1 - (-2)}{1 + (1) \cdot (-2)}\right| = 3$$
>
> 3º) Declive da reta s
> $$\operatorname{tg} \theta = \left|\dfrac{m_s - m_t}{1 + m_s \cdot m_t}\right| \Rightarrow 3 = \left|\dfrac{m_s - (-2)}{1 + m_s \cdot (-2)}\right| \Rightarrow 3 = \left|\dfrac{m_s + 2}{1 - 2 \cdot m_s}\right| \Rightarrow$$
> $$\Rightarrow 9(1 - 2m_s)^2 = (m_s + 2)^2 \Rightarrow 35m_s^2 - 40m_s + 5 = 0 \Rightarrow$$
> $$\Rightarrow m_s = 1 \quad \text{ou} \quad m_s = \dfrac{1}{7}$$
>
> 4º) Equação de s
> Como $m_s = \dfrac{1}{7}$ (pois $m_s = 1$ não convém, uma vez que acarreta $r = s$) e $R \in s$, a equação de s é:
> $$y - \left(-\dfrac{2}{3}\right) = \dfrac{1}{7}\left(x - \left(-\dfrac{5}{3}\right)\right) \Rightarrow x - 7y - 3 = 0$$
> Resposta: $s: x - 7y - 3 = 0$.

181. Seja r a reta que passa pelos pontos $(3, 5)$ e $(7, 0)$. Obtenha a equação da reta s simétrica de r em relação à reta $x = 7$.

182. Conduza pelo ponto $P(3, 0)$ uma reta igualmente inclinada em relação a $r: y = 2x$ e $s: x = 2y$.

TEORIA ANGULAR

Solução

Seja m o declive da reta t procurada.

Temos:
$\hat{rt} = \hat{st}$

Então:
$\text{tg } \hat{rt} = \text{tg } \hat{st}$

$$\left| \frac{m-2}{1+2m} \right| = \left| \frac{m - \frac{1}{2}}{1 + \frac{m}{2}} \right|$$

$$\frac{(m-2)^2}{(1+2m)^2} = \frac{(2m-1)^2}{(2+m)^2}$$

donde vem:

$(m+2)^2(m-2)^2 = (2m+1)^2(2m-1)^2 \Rightarrow 15m^4 = 15 \Rightarrow m = \pm 1$

Resposta: $y - 0 = \pm 1(x - 3)$.

---

183. Determine as equações das retas que contêm os lados de um triângulo, conhecendo:

o seu vértice A de coordenadas $(-2, 4)$;
a reta r: $3x - 4y + 59 = 0$, que contém uma altura;
a reta s: $2x - y + 18 = 0$, que contém uma bissetriz;
sendo a altura e a bissetriz relativas a dois vértices distintos.

184. Demonstre que, em um triângulo retângulo, a reta determinada pelo vértice do ângulo reto e o centro do quadrado construído sobre a hipotenusa, externamente ao triângulo, é a bissetriz do ângulo reto.

185. No retângulo ABCD traçam-se por A e C as perpendiculares à diagonal BD. Demonstre que os pés das perpendiculares, A e C, formam um paralelogramo.

186. Na figura ao lado, OP é perpendicular a AB e as coordenadas dos pontos A, B e C são: $A(x, 0)$; $B(0, y)$; $C(1, 2)$.

a) Ache o comprimento ℓ do segmento AB em função de x, para $x > 1$.

b) Para $x = 2$, ache a tangente do ângulo φ entre OP e OC.

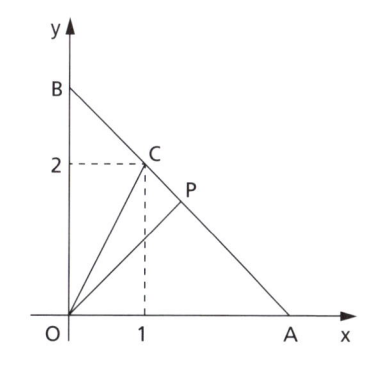

CAPÍTULO IV
Distância de ponto a reta

I. Translação de sistema

83. Sejam P(x, y) e O'(x_0, y_0) dois pontos referidos a um sistema cartesiano xOy.

Se x'O'y' é um sistema tal que x' // x, y' // y e x', y' têm respectivamente o mesmo sentido positivo de x, y, dizemos que x'O'y' foi obtido por uma translação de xOy.

Nosso problema é estabelecer uma relação entre as coordenadas de P no "novo" sistema x'O'y' e no "antigo" xOy.

No eixo dos x, temos:

$\overline{OP_1} = \overline{OO'_1} + \overline{O'_1P_1} \Rightarrow \boxed{x = x_0 + x'}$

No eixo dos y, temos:

$\overline{OP_2} = \overline{OO'_2} + \overline{O'_2P_2} \Rightarrow \boxed{y = y_0 + y'}$

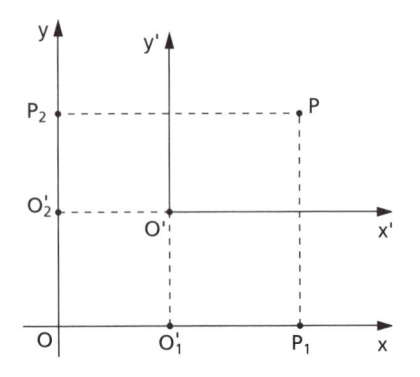

84. Consideremos, por exemplo, a reta de equação $x + y - 7 = 0$. Eis alguns pontos que pertencem a essa reta:

A(1, 6), B(2, 5), C(3, 4),
D(4, 3), E(5, 2), F(6, 1).

Se é dada uma translação no sistema xOy de modo que a nova origem seja O'(2, 1), todos os pontos citados mudam de coordenadas, obedecendo à lei:

$$x' = x - 2$$
(nova) (antiga) (origem O')
$$y' = y - 1$$

Portanto, temos:

A(−1, 5), B(0, 4), C(1, 3),
D(2, 2), E(3, 1), F(4, 0).

A equação da reta no sistema x'O'y' é obtida a partir de $x + y - 7 = 0$. Assim:

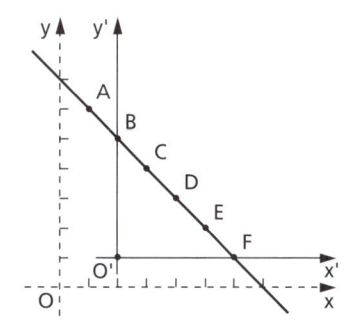

$x + y - 7 = 0 \Rightarrow (x' + 2) + (y' + 1) - 7 = 0 \Rightarrow x' + y' - 4 = 0$

II. Distância entre ponto e reta

85. Calculemos a distância entre a origem O e a reta r cuja equação geral é:

$ax + by + c = 0$ (1)

A reta s, perpendicular a r passando por O, tem equação geral:

$bx - ay = 0$ (2)

Se resolvêssemos o sistema formado pelas equações (1) e (2), obteríamos Q(x, y), ponto de interseção de r com s.

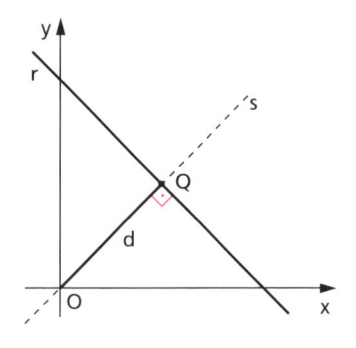

DISTÂNCIA DE PONTO A RETA

O que nos interessa, no entanto, é a distância $d = \overline{OQ} = \sqrt{x^2 + y^2}$. Então operamos assim:

$$\left.\begin{array}{l}(1)^2 \to (ax + by)^2 = (-c)^2 \\ (2)^2 \to (bx - ay)^2 = 0^2\end{array}\right\} +$$

$$\overline{(ax + by)^2 + (bx - ay)^2 = c^2}$$

$$\underline{a^2x^2} + 2abxy + \underline{b^2y^2} + \underline{b^2x^2} - 2abxy + \underline{a^2y^2} = c^2$$

$$a^2(x^2 + y^2) + b^2(x^2 + y^2) = c^2$$

$$(a^2 + b^2)\underbrace{(x^2 + y^2)}_{d^2} = c^2 \Rightarrow d^2 = \frac{c^2}{a^2 + b^2}$$

e, finalmente, temos a fórmula:

$$\boxed{d_{O,\,r} = \left|\frac{c}{\sqrt{a^2 + b^2}}\right|}$$

Assim, por exemplo, a distância da reta r: $3x + 4y - 25 = 0$ à origem é dada por:

$$d_{O,\,r} = \left|\frac{c}{\sqrt{a^2 + b^2}}\right| = \left|\frac{-25}{\sqrt{3^2 + 4^2}}\right| = \frac{25}{5} = 5$$

86. Calculemos a distância entre um ponto $P(x_0, y_0)$ e uma reta r: $ax + by + c = 0$.

A ideia é transformar P em origem do sistema e, então, aplicar a fórmula já deduzida no item anterior.

Dando uma translação no sistema xOy de modo que P seja a origem do sistema x'Py', determinemos a equação da reta r no "novo" sistema:

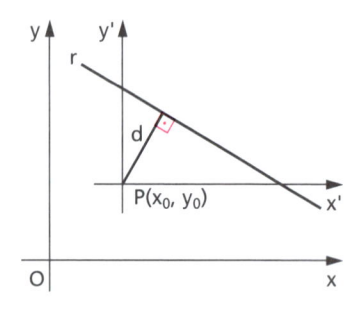

$$ax + by + c = 0 \Rightarrow a(x' + x_0) + b(y' + y_0) + c = 0 \Rightarrow ax' + by' + \underbrace{(ax_0 + by_0 + c)}_{c'} = 0$$

Conforme vimos no item 85, a distância da origem P à reta r é:

$$d_{P,\,r} = \left|\frac{c'}{\sqrt{a^2 + b^2}}\right|$$

DISTÂNCIA DE PONTO A RETA

donde vem a fórmula:

$$d_{P,r} = \left| \frac{ax_0 + by_0 + c}{\sqrt{a^2 + b^2}} \right|$$

Resumo

Calculamos d substituindo as coordenadas de P no primeiro membro da equação de r, dividindo o resultado por $\sqrt{a^2 + b^2}$ e tomando este resultado em valor absoluto.

Assim, por exemplo, a distância do ponto $P(2, -3)$ à reta $r: 3x - 4y + 2 = 0$ é dada por:

$$d = \left| \frac{ax_0 + by_0 + c}{\sqrt{a^2 + b^2}} \right| = \left| \frac{3(2) - 4(-3) + 2}{\sqrt{3^2 + 4^2}} \right| = \left| \frac{20}{5} \right| = 4$$

87. Observações

1ª) A distância d é, em qualquer caso, um número real não negativo, isto é: $d \geq 0$ quaisquer que sejam P e r.

2ª) A fórmula deduzida no item 85 (distância de r à origem) passa a ser um caso particular da fórmula deduzida no item 86.

De fato, a distância de $r: ax + by + c = 0$ ao ponto $P = (0, 0)$ é:

$$d = \left| \frac{a \cdot 0 + b \cdot 0 + c}{\sqrt{a^2 + b^2}} \right| = \left| \frac{c}{\sqrt{a^2 + b^2}} \right|$$

88.
Uma aplicação notável da fórmula da distância entre ponto e reta é o seguinte problema: calcular a distância entre as retas paralelas

$r: ax + by + c = 0$ e
$s: ax + by + c' = 0$

Como sabemos, a distância entre r e s é igual à distância de um ponto qualquer $P \in s$ até a reta r. Então:

1º) Seja $P(x_0, y_0)$ pertencente a s

$P \in s \Rightarrow ax_0 + by_0 + c' = 0 \Rightarrow ax_0 + by_0 = -c'$

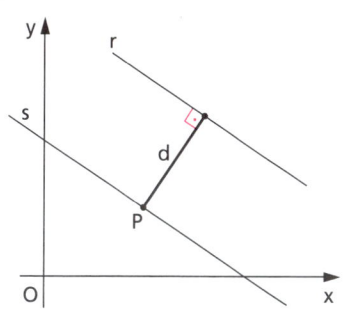

DISTÂNCIA DE PONTO A RETA

2º) A distância de P até r é:

$$d_{P,r} = \left| \frac{\overbrace{ax_0 + by_0}^{-c'} + c}{\sqrt{a^2 + b^2}} \right| = \left| \frac{(-c') + c}{\sqrt{a^2 + b^2}} \right|$$

Então vem a fórmula:

$$d_{r,s} = \left| \frac{c - c'}{\sqrt{a^2 + b^2}} \right|$$

EXERCÍCIOS

187. Seja P o ponto de coordenadas (4, 3) num sistema cartesiano ortogonal oxy. Se OXY é um novo sistema de coordenadas, obtido do anterior por uma translação da origem de o para O(2, −1), determine as coordenadas de P no novo sistema.

188. Calcule a distância do ponto (−2, 3) ao eixo das ordenadas.

189. Calcule a distância da origem à reta r: $ax + by + \sqrt{a^2 + b^2} = 0$.

Solução

$$d_{O,r} = \left| \frac{c}{\sqrt{a^2 + b^2}} \right| = \left| \frac{\sqrt{a^2 + b^2}}{\sqrt{a^2 + b^2}} \right| = 1$$

Resposta: 1.

190. Ache a distância da reta $r \begin{cases} x = -3 + t \\ y = 2t \end{cases}$ ($t \in \mathbb{R}$) à origem.

191. Calcule a distância do ponto P à reta r nos seguintes casos:
   a) P(2, 0)   e   r: $2x + 3y - 5 = 0$
   b) P(1, 0)   e   r: $x + 3y - 5 = 0$
   c) P(−1, 0)   e   r: $\frac{x}{3} + \frac{y}{4} = 1$
   d) P(0, 2)   e   r: $\begin{cases} x = 3t + 2 \\ y = 4t - 1 \end{cases}$
   e) P(1, −1)   e   r: $x \cdot \cos \frac{\pi}{4} + y \cdot \text{sen} \frac{\pi}{4} = 2$

DISTÂNCIA DE PONTO A RETA

192. Calcule o comprimento da altura AH, do triângulo de vértices A(−3, 0), B(0, 0) e C(6, 8).

Solução

1º) Equação geral da reta BC

$$\begin{vmatrix} x & y & 1 \\ 6 & 8 & 1 \\ 0 & 0 & 1 \end{vmatrix} = 0 \Rightarrow 8x - 6y = 0$$
$$4x - 3y = 0$$

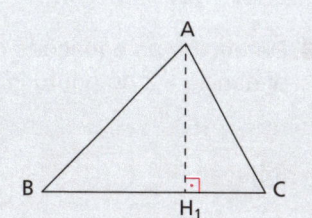

2º) $AH_1 = d_{A, BC}$

$$AH_1 = d_{A, BC} = \left| \frac{4(-3) - 3(0)}{\sqrt{4^2 + 3^2}} \right| = \left| \frac{-12}{5} \right| = \frac{12}{5}$$

Resposta: $AH_1 = \frac{12}{5}$.

193. Calcule a altura do trapézio cujos vértices são A(−1, −3), B(6, −2), C(5, 2) e D(−9, 0).

194. O ponto P = (0, 0) é um vértice de um quadrado que tem um dos seus lados não adjacentes a P sobre a reta x − 2y + 5 = 0. Qual é a área do quadrado?

195. Calcule a distância entre as retas
r: 3x + 4y − 13 = 0 e s: 3x + 4y + 7 = 0

Solução

Distância entre duas retas paralelas é a distância de um ponto P, pertencente a uma delas, até a outra.

1º) Tomemos P ∈ r
P ∈ r ⇒ $3x_P + 4y_P - 13 = 0$
$x_P = -1 \Rightarrow y_P = \frac{13 - 3(-1)}{4} = 4$

Portanto P(−1, 4).

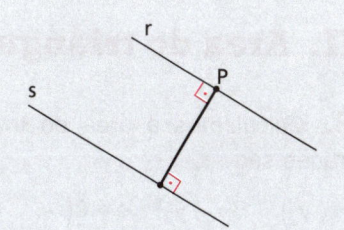

2º) Calculemos $d_{r, s}$

$$d_{r, s} = d_{P, s} = \left| \frac{3(-1) + 4(4) + 7}{\sqrt{9 + 16}} \right| = \left| \frac{20}{5} \right| = 4$$

Resposta: $d_{r, s} = 4$.

DISTÂNCIA DE PONTO A RETA

196. Calcule a distância entre as retas cujas equações são $ax + by + c = 0$ e $ax + by - c = 0$.

197. Determine os pontos da reta r: $y = 2x + 1$ que estão à distância 2 da reta s: $3x - 2y + 1 = 0$.

198. Determine as equações das retas que formam 45° com o eixo dos x e estão à distância $\sqrt{2}$ do ponto P(3, 4).

Solução

$\hat{rx} = 45° \Rightarrow m_r = +1 = -\dfrac{a}{b}$

Façamos $a = 1$ e $b = -1$. Então a equação de r é

$x - y + c = 0$

Mas $d_{P,r} = \sqrt{2}$. Então:

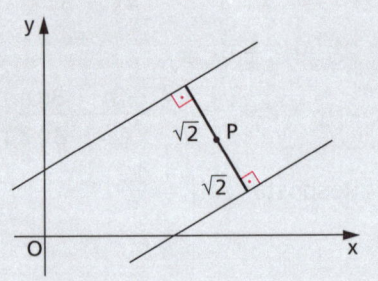

$\left|\dfrac{(3) - (4) + c}{\sqrt{1^2 + 1^2}}\right| = \sqrt{2} \Rightarrow \left|\dfrac{-1 + c}{\sqrt{2}}\right| = \sqrt{2} \Rightarrow$

$\Rightarrow |c - 1| = 2 \Rightarrow c - 1 = \pm 2 \Rightarrow c = -1$ ou $c = 3$

Resposta: $r_1: x - y + 3 = 0$ ou $r_2: x - y - 1 = 0$.

199. Obtenha uma reta paralela a r: $x - y + 7 = 0$ e distante $\sqrt{2}$ do ponto C(2, 2).

200. Determine as equações das perpendiculares à reta r: $3x + 4y - 1 = 0$, as quais estão à distância 4 unidades do ponto P(2, 0).

III. Área do triângulo

89. Calculemos a área do triângulo cujos vértices são

$A(x_1, y_1)$, $B(x_2, y_2)$ e $C(x_3, y_3)$.

1º) Lembrando a fórmula da área do triângulo da Geometria Plana:

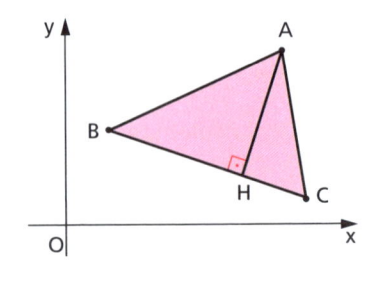

área $= \dfrac{1}{2} \cdot$ base $\cdot$ altura

DISTÂNCIA DE PONTO A RETA

Temos:

$$S = \frac{1}{2} \cdot BC \cdot AH$$

2º) Aplicando a fórmula da distância entre dois pontos:

$$BC = \sqrt{(x_2 - x_3)^2 + (y_2 - y_3)^2}$$

3º) A equação geral da reta BC é:

$$\begin{vmatrix} x & y & 1 \\ x_2 & y_2 & 1 \\ x_3 & y_3 & 1 \end{vmatrix} = 0 \Rightarrow \underbrace{(y_2 - y_3)}_{a}x + \underbrace{(x_3 - x_2)}_{b}y + \underbrace{(x_2 y_3 - x_3 y_2)}_{c} = 0$$

4º) Cálculo da distância do ponto A à reta BC:

$$\left.\begin{array}{l} A(x_1, y_1) \\ (BC)\ ax + by + c = 0 \end{array}\right\} \Rightarrow d = \left| \frac{ax_1 + by_1 + c}{\sqrt{a^2 + b^2}} \right|$$

então:

$$AH = d = \left| \frac{(y_2 - y_3)x_1 + (x_3 - x_2)y_1 + (x_2 y_3 - x_3 y_2)}{\sqrt{(y_2 - y_3)^2 + (x_3 - x_2)^2}} \right| = \left| \frac{\begin{vmatrix} x_1 & y_1 & 1 \\ x_2 & y_2 & 1 \\ x_3 & y_3 & 1 \end{vmatrix}}{\sqrt{(x_2 - x_3)^2 + (y_2 - y_3)^2}} \right|$$

5º) Indicando $D_{ABC} = \begin{vmatrix} x_1 & y_1 & 1 \\ x_2 & y_2 & 1 \\ x_3 & y_3 & 1 \end{vmatrix}$, temos:

$$S = \frac{1}{2} \cdot BC \cdot AH = \frac{1}{2} \cdot \sqrt{(x_2 - x_3)^2 + (y_2 - y_3)^2} \cdot \frac{|D_{ABC}|}{\sqrt{(x_2 - x_3)^2 + (y_2 - y_3)^2}}$$

donde vem a fórmula:

$$\boxed{S = \frac{1}{2} \cdot |D_{ABC}|}$$

Assim, por exemplo, a área do triângulo cujos vértices são $A(4, 1)$, $B(-2, 3)$ e $C(0, -6)$ é:

$$D_{ABC} = \begin{vmatrix} x_A & y_A & 1 \\ x_B & y_B & 1 \\ x_C & y_C & 1 \end{vmatrix} = \begin{vmatrix} 4 & 1 & 1 \\ -2 & 3 & 1 \\ 0 & -6 & 1 \end{vmatrix} = 36 + 2 + 12 = 50$$

$$S = \frac{1}{2} \cdot |D_{ABC}| = \frac{1}{2} \cdot 50 = 25$$

DISTÂNCIA DE PONTO A RETA

90. **Observações**

1ª) Para todo triângulo ABC, a área é um número real S > 0.

2ª) Se A, B e C são colineares, isto é, se não existe o triângulo ABC, temos $D_{ABC} = 0$ e $S = 0$.

3ª) A unidade de área, raramente indicada nos problemas de Geometria Analítica, é o quadrado da unidade de comprimento utilizada nos eixos.

EXERCÍCIOS

201. Calcule a área do triângulo cujos vértices são A(a + 1, a + 2), B(a, a − 1) e C(a + 2, a).

202. Determine a área do triângulo ABC, onde A, B e C são, respectivamente, os pontos médios dos segmentos MN, NP e PM, sendo M(1, −5), N(3, 3) e P(9, −5).

203. Calcule a área do triângulo determinado pelas retas de equações y = 2x, $y = \frac{x}{2}$ e x = 4.

204. Calcule a área do triângulo determinado pelas retas y = x, x = 4 e x + y − 2 = 0.

205. Calcule a área do quadrilátero ABCD, dados: A(0, 0), B(4, −2), C(6, 8) e D(0, 4).

Solução

1º) Área do △ABC

$$D_{ABC} = \begin{vmatrix} 0 & 0 & 1 \\ 6 & 8 & 1 \\ 4 & -2 & 1 \end{vmatrix} = -44$$

$$S_{ABC} = \frac{|D_{ABC}|}{2} = 22$$

2º) Área do △ACD

$$D_{ACD} = \begin{vmatrix} 0 & 0 & 1 \\ 6 & 8 & 1 \\ 0 & 4 & 1 \end{vmatrix} = 24$$

$$S_{ACD} = \frac{|D_{ACD}|}{2} = 12$$

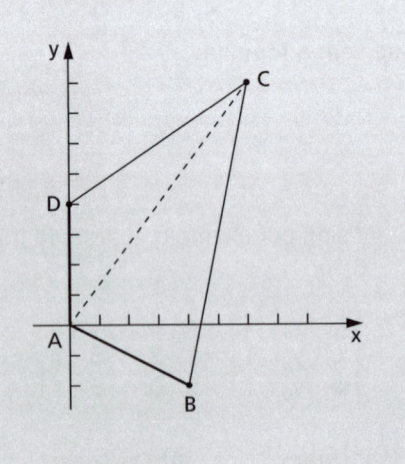

3º) $S_{ABCD} = S_{ABC} + S_{ACD} = 22 + 12 = 34$

Resposta: S = 34.

206. Calcule a área do quadrilátero cujos vértices são A(−4, 4), B(0, 1), C(−4, −2) e D(−8, 1).

207. Os pontos A(1, 2), B(4, 3), C(3, 1) e D(m, n), nessa ordem, formam um paralelogramo. Determine a equação da reta AD e calcule a área do paralelogramo ABCD.

208. Calcule a área do pentágono ABCDE, dados: A(2, 1), B(2, 0), C(0, −4), D(−2, 1) e E(0, 4).

209. Determine y de modo que o triângulo de vértices A(1, 4), B(4, 1) e C(0, y) tenha área 6.

Solução

$$D_{ABC} = \begin{vmatrix} 1 & 4 & 1 \\ 4 & 1 & 1 \\ 0 & y & 1 \end{vmatrix} = 3y - 15$$

$S = \dfrac{|D_{ABC}|}{2} \Rightarrow 6 = \dfrac{|3y - 15|}{2} \Rightarrow 4 = |y - 5| \Rightarrow y - 5 = \pm 4 \Rightarrow y = 5 \pm 4$

Resposta: y = 9 ou y = 1.

210. Dados os pontos A(2, 3), B(0, −1) e C(1, y), calcule y para que a área do triângulo ABC seja 12.

211. Num triângulo ABC, temos:

1º) AB ⊂ r tal que r: y = 3x;

2º) AC ⊂ s tal que s: x = 3y;

3º) BC ⊂ t tal que t // u e u: x + y = 0;

4º) a área do triângulo ABC é 4.

Obtenha a equação da reta t.

DISTÂNCIA DE PONTO A RETA

Solução

Seja $x + y + c = 0$ a equação da reta $t \;/\!/\; u$.
Falta apenas determinar o coeficiente c.

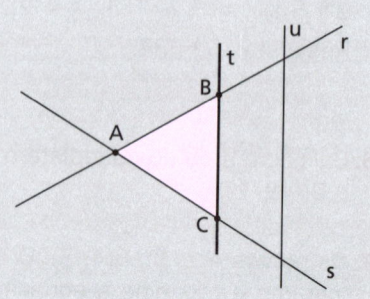

1º) Determinemos $r \cap s$

$\begin{cases} y = 3x \\ x = 3y \end{cases} \xrightarrow{\text{resolvendo}} x = y = 0 \to A(0, 0)$

2º) Determinemos $r \cap t$

$\begin{cases} y = 3x \\ x + y + c = 0 \end{cases} \xrightarrow{\text{resolvendo}} x = -\dfrac{c}{a} \text{ e } y = -\dfrac{3c}{4} \to B\left(-\dfrac{c}{4}, -\dfrac{3c}{4}\right)$

3º) Determinemos $s \cap t$

$\begin{cases} x = 3y \\ x + y + c = 0 \end{cases} \xrightarrow{\text{resolvendo}} x = -\dfrac{3c}{4} \text{ e } y = -\dfrac{c}{4} \to C\left(-\dfrac{3c}{4}, -\dfrac{c}{4}\right)$

4º) Determinemos c

$D_{ABC} = \begin{vmatrix} 0 & 0 & 1 \\ -\dfrac{c}{4} & -\dfrac{3c}{4} & 1 \\ -\dfrac{3c}{4} & -\dfrac{c}{4} & 1 \end{vmatrix} = \dfrac{c^2}{16} - \dfrac{9c^2}{16} = -\dfrac{c^2}{2}$

$S_{ABC} = \dfrac{|D_{ABC}|}{2} \Rightarrow 4 = \dfrac{c^2}{4} \Rightarrow c^2 = 16 \Rightarrow c = \pm 4$

Resposta: $t: x + y \pm 4 = 0$.

212. Calcule as coordenadas do vértice C do triângulo ABC de área 12, sabendo que $A = (0, -1)$, B é a interseção da reta r: $x + y - 2 = 0$ com o eixo dos x e $C \in r$.

213. Determine a área do triângulo ABC, sabendo que:
a) $A = (1, 0)$ e $B = (-1, 0)$;
b) $y = x + 1$ é a equação do lado BC;
c) o coeficiente angular da reta AC é 2.

214. Determine o vértice C de um triângulo ABC, de área igual a 2, no qual A(3, −2), B(4, −1) e cujo baricentro está sobre a reta 2x − y + 3 = 0.

215. Num triângulo ABC, no qual A(2, 1), B(0, 3) e C(−1, 0), toma-se M na reta BC tal que as áreas dos triângulos AMC e AMB ficam na razão $\frac{1}{4}$. Calcule as coordenadas de M.

216. Os vértices de um triângulo são A(1, 0), B(3, 5) e C(−1, 1).
 a) Obtenha o baricentro G do triângulo.
 b) Mostre que os triângulos ABG, ACG e BCG têm a mesma área.

217. Demonstre que uma mediana de um triângulo divide-o em partes equivalentes.

218. Demonstre que a área de um triângulo é o quádruplo da área do triângulo cujos vértices são os pontos médios de seus lados.

219. Determine uma reta perpendicular a r: 2x − 3y = 0 que defina com as bissetrizes dos quadrantes um triângulo de área 20 unidades.

220. Obtenha uma reta que passe por P(1, 1) e defina com os eixos coordenados um triângulo de área 2, no primeiro quadrante.

221. São dados, num plano, as duas retas r_1, de equação y = 2, e r_2 com equações paramétricas x = −2 + λ e y = 2 + 2λ e o ponto A = (1, 3).
 a) Entre as retas que passam por A, determine a reta r para a qual as distâncias de A às interseções com r_1 e r_2 sejam iguais.
 b) Satisfeita a condição do item anterior, determine a área do triângulo formado pelas retas r, r_1 e r_2.

IV. Variação de sinal da função E(x, y) = ax + by + c

91. Consideremos o trinômio:
E(x, y) ou E(P) = ax + by + c (a ≠ 0 ou b ≠ 0)
função de duas variáveis x e y cujo domínio é o conjunto dos infinitos pares ordenados (x, y), isto é, o conjunto de pontos P do plano cartesiano.
 Sabendo que os pontos $P(x_0, y_0)$ para os quais $E(P) = ax_0 + by_0 + c = 0$ estão todos sobre a mesma reta r do plano cartesiano.

DISTÂNCIA DE PONTO A RETA

Consideremos dois pontos $Q(x_1, y_1)$ e $R(x_2, y_2)$, não pertencentes à reta r, os quais determinam a reta s concorrente com r em $M(x, y)$.

O ponto M divide $\overrightarrow{QR}$ na razão k. Então:

$$k = \frac{\overline{QM}}{\overline{MR}}$$

$$k = \frac{x - x_1}{x_2 - x} \text{ e } k = \frac{y - y_1}{y_2 - y}$$

E daí vem:

$$x = \frac{x_1 + kx_2}{1 + k} \text{ e } y = \frac{y_1 + ky_2}{1 + k}$$

Por outro lado, M pertence à reta r e então deve satisfazer sua equação:

$$a \cdot \left[\frac{x_1 + kx_2}{1 + k}\right] + b \cdot \left[\frac{y_1 + ky_2}{1 + k}\right] + c = 0$$

$$a(x_1 + kx_2) + b \cdot (y_1 + ky_2) + c \cdot (1 + k) = 0$$

Donde tiramos:

$$k = -\frac{ax_1 + by_1 + c}{ax_2 + by_2 + c} = -\frac{E(Q)}{E(R)}$$

Finalmente, temos:

1º) Se Q e R estão no mesmo semiplano em relação a r, então M é exterior a $\overrightarrow{QR}$, o que implica $k < 0$, isto é, $ax_1 + by_1 + c$ e $ax_2 + by_2 + c$ de mesmo sinal. Em símbolos:

$$\left.\begin{array}{l} \text{Q num semiplano} \\ \text{R no mesmo semiplano} \end{array}\right\} \Rightarrow E(Q) \cdot E(R) > 0$$

2º) Se Q e R estão em semiplanos opostos em relação a r, então M é interior a $\overrightarrow{QR}$, o que implica $k > 0$, isto é, $ax_1 + by_1 + c$ e $ax_2 + by_2 + c$ de sinais contrários. Em símbolos:

$$\left.\begin{array}{l} \text{Q num semiplano} \\ \text{R no outro} \end{array}\right\} \Rightarrow E(Q) \cdot E(R) < 0$$

DISTÂNCIA DE PONTO A RETA

92. Resumo

1) Os pontos $P(x_0, y_0)$ pertencentes a r anulam $E(x, y)$;

2) Os pontos $Q(x_1, y_1)$ pertencentes a um mesmo semiplano e não pertencentes a r tornam $E(x, y) > 0$; e

3) Os pontos $R(x_2, y_2)$ pertencentes ao outro semiplano e não pertencentes a r tornam $E(x, y) < 0$.

93. Exemplos:

1. Estudar a variação de sinal de $E = 2x + y - 2$.

1º) Determinemos o conjunto dos pontos que anulam E:

$E = 0 \Rightarrow 2x + y - 2 = 0$ (r)

2º) Determinemos o sinal de E no semiplano da origem:

$E(0) = 2 \cdot 0 + 0 - 2 = -2 < 0$

3º) Concluímos que, para todo ponto do semiplano $r\alpha$, temos $E > 0$ e, de $r\beta$, temos $E < 0$ (veja figura).

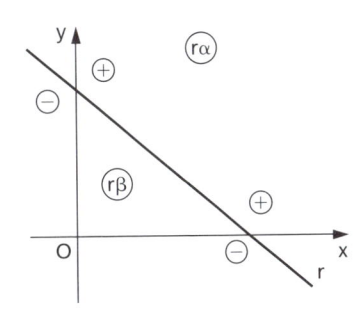

2. Estudar a variação de sinal de $E = x - y$.

1º) $E = 0 \Rightarrow x - y = 0$ (r)

2º) $E(1, 0) = 1 - 0 = 1 > 0$

3º) Conclusão:

$P \in r \quad \Rightarrow E(P) = 0$
$P \in r\alpha \quad \Rightarrow E(P) > 0$
$P \in r\beta \quad \Rightarrow E(P) < 0$

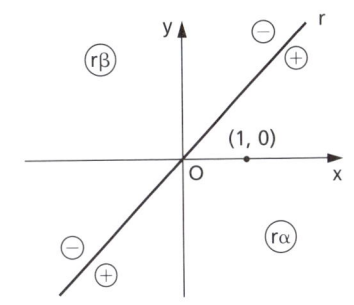

94. Regra prática

Do estudo da variação de sinais do trinômio $E(x, y) = ax + by + c$, podemos tirar a seguinte regra prática:

1º) Dado o trinômio $E(x, y) = ax + by + c$, buscamos os pontos que o anulam (pontos da reta r de equação $ax + by + c = 0$).

DISTÂNCIA DE PONTO A RETA

2º) Calculamos o sinal de E na origem O(0, 0). Este sinal é o de c, pois E(0) = a · 0 + b · 0 + c = c. Aplicamos a teoria, concluindo que o sinal E(0) é o sinal de E em qualquer ponto do semiplano onde está O.

3º) Atribuímos a E, nos pontos do semiplano oposto ao anterior, sinal contrário ao de c.

Observamos que, se a reta r contiver O, o raciocínio anterior não é válido. Neste caso, em vez de O, temos de tomar P qualquer, fora de r. (Por exemplo num quadrante onde não passa a reta r.)

V. Inequações do 1º grau

A principal aplicação do estudo de sinais ora concluído é na resolução de inequações do primeiro grau a duas incógnitas, as quais só admitem solução gráfica.

95. Exemplos:

1. Resolver $x - y + 1 > 0$.

    1º) Equação de r

$E = 0 \Rightarrow x - y + 1 = 0$

    2º) $E(0) = 1 > 0 \Rightarrow E > 0$ em $r\alpha$

    3º) $E < 0$ em $r\beta$

    Resposta: região $r\alpha$.

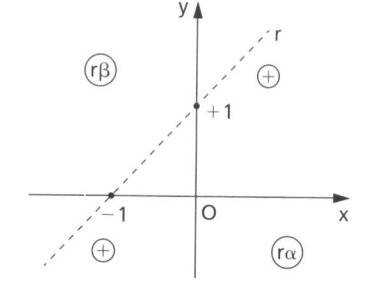

2. Resolver $2x + y \geq 0$.

    1º) Equação de r

$E = 0 \Rightarrow 2x + y = 0$

    2º) $E(1, 1) = 2 \cdot 1 + 1 = 3 > 0$
então $E > 0$ em $r\alpha$.

    3º) $E < 0$ em $r\beta$

    Resposta: região $r\alpha \cup r$.

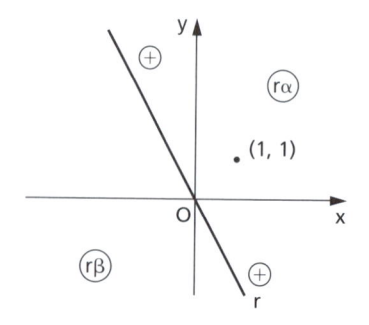

EXERCÍCIOS

222. Estude a variação de sinais dos trinômios:
a) $E = x + y - 3$
b) $E = -8x + 2y + 4$
c) $E = -x + 3y - 6$
d) $E = -6x - 2y - 12$
e) $E = 5x - 4y$

223. Resolva a inequação $2x + 3y \geq 6$.

Solução
1º) Equação de r
$E = 2x + 3y - 6 = 0$

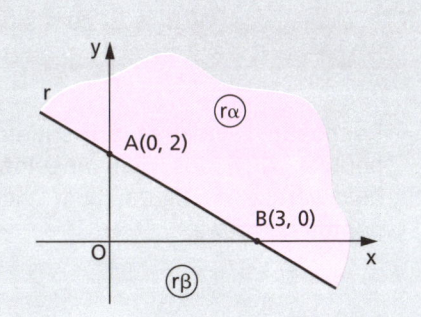

x	y	ponto
0	2	A
3	0	B

2º) Valor de E na origem
$E(0) = 2(0) + 3(0) - 6 = -6$
$E \leq 0$ no semiplano $r\beta$
$E \geq 0$ no semiplano $r\alpha$

3º) $E(x, y) \geq 0 \Rightarrow (x, y) \in r\alpha$

Resposta: semiplano $r\alpha$ (incluindo r).

224. Resolva graficamente as inequações:
a) $x - 4y + 4 > 0$
b) $2x - 5y - 10 < 0$
c) $3x + 2y - 6 \geq 0$
d) $12x + y + 3 < 0$
e) $3x - 2y \geq 0$
f) $3x + y \leq 0$

DISTÂNCIA DE PONTO A RETA

225. Resolva a inequação $\dfrac{x - y + 2}{x + y - 2} \geq 0$.

Solução

1º) Variação de $E_1 = x - y + 2$
$E_1 = 0 \Rightarrow x - y + 2 = 0$ (r)
$E_1(0) = +2 > 0$

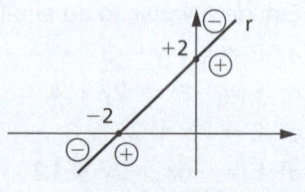

2º) Variação de $E_2 = x + y - 2$
$E_2 = 0 \Rightarrow x + y - 2 = 0$ (s)
$E_2(0) = -2 < 0$

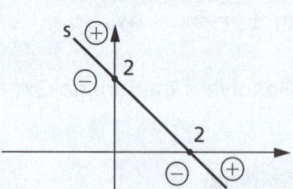

3º) $\dfrac{E_1}{E_2} \geq 0 \Rightarrow \begin{cases} E_1 \text{ e } E_2 \text{ com sinais iguais} \\ \text{ou} \\ E_1 = 0 \text{ e } E_2 \neq 0 \end{cases}$

Resposta: A inequação é satisfeita pelos pontos (x, y) dos dois ângulos opostos pelo vértice da figura, com exceção dos pontos da reta s.

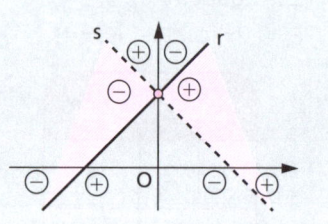

226. Determine os pontos P(x, y) do plano cartesiano cujas coordenadas satisfazem a condição:

1º caso: $2x - 3y + 6 < 0$ e $x + y + 5 < 0$
2º caso: $3x + 2y < 0$ e $x \geq 0$
3º caso: $y \geq -1$ e $x - 3 > 0$
4º caso: $4x + 2y - 4 \leq 0$ e $2x + 4y \geq -8$
5º caso: $3x - y < 6$ e $y \geq 1$

227. Considere o sistema de inequações

$S: \begin{cases} x - y \geq 0 \\ x + y \leq 1 \\ y \geq -2 \end{cases}$

Represente graficamente o conjunto $A = \{(x, y) \in \mathbb{R}^2 \mid (x, y) \text{ satisfaz } S\}$.

DISTÂNCIA DE PONTO A RETA

228. Represente graficamente os pontos do plano que satisfazem simultaneamente as inequações $x - 3y \leq 0$ e $3x + y \geq 0$.

229. Represente graficamente, no plano cartesiano, o conjunto de pontos P(x, y), tal que:
$$\begin{cases} 0 \leq x \leq 1 \\ y \geq 0 \\ x + y \leq 2 \end{cases}$$

230. Resolva a inequação $|x + y| \leq 1$.

Solução

1º) $|x + y| \leq 1 \Leftrightarrow (x + y)^2 \leq 1 \Leftrightarrow (x + y + 1)(x + y - 1) \leq 0$

2º) Variação de $E_1 = x + y + 1$
$E_1 = 0 \Rightarrow x + y + 1 = 0$ (r)
$E_1(0) = 1 > 0$

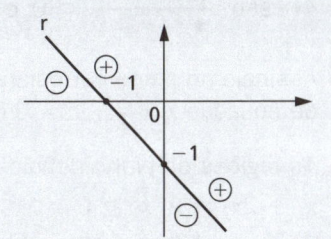

3º) Variação de $E_2 = x + y - 1$
$E_2 = 0 \Rightarrow x + y - 1 = 0$ (s)
$E_2(0) = -1 < 0$

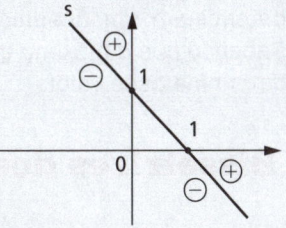

4º) $E_1 \cdot E_2 \leq 0 \Rightarrow \begin{cases} E_1 \text{ e } E_2 \text{ com sinais contrários} \\ \text{ou} \\ E_1 = 0 \text{ ou } E_2 = 0 \end{cases}$

Resposta: A inequação é satisfeita pelos pontos (x, y) da faixa de plano compreendida entre r e s, incluindo as retas r e s.

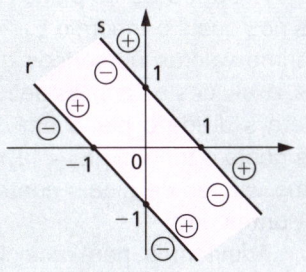

DISTÂNCIA DE PONTO A RETA

231. Qual é a figura formada pelos pontos do plano cartesiano que satisfazem a sentença $|x| > 5$?

232. Determine os pontos P do plano cartesiano cujas coordenadas satisfazem as desigualdades:
1º caso: $|x + y| < 3$
2º caso: $|x| + y > 2$
3º caso: $y - 1 > 0$ e $|x| \leq 2$
4º caso: $2 < |y| < 3$ e $1 < |x| < 2$

233. Determine os pontos P do plano cartesiano cujas coordenadas satisfazem as desigualdades:
1º caso: $(2x - y + 4)(x + 2y - 6) < 0$
2º caso: $(2x + y + 2)(x - 2y - 1) \geq 0$
3º caso: $\dfrac{2x + y - 6}{3x - y + 3} \geq 0$
4º caso: $\dfrac{x + y - 3}{x - y + 2} \leq 0$ e $y \geq 0$

234. Assinale no plano cartesiano o conjunto no qual estão contidas todas as retas de equação $x + y + c = 0$ com $c \leq -2$.

235. As regiões do plano definidas por
$x_1 + 2x_2 \leq 2, x_1 \geq 0$
$2x_1 + x_2 \leq 2, x_2 \geq 0$
determinam um quadrilátero, no qual está definida a função $y = x_1 + x_2$. Sabendo que o máximo desta função está num dos vértices deste quadrilátero, determine esse valor.

VI. Bissetrizes dos ângulos de duas retas

96. Vamos obter as equações das bissetrizes t_1 e t_2 dos ângulos definidos pelas retas concorrentes r: $a_1x + b_1y + c_1 = 0$ e s: $a_2x + b_2y + c_2 = 0$.

A reta r divide o plano em dois semiplanos nos quais o trinômio $E_1 = a_1x + b_1y + c_1$ assume valores numéricos de sinais contrários, excluídos os pontos de r. Analogamente, a reta s divide o plano em dois semiplanos nos quais o trinômio $E_2 = a_2x + b_2y + c_2$ assume valores de sinais contrários, excluídos os pontos de s.

Admitamos, para raciocinar, que a distribuição de sinais seja a da figura.

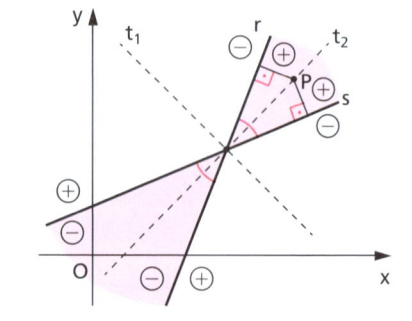

DISTÂNCIA DE PONTO A RETA

Verificamos que sempre r e s determinam dois ângulos opostos pelo vértice (assinalados na figura), em que E_1 e E_2 assumem valores numéricos de mesmo sinal e determinam dois outros ângulos opostos pelo vértice, em que E_1 e E_2 assumem sinais contrários.

Temos, então:

1º) Se $P(x, y) \in t_2$, então $d_{P,r} = d_{P,s}$, isto é,

$$\left| \frac{E_1(P)}{\sqrt{a_1^2 + b_1^2}} \right| = \left| \frac{E_2(P)}{\sqrt{a_2^2 + b_2^2}} \right|$$

Sendo $E_1(P) \cdot E_2(P) > 0$, vem

$$\boxed{\frac{a_1x + b_1y + c_1}{\sqrt{a_1^2 + b_1^2}} = \frac{a_2x + b_2y + c_2}{\sqrt{a_2^2 + b_2^2}}}$$

que é a equação da reta t_2.

2º) Se $P(x, y) \in t_1$, então $d_{P,r} = d_{P,s}$, isto é,

$$\left| \frac{E_1(P)}{\sqrt{a_1^2 + b_1^2}} \right| = \left| \frac{E_2(P)}{\sqrt{a_2^2 + b_2^2}} \right|$$

Sendo $E_1(P) \cdot E_2(P) < 0$, vem

$$\boxed{\frac{a_1x + b_1y + c_1}{\sqrt{a_1^2 + b_1^2}} = -\frac{a_2x + b_2y + c_2}{\sqrt{a_2^2 + b_2^2}}}$$

que é a equação da reta t_1.

Resumo

As equações das bissetrizes são:

$$\boxed{\frac{a_1x + b_1y + c_1}{\sqrt{a_1^2 + b_1^2}} \pm \frac{a_2x + b_2y + c_2}{\sqrt{a_2^2 + b_2^2}} = 0}$$

DISTÂNCIA DE PONTO A RETA

97. Exemplo:

Obter as equações das bissetrizes dos ângulos formados pelas retas

r: $3x + 4y - 1 = 0$ e   s: $12x - 5y = 0$

As equações são:

$$\frac{3x + 4y - 1}{\sqrt{9 + 16}} \pm \frac{12x - 5y}{\sqrt{144 + 25}} = 0 \Rightarrow \frac{3x + 4y - 1}{5} \pm \frac{12x - 5y}{13} = 0 \Rightarrow$$

$$\Rightarrow 13(3x + 4y - 1) \pm 5(12x - 5y) = 0$$

Resposta: $99x + 27y - 13 = 0$ ou $-21x + 77y - 13 = 0$.

Observemos, para conferir, que as bissetrizes são perpendiculares:

$$\left. \begin{array}{l} m_1 = -\dfrac{99}{27} = -\dfrac{11}{3} \\ m_2 = -\dfrac{-21}{77} = \dfrac{3}{11} \end{array} \right\} \Rightarrow m_1 \cdot m_2 = -1 \Rightarrow t_1 \perp t_2$$

EXERCÍCIOS

236. Obtenha as equações das bissetrizes dos ângulos formados por r: $3x + 4y = 0$ e s: $8x - 6y - 1 = 0$.

Solução

Pela teoria, temos:

$$\frac{3x + 4y}{\sqrt{9 + 16}} \pm \frac{8x - 6y - 1}{\sqrt{64 + 36}} = 0$$

$2(3x + 4y) \pm (8x - 6y - 1) = 0$

$(6x + 8y) \pm (8x - 6y - 1) = 0$

Separando as equações, vem:

$$\begin{cases} (6x + 8y) + (8x - 6y - 1) = 0 \Rightarrow 14x + 2y - 1 = 0 \\ \text{ou} \\ (6x + 8y) - (8x - 6y - 1) = 0 \Rightarrow -2x + 14y + 1 = 0 \end{cases}$$

Resposta: $14x + 2y - 1 = 0$ e $2x - 14y - 1 = 0$.

237. Determine as equações das bissetrizes dos ângulos formados por
r: $4x + 4y - 3 = 0$ e s: $x - y + 1 = 0$.

238. Qual é a equação do lugar geométrico dos pontos P(x, y) equidistantes das retas r: $3x + 4y - 12 = 0$ e s: $5x + 12y - 60 = 0$?

239. Qual é a bissetriz do ângulo agudo formado pelas retas r: $2x + 3y - 1 = 0$ e s: $3x + 2y + 1 = 0$?

Solução

1º) Obtemos as duas bissetrizes

$$\frac{2x + 3y - 1}{\sqrt{4 + 9}} \pm \frac{3x + 2y + 1}{\sqrt{9 + 4}} = 0$$

$(2x + 3y - 1) \pm (3x + 2y + 1) = 0$

então $\begin{cases} t_1: 2x + 3y - 1 + 3x + 2y + 1 = 0 \Rightarrow x + y = 0 \\ t_2: 2x + 3y - 1 - 3x - 2y - 1 = 0 \Rightarrow x - y + 2 = 0 \end{cases}$

2º) Determinemos qual delas é a bissetriz do ângulo agudo.

Para isso tomamos qualquer $P \in r$ e calculamos d_{P, t_1} e d_{P, t_2}.
A menor distância corresponde à bissetriz do ângulo agudo.

$P \in r \Rightarrow 2x_P + 3y_P - 1 = 0 \Rightarrow$

$\Rightarrow y_P = \dfrac{1 - 2x_P}{3}$

Fazendo $x_P = 2$, resulta $y_P = -1$.

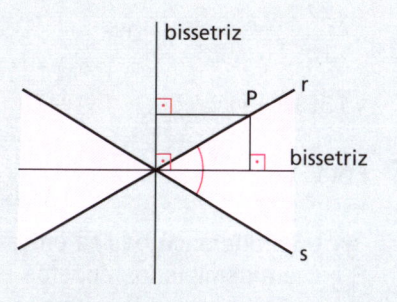

DISTÂNCIA DE PONTO A RETA

Seja $P(2, -1) \in r$. Temos:

$d_{P, t_1} = \left|\dfrac{(2) + (-1)}{\sqrt{1+1}}\right| = \left|\dfrac{1}{\sqrt{2}}\right| = \dfrac{1}{\sqrt{2}}$

$d_{P, t_2} = \left|\dfrac{(2) - (-1) + 2}{\sqrt{1+1}}\right| = \left|\dfrac{5}{\sqrt{2}}\right| = \dfrac{5}{\sqrt{2}}$

$\Rightarrow d_{P, t_1} < d_{P, t_2}$

Resposta: t_1: $x + y = 0$.

240. Determine a bissetriz do ângulo agudo definido pelas retas r: $4x + 3y = 0$ e s: $6x + 8y + 1 = 0$.

241. Dê a equação da bissetriz do ângulo agudo formado pelas retas $3x + 4y + 1 = 0$ e $3x - 4y - 1 = 0$.

242. Qual é a equação da bissetriz interna, por A, no triângulo de vértices $A(0, 0)$, $B(2, 6)$ e $C(5, 1)$?

Solução

1º) Equações de AB e AC

$\begin{vmatrix} x & y & 1 \\ 2 & 6 & 1 \\ 0 & 0 & 1 \end{vmatrix} = 0 \Rightarrow 6x - 2y = 0 \Rightarrow 3x - y = 0$

$\begin{vmatrix} x & y & 1 \\ 5 & 1 & 1 \\ 0 & 0 & 1 \end{vmatrix} = 0 \Rightarrow x - 5y = 0$

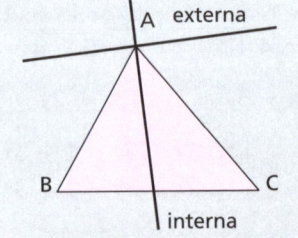

2º) Equações das bissetrizes

$\dfrac{3x - y}{\sqrt{10}} \pm \dfrac{x - 5y}{\sqrt{26}} = 0$

$\sqrt{13}(3x - y) \pm \sqrt{5}(x - 5y) = 0$

Então $\begin{cases} t_1: (3\sqrt{13} + \sqrt{5})x - (\sqrt{13} + 5\sqrt{5})y = 0 \\ t_2: (3\sqrt{13} - \sqrt{5})x - (\sqrt{13} - 5\sqrt{5})y = 0 \end{cases}$

3º) Uma diferença básica entre as duas bissetrizes é que a interna deixa B e C em semiplanos opostos enquanto a externa deixa no mesmo semiplano. Tomando a bissetriz t_1 e fazendo

DISTÂNCIA DE PONTO A RETA

$E_1 = (3\sqrt{13} + \sqrt{5})x - (\sqrt{13} + 5\sqrt{5})y$, temos:
$E_1(B) = (3\sqrt{13} + \sqrt{5}) \cdot 2 - (\sqrt{13} + 5\sqrt{5}) \cdot 6 = -28\sqrt{5} < 0$
$E_1(C) = (3\sqrt{13} + \sqrt{5}) \cdot 5 - (\sqrt{13} + 5\sqrt{5}) \cdot 1 = 14\sqrt{13} > 0$

Como $E_1(B)$ e $E_1(C)$ têm sinais opostos, B e C estão em semiplanos opostos em relação a t_1.

Resposta: $t_1: (3\sqrt{13} + \sqrt{5})x - (\sqrt{13} + 5\sqrt{5})y = 0$.

---

243. Obtenha a equação da bissetriz interna, por B, do triângulo cujos vértices são A(6, 3), B(1, 1) e C(5, −4).

244. Sejam M(−5, 2), N(−2, 5) e P(0, 0) pontos do plano cartesiano. Calcule o comprimento da bissetriz do ângulo P do triângulo MNP.

245. Dados A(1, −2), B(4, −2) e C(1, 2), obtenha o centro da circunferência inscrita no triângulo ABC.

246. Dados A(0, 0), B(3, 4) e C(12, −5), calcule o comprimento da bissetriz interna AP do triângulo ABC.

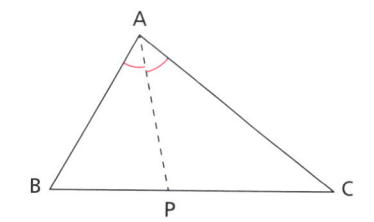

Solução

1º) Aplicando determinante, obtemos as equações dos lados do triângulo:

(AB) $4x - 3y = 0$,   (BC) $x + y - 7 = 0$,
(CA) $5x + 12y = 0$

2º) As equações das bissetrizes por A são:

$$\frac{4x - 3y}{\sqrt{16 + 9}} \pm \frac{5x + 12y}{\sqrt{25 + 144}} = 0 \Rightarrow 13(4x - 3y) \pm 5(5x + 12y) = 0$$

Donde vem $\begin{cases} t_1: 11x + 3y = 0 \\ t_2: 3x - 11y = 0 \end{cases}$

3º) Fazendo E = 11x + 3y, temos:
E(B) = 11(3) + 3(4) = 45
E(C) = 11(12) + 3(−5) = 117
Então a bissetriz interna é t_2: 3x − 11y = 0.

4º) A interseção de t_2 com BC é a solução do sistema
$$\begin{cases} 3x - 11y = 0 \\ x + y - 7 = 0 \end{cases} \Rightarrow x = \frac{11}{2}, y = \frac{3}{2} \Rightarrow P\left(\frac{11}{2}, \frac{3}{2}\right)$$

5º) A distância AP é AP = $\sqrt{\left(\frac{11}{2} - 0\right)^2 + \left(\frac{3}{2} - 0\right)^2} = \frac{\sqrt{130}}{2}$.

Resposta: $\frac{\sqrt{130}}{2}$.

247. Calcule o comprimento da bissetriz interna AS do triângulo cujos vértices são A(−3, −3), B(9, 2) e C(5, 12).

VII. Complemento — Rotação de sistema

98. Seja P(x, y) um ponto referido a um sistema cartesiano ortogonal xOy.

Se XOY é um sistema ortogonal com mesma origem que xOy e o ângulo entre os eixos x e X é α, dizemos que XOY foi obtido por uma rotação de xOy.

Nosso problema é estabelecer uma relação entre as coordenadas de P no novo sistema (XOY) e no antigo (xOy).

Notemos que:
$x = \overline{OP_1}$, $y = \overline{OP_2}$
$X = \overline{OP_3} = \overline{P_4P}$, $Y = \overline{OP_4} = \overline{P_3P}$

Temos:

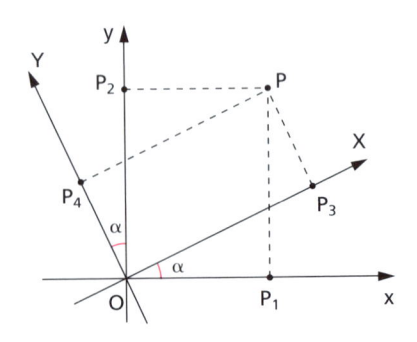

1º) $\vec{OP} = \vec{OP_3} + \vec{P_3P}$

DISTÂNCIA DE PONTO A RETA

Projetando os três segmentos sobre Ox, vem:

proj. $\overrightarrow{OP}$ = proj. $\overrightarrow{OP_3}$ + proj. $\overrightarrow{P_3P}$

$\overline{OP_1} = \overline{OP_3} \cdot \cos \alpha + \overline{P_3P} \cdot \cos\left(\dfrac{\pi}{2} + \alpha\right)$

$$\boxed{x = X \cdot \cos \alpha - Y \cdot \operatorname{sen} \alpha}$$

2º) $\overrightarrow{OP} = \overrightarrow{OP_4} + \overrightarrow{P_4P}$

Projetando os três segmentos sobre Oy, vem:

proj. $\overrightarrow{OP}$ = proj. $\overrightarrow{OP_4}$ + proj. $\overrightarrow{P_4P}$

$\overline{OP_2} = \overline{OP_4} \cdot \cos \alpha + \overline{P_4P} \cdot \cos\left(\dfrac{\pi}{2} + \alpha\right)$

$$\boxed{y = X \cdot \operatorname{sen} \alpha + Y \cdot \cos \alpha}$$

Existe uma outra forma de apresentar estas relações, utilizando matrizes:

$$\begin{bmatrix} x \\ y \end{bmatrix} = \begin{bmatrix} \cos \alpha & -\operatorname{sen} \alpha \\ \operatorname{sen} \alpha & \cos \alpha \end{bmatrix} \begin{bmatrix} X \\ Y \end{bmatrix}$$

ou ainda

$$\begin{bmatrix} X \\ Y \end{bmatrix} = \begin{bmatrix} \cos \alpha & \operatorname{sen} \alpha \\ -\operatorname{sen} \alpha & \cos \alpha \end{bmatrix} \begin{bmatrix} x \\ y \end{bmatrix}$$

Por exemplo, se P = (2, 3) e o sistema sofre uma rotação α de 60°, as novas coordenadas de P serão:

$$\begin{bmatrix} X \\ Y \end{bmatrix} = \begin{bmatrix} \cos 60° & \operatorname{sen} 60° \\ -\operatorname{sen} 60° & \cos 60° \end{bmatrix} \begin{bmatrix} 2 \\ 3 \end{bmatrix} =$$

$$= \begin{bmatrix} \dfrac{1}{2} & \dfrac{\sqrt{3}}{2} \\ -\dfrac{\sqrt{3}}{2} & \dfrac{1}{2} \end{bmatrix} \begin{bmatrix} 2 \\ 3 \end{bmatrix} = \begin{bmatrix} 1 + \dfrac{3\sqrt{3}}{2} \\ -\sqrt{3} + \dfrac{3}{2} \end{bmatrix}$$

ou seja: $X = 1 + \dfrac{3\sqrt{3}}{2}$ e $Y = -\sqrt{3} + \dfrac{3}{2}$.

DISTÂNCIA DE PONTO A RETA

LEITURA

Fermat, o grande amador da Matemática, e a geometria analítica

Hygino H. Domingues

Grandezas variáveis como velocidade, aceleração e densidade, por exemplo, envolvendo a ideia intuitiva de intensidade, eram chamadas, no século XIV, de "formas".

Nicole de Oresme (1313-1382), considerado o mais importante matemático de sua época, talvez inspirando-se na tradição grega de associar o contínuo à geometria, teve a ideia de representar graficamente a variação de uma forma.

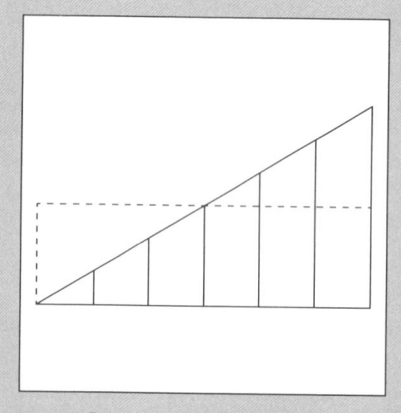

Assim, no caso de um corpo que se move a partir do repouso com aceleração constante, marcou sobre uma linha reta horizontal os valores do tempo (longitudes) e representou as velocidades correspondentes por segmentos perpendiculares à reta (latitudes). Comprovou então que os segmentos formam um triângulo retângulo, posto que suas extremidades superiores estão alinhadas; e que a velocidade no instante médio é a metade da velocidade no instante final.

Segundo tudo indica, parece ter sido essa a forma em que foi usada pela primeira vez a ideia de representação gráfica de uma função mediante coordenadas. Mas tendo parado praticamente por aí nesse assunto, Oresme deve ser visto apenas como um precursor da geometria analítica. Aliás, a criação desse novo campo dependia de progressos matemáticos (especialmente na álgebra) que ainda demorariam cerca de dois séculos. Dependia ainda da genialidade de alguém: no caso, de Pierre de Fermat (1601-1665) e René Descartes (1596-1650), cada um a seu modo, em trabalhos independentes.

Francês da cidadezinha de Beaumont-de-Lomagne, Fermat cursou Direito em Toulouse, em cujo parlamento começou a trabalhar em 1631 — primeiro como advogado, posteriormente como conselheiro. Pelo zelo com que se dedicava às duas atividades profissionais, dificilmente se poderia adivinhar que sua vocação era a matemática (cultivada, com grande talento, nas horas de lazer).

Ninguém como Fermat contribuiu tanto para o progresso da matemática em sua época. Participou com grande brilho da criação da geometria analítica, do cálculo diferencial e integral e da teoria das probabilidades; e foi, sem sombra de dúvida, o grande nome da fase inicial da moderna teoria dos números. Mas, parte por sua condição de amador, parte por sua grande modéstia, recusava-se sistematicamente a publicar seus trabalhos. E se estes são conhecidos hoje é porque ficaram registrados em margens de livros, folhas avulsas e cartas.

Pierre de Fermat (1601-1665).

A geometria analítica de Fermat talvez seja um subproduto da tarefa que empreendeu a partir de 1629 de reconstruir o desaparecido *Lugares planos*, de Apolônio, mediante referências contidas na *Coleção matemática*, de Papus. E é o assunto do pequeno tratado *Introdução aos lugares planos e sólidos*, concluído no máximo em 1636, mas só publicado em 1679. Pois nesse trabalho, ao anunciar que dada uma equação em duas variáveis uma destas descreve uma reta ou uma curva, revelava estar de posse do princípio fundamental do novo método. E ele próprio mostrou que uma equação geral $ax + by = c$, em que $a \neq 0$ ou $b \neq 0$ (notação atual) representava uma reta; e que equações do segundo grau em duas variáveis podem ser círculos, elipses, parábolas ou hipérboles.

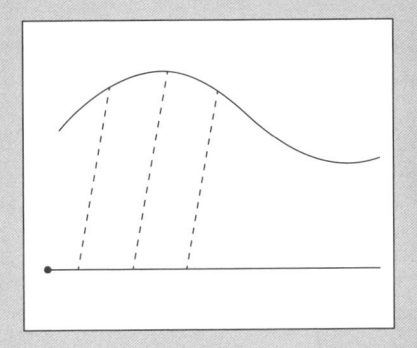

Fermat não usava um par de eixos, mas apenas uma semirreta positiva, e suas ordenadas tinham a mesma inclinação. A correspondência biunívoca entre o conjunto dos números reais positivos (único que usava) e a semirreta era algo subentendido e muito vago. Ademais, Fermat usava a superada notação de Viète. E como não publicava, a geometria analítica hoje é conhecida apenas como "cartesiana".

CAPÍTULO V

Circunferências

I. Equação reduzida

99. Definição

Dados um ponto C, pertencente a um plano α, e uma distância r não nula, chama-se **circunferência** o conjunto dos pontos de α que estão à distância r do ponto C.

circunferência = $\{P \in \alpha \mid PC = r\}$

100. Consideremos a circunferência λ de centro C(a, b) e raio r.

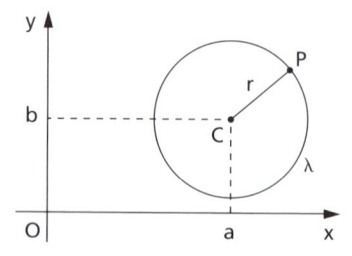

Um ponto P(x, y) pertence a λ se, e somente se, a distância PC é igual ao raio r.

$$P \in \lambda \Leftrightarrow PC = r$$

CIRCUNFERÊNCIAS

Chama-se equação da circunferência aquela que é satisfeita exclusivamente pelos pontos P(x, y) pertencentes à curva. É imediato que um ponto genérico $P \in \lambda$ verifica a condição PC = r. Portanto, temos:

$$P \in \lambda \Leftrightarrow PC = r \Leftrightarrow \sqrt{(x-a)^2 + (y-b)^2} = r$$

e, daí, vem a equação reduzida da circunferência

$$\boxed{(x - a)^2 + (y - b)^2 = r^2} \quad (1)$$

Assim, por exemplo, a circunferência de centro C(5, 6) e raio r = 2 tem equação $(x - 5)^2 + (y - 6)^2 = 4$; a circunferência de centro C(−1, −2) e raio r = 3 tem equação $(x + 1)^2 + (y + 2)^2 = 9$; a circunferência de centro C(0, 0) e raio r = 4 tem equação $x^2 + y^2 = 16$.

Inversamente, toda equação da forma (1), com $r^2 > 0$, representa em um sistema cartesiano ortogonal uma circunferência de centro C(a, b) e raio r.

Assim, por exemplo, a equação $(x - 2)^2 + (y - 3)^2 = 1$ representa uma circunferência de centro C(2, 3) e raio r = 1; a equação $(x + 2)^2 + (y + 3)^2 = 1$ representa uma circunferência de centro C(−2, −3) e raio r = 1; a equação $x^2 + y^2 = 1$ representa uma circunferência de centro C(0, 0) e raio r = 1.

EXERCÍCIOS

248. Determine a equação de cada uma das circunferências abaixo.

a) [circunferência de centro (0,0) e raio 1]
b) [circunferência de centro (1,1) e raio 1]
c) [circunferência de centro (2,1) e raio 1]

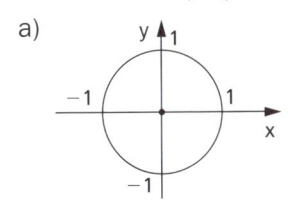

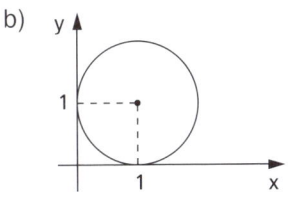

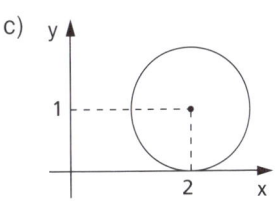

249. Determine a equação da circunferência de centro C e raio r nos seguintes casos:

1º) C(3, 5) e r = 7
2º) C(0, 0) e r = 9
3º) C(−2, −1) e r = 5
4º) C(−3, 5) e r = 1
5º) C(0, 2) e r = 2
6º) $C\left(\dfrac{1}{3}, \dfrac{2}{3}\right)$ e r = 4

CIRCUNFERÊNCIAS

250. Qual é a equação da circunferência de centro C(2, −1) que passa por P(3, 3)?

251. Qual é a equação da circunferência de centro C(−2, 5) que é tangente ao eixo dos *y*?

252. Qual é a equação da circunferência de centro C(3, −4) e que passa pela origem?

II. Equação normal

101. Desenvolvendo a equação reduzida (1), obtemos:

$(x^2 - 2ax + a^2) + (y^2 - 2by + b^2) = r^2$

isto é,

$$x^2 + y^2 - 2ax - 2by + (a^2 + b^2 - r^2) = 0 \quad (2)$$

chamada equação normal da circunferência.

Assim, por exemplo, a equação $x^2 + y^2 - 2x - 2y - 7 = 0$ representa uma circunferência de centro C(1, 1) e raio r = 3, pois equivale a $(x - 1)^2 + (y - 1)^2 = 9$.

III. Reconhecimento

102. Vamos examinar agora um problema importantíssimo: "dada uma equação do 2º grau, em *x* e *y*, com coeficientes reais

$$Ax^2 + By^2 + Cxy + Dx + Ey + F = 0 \quad (3)$$

pergunta-se:

1) Quais são as condições que A, B, C, D, E, F devem satisfazer para que ela represente uma circunferência?
2) Quais são as coordenadas do centro?
3) Qual é o raio?"

CIRCUNFERÊNCIAS

Para resolver o problema, comparemos as equações:

$$x^2 + y^2 - 2ax - 2by + (a^2 + b^2 - r^2) = 0 \quad (2)$$

$$x^2 + \frac{B}{A}y^2 + \frac{C}{A}xy + \frac{D}{A}x + \frac{E}{A}y + \frac{F}{A} = 0 \quad (3')$$

Notemos que (2) é certamente a equação de uma circunferência e (3') foi obtida dividindo (3) por A (suposto não nulo), portanto (3') equivale a (3).

Para que as equações (2) e (3') representem a mesma curva (circunferência), devem ser satisfeitas pelos mesmos pares ordenados (x, y), isto é, devem ser equivalentes e, para isso, devem apresentar coeficientes respectivamente iguais:

termo $y^2 \to \frac{B}{A} = 1 \Rightarrow B = A \neq 0$

termo $xy \to \frac{C}{A} = 0 \Rightarrow C = 0$

termo $x \to \frac{D}{A} = -2a \Rightarrow a = -\frac{D}{2A}$

termo $y \to \frac{E}{A} = -2b \Rightarrow b = -\frac{E}{2A}$

termo independente $\to \frac{F}{A} = a^2 + b^2 - r^2 \Rightarrow r^2 = a^2 + b^2 - \frac{F}{A} =$

$= \frac{D^2}{4A^2} + \frac{E^2}{4A^2} - \frac{F}{A} = \frac{D^2 + E^2 - 4AF}{4A^2}$

Notemos que r é número real positivo e então $r^2 > 0$.

Portanto, $D^2 + E^2 - 4AF > 0$

é condição necessária para a existência da circunferência.

Vamos responder às três perguntas feitas pelo problema:

1) $\boxed{B = A \neq 0, \ C = 0, \ D^2 + E^2 - 4AF > 0}$

Quer dizer que uma equação do 2º grau só representa circunferência se x^2 e y^2 tiverem coeficientes iguais, se não existir termo misto xy e se $r^2 = \frac{D^2 + E^2 - 4AF}{4A^2}$ for real e positivo

CIRCUNFERÊNCIAS

2) $\text{centro}\left(-\dfrac{D}{2A}, -\dfrac{E}{2A}\right)$

3) $\text{raio} = \dfrac{\sqrt{D^2 + E^2 - 4AF}}{2 \cdot |A|}$

103. Observações

1ª) Se uma das três condições necessárias

$(A = B \neq 0, \quad C = 0, \quad D^2 + E^2 - 4AF > 0)$

não for satisfeita, a equação $Ax^2 + By^2 + Cxy + Dx + Ey + F = 0$ não representa circunferência mas pode representar uma cônica ou a reunião de duas retas ou um ponto ou o conjunto vazio. Sobre este assunto deve-se ler o item 173 deste livro.

2ª) Quando a equação de uma circunferência apresenta x^2 e y^2 com coeficientes unitários $(A = B = 1)$, as coordenadas do centro e o raio podem ser calculados assim:

$a = -\dfrac{D}{2}, \quad b = -\dfrac{E}{2}, \quad r = \sqrt{a^2 + b^2 - F}$

3ª) Outro processo prático, quando $A = B = 1$, para obter o centro e o raio de uma circunferência é passar a equação para a forma reduzida $(x - a)^2 + (y - b)^2 = r^2$, em que a leitura de a, b, r é imediata.

104. Exemplos:

1º) Qual das equações abaixo representa uma circunferência?

a) $x^2 + 3y^2 - 5x - 7y - 1 = 0$
b) $x^2 + y^2 + xy - 4x - 6y - 9 = 0$
c) $3x^2 + 3y^2 + 4x - 6y + 15 = 0$
d) $x^2 + y^2 - 2x - 2y + 2 = 0$
e) $2x^2 + 2y^2 - 4x - 6y - 3 = 0$

Solução

a) Não, porque $A = 1$ e $B = 3$ (x^2 e y^2 não têm coeficientes iguais).

b) Não, porque $C = 1$ (existe termo misto xy).

c) Não, porque $D^2 + E^2 - 4AF = 16 + 36 - 180 = -138 < 0$
(o raio seria um número complexo).

d) Não, porque $D^2 + E^2 - 4AF = 4 + 4 - 8 = 0$ (o raio seria nulo).

e) Sim, porque $A = B = 2$, $C = 0$, $D^2 + E^2 - 4AF = 16 + 36 + 24 = 76 > 0$.

2º) Achar o centro e o raio da circunferência λ cuja equação é
$x^2 + y^2 - 2x + y - 1 = 0$

Solução

Temos $A = B = 1$, $D = -2$, $E = 1$, $F = -1$, então:

$$a = -\frac{D}{2} = 1, \quad b = -\frac{E}{2} = -\frac{1}{2}, \quad r^2 = a^2 + b^2 - F = 1 + \frac{1}{4} + 1 = \frac{9}{4} = \frac{3}{2}$$

Resposta: centro $\left(1, -\frac{1}{2}\right)$ e raio $= \frac{3}{2}$.

3º) Obter o centro e o raio da circunferência λ cuja equação é
$4x^2 + 4y^2 - 4x - 12y + 6 = 0$

Solução

Dividimos a equação por 4:

$x^2 + y^2 - x - 3y + \frac{3}{2} = 0$

e aplicamos as fórmulas simplificadas:

$$a = -\frac{D}{2} = \frac{1}{2}, \quad b = -\frac{E}{2} = \frac{3}{2}$$

$$r^2 = a^2 + b^2 - F = \frac{1}{4} + \frac{9}{4} - \frac{3}{2} = 1$$

Resposta: centro $\left(\frac{1}{2}, \frac{3}{2}\right)$ e raio $= 1$.

CIRCUNFERÊNCIAS

EXERCÍCIOS

253. Determine o centro e o raio das seguintes circunferências:
1ª) $x^2 + y^2 - 4x + 4y - 1 = 0$
2ª) $x^2 + y^2 + 2x - 15 = 0$
3ª) $x^2 + y^2 - 6y + 8 = 0$
4ª) $2x^2 + 2y^2 + 8x + 8y - 34 = 0$
5ª) $x^2 + y^2 + 2x - 4y - 44 = 0$

254. Quais as coordenadas do centro da circunferência $x^2 + y^2 + 4x - 2y = 3$?

255. Se $Ax^2 + Ay^2 + Bx + Cy + D = 0$ ($A \neq 0$) é a equação de uma circunferência, determine o centro e o raio.

256. Forneça a equação da circunferência simétrica de $x^2 + y^2 - 3x - 5y - 7 = 0$ em relação ao eixo das ordenadas.

257. Qual é o ponto simétrico da origem com relação ao centro da circunferência $x^2 + y^2 + 2x + 4y = r^2$?

258. Ache a equação da reta que passa pelo centro da circunferência $(x + 3)^2 + (y - 2)^2 = 25$ e é perpendicular à reta $3x - 2y + 7 = 0$.

259. Qual é o ponto da circunferência $(x - 4)^2 + (y + 3)^2 = 1$ que tem ordenada máxima?

260. Para que valores de *m* e *k* a equação $mx^2 + y^2 + 4x - 6y + k = 0$ representa uma circunferência?

> **Solução**
>
> $A = B \Rightarrow m = 1$
>
> $D^2 + E^2 - 4AF > 0 \Rightarrow 16 + 36 - 4mk > 0 \Rightarrow 16 + 36 > 4k \Rightarrow$
>
> $\Rightarrow k < \dfrac{52}{4} \Rightarrow k < 13$
>
> Resposta: $m = 1$ e $k < 13$.

261. Para que valores de *m* e *k* a equação abaixo representa uma circunferência?

1ª) $mx^2 + y^2 + 10x - 8y + k = 0$
2ª) $mx^2 + 2y^2 + 24x + 24y - k = 0$
3ª) $4x^2 + my^2 - 4x + 3k = 0$

262. Determine *a*, *b* e *c* de modo que a equação $36x^2 + ay^2 + bxy + 24x - 12y + c = 0$ represente uma circunferência.

263. Determine α, β e γ de modo que a equação $\alpha x^2 + y^2 + \beta xy + 6x + 8y + \gamma = 0$ represente uma circunferência de raio 6.

> **Solução**
>
> 1º) Vamos impor duas condições necessárias para que a equação represente circunferência:
>
> $A = B \Rightarrow \alpha = 1$
> $C = 0 \Rightarrow \beta = 0$
>
> 2º) Se r = 6, temos:
>
> $r^2 = \dfrac{D^2 + E^2 - 4AF}{4A^2} = \dfrac{36 + 64 - 4\gamma}{4} = 36 \Rightarrow \gamma = \dfrac{36 + 64 - 144}{4} = -11$
>
> Resposta: $\alpha = 1$, $\beta = 0$ e $\gamma = -11$.

264. Qual deve ser a relação entre *m*, *n* e *p* para que a circunferência de equação $x^2 + y^2 - mx - ny + p = 0$ passe pela origem?

> **Solução**
>
> 1º) Para que a circunferência passe pela origem, o ponto (0, 0) deve anular o 1º membro da equação, portanto:
>
> $0^2 + 0^2 - m \cdot 0 - n \cdot 0 + p = 0 \Rightarrow p = 0$
>
> 2º) Para que a circunferência exista, devemos impor:
>
> $D^2 + E^2 - 4AF = m^2 + n^2 - 4 \cdot 1 \cdot 0 = m^2 + n^2 > 0$
>
> Resposta: $p = 0$ e $m^2 + n^2 > 0$.

CIRCUNFERÊNCIAS

265. Qual deve ser a relação entre m, n e p para que a circunferência de equação $x^2 + y^2 - mx - ny + p = 0$ tenha centro na origem?

Solução

1º) Para que a circunferência tenha centro na origem devemos impor:

$a = -\dfrac{D}{2A} = \dfrac{m}{2} = 0 \Rightarrow m = 0$

$b = -\dfrac{E}{2A} = \dfrac{n}{2} = 0 \Rightarrow n = 0$

2º) Para que a circunferência exista, devemos impor:

$D^2 + E^2 - 4AF = 0^2 + 0^2 - 4 \cdot 1 \cdot p > 0 \Rightarrow p < 0$

Resposta: $m = n = 0$ e $p < 0$.

266. Dada a circunferência de equação $x^2 + y^2 - mx - ny + p = 0$, obtenha a relação entre m, n e p para que a circunferência tangencie os eixos.

267. Dada a circunferência de equação $x^2 + y^2 - ax - by + c = 0$, que condições a, b e c devem satisfazer para que ela seja tangente ao eixo dos x?

268. Um quadrado tem vértices consecutivos $A(3, 3)$ e $B(4, 2)$. Determine a equação da circunferência circunscrita ao quadrado.

IV. Ponto e circunferência

105. Vamos resolver o problema: "dados um ponto $P(x_0, y_0)$ e uma circunferência λ de equação $(x - a)^2 + (y - b)^2 = r^2$, qual é a posição de P em relação a λ?".

Calculemos a distância de $P(x_0, y_0)$ até o centro $C(a, b)$ e comparemos com o raio r.

São possíveis três casos:

1º caso: P é exterior a λ.
Isto ocorre se, e somente se, $PC > r$

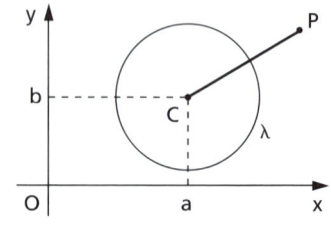

isto é,

$(x_0 - a)^2 + (y_0 - b)^2 > r^2$

ou ainda $\boxed{(x_0 - a)^2 + (y_0 - b)^2 - r^2 > 0}$

2º caso: P pertence a λ.
Isto ocorre se, e somente se, PC = r
isto é,

$(x_0 - a)^2 + (y_0 - b)^2 = r^2$

ou ainda

$\boxed{(x_0 - a)^2 + (y_0 - b)^2 - r^2 = 0}$

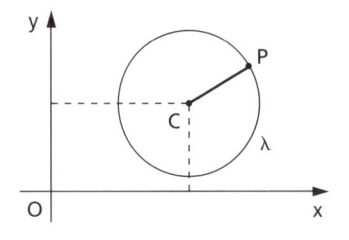

3º caso: P é interior a λ.
Isto ocorre se, e somente se, PC < r
isto é,

$(x_0 - a)^2 + (y_0 - b)^2 < r^2$

ou ainda

$\boxed{(x_0 - a)^2 + (y_0 - b)^2 - r^2 < 0}$

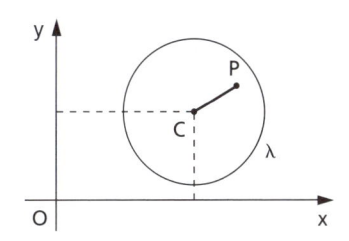

Podemos resumir esta teoria assim: dada a circunferência λ de equação $x^2 + y^2 - 2ax - 2by + a^2 + b^2 - r^2 = 0$, seja f(x, y) o polinômio do primeiro membro, isto é:

$f(x, y) = (x - a)^2 + (y - b)^2 - r^2$

Quando é dado $P(x_0, y_0)$, cuja posição em relação a λ queremos determinar, substituímos (x_0, y_0) em f, isto é, calculamos:

$f(x_0, y_0) = (x_0 - a)^2 + (y_0 - b)^2 - r^2$

então, conforme vimos:

$f(x_0, y_0) > 0 \Leftrightarrow$ P exterior a λ
$f(x_0, y_0) = 0 \Leftrightarrow$ P ∈ λ
$f(x_0, y_0) < 0 \Leftrightarrow$ P interior a λ

CIRCUNFERÊNCIAS

106. Exemplos:

1º) Qual é a posição de P(2, 3) e $\lambda: x^2 + y^2 - 4x = 0$?

Temos $f(x, y) = x^2 + y^2 - 4x$

Então:

$f(2, 3) = 2^2 + 3^2 - 4 \cdot 2 = 5 > 0 \Rightarrow$ P exterior a λ

2º) Qual é a posição de P(0, 0) e $\lambda: x^2 + y^2 - \sqrt{3}x + \sqrt{2}y = 0$?

Temos $f(x, y) = x^2 + y^2 - \sqrt{3}x + \sqrt{2}y$

Então:

$f(0, 0) = 0^2 + 0^2 - \sqrt{3} \cdot 0 + \sqrt{2} \cdot 0 = 0 \Rightarrow P \in \lambda$

3º) Determinar a posição de P(0, 1) e $\lambda: 2x^2 + 2y^2 + 5x + y - 11 = 0$.

Temos $f(x, y) = 2x^2 + 2y^2 + 5x + y - 11 = 0$

Então:

$f(0, 1) = 2 \cdot 0^2 + 2 \cdot 1^2 + 5 \cdot 0 + 1 - 11 = -8 < 0 \Rightarrow$ P interior a λ

107. Notemos que substituir $P(x_0, y_0)$ na função $f(x, y)$ é muito mais simples que calcular PC e comparar com o raio r, pois obter C e r é uma operação trabalhosa, principalmente se a equação da circunferência tiver coeficientes irracionais.

EXERCÍCIOS

269. Qual é a posição do ponto P(3, 2) em relação à circunferência

$(x - 1)^2 + (y - 1)^2 = 4$?

Solução

A equação da circunferência fica:

$f(x, y) = x^2 + y^2 - 2x - 2y - 2 = 0$

CIRCUNFERÊNCIAS

> Substituindo as coordenadas de P no 1º membro:
>
> $f(3, 2) = 3^2 + 2^2 - 2 \cdot 3 - 2 \cdot 2 - 2 = 9 + 4 - 6 - 4 - 2 = 1 > 0$
>
> Resposta: P é exterior.

270. Qual é a posição do ponto $A(1, \sqrt{2})$ em relação à circunferência $x^2 + y^2 - 4x - 4y + 4 = 0$?

271. Determine a posição de P em relação à circunferência λ nos seguintes casos:
1º) $P(-1, -4)$ e $(\lambda) \; x^2 + y^2 - 6x + 4y + 3 = 0$
2º) $P(1, 1)$ e $(\lambda) \; x^2 + y^2 + 2y - 80 = 0$
3º) $P(0, 0)$ e $(\lambda) \; 16x^2 + 16y^2 + 16\sqrt{2}x - 8y - 71 = 0$

272. Determine p de modo que o ponto $A(7, 9)$ seja exterior à circunferência de equação $x^2 + y^2 - 2x - 2y - p = 0$.

> **Solução**
>
> Fazendo $f(x, y) = x^2 + y^2 - 2x - 2y - p$, devemos ter: $f(7, 9) > 0$
> $f(7, 9) = 7^2 + 9^2 - 2 \cdot 7 - 2 \cdot 9 - p = 98 - p > 0$
>
> portanto: $p < 98$.
>
> Para a existência da circunferência, devemos ter
>
> $D^2 + E^2 - 4AF = 4 + 4 + 4p > 0 \Rightarrow p > -2$.
>
> Resposta: $-2 < p < 98$.

V. Inequações do 2º grau

108. A principal consequência da teoria que acabamos de expor é o método para resolver inequações do 2º grau da forma:

$f(x, y) \begin{array}{c} > \\ = \\ < \end{array} 0,$

em que $f(x, y) = 0$ é equação de uma circunferência com coeficiente de x^2 positivo.

CIRCUNFERÊNCIAS

Dada a circunferência λ de equação f(x, y) = 0, o plano cartesiano fica dividido em três subconjuntos:

a) subconjunto dos pontos (x, y) exteriores a λ, que é a solução para f(x, y) > 0.

b) subconjunto dos pontos (x, y) pertencentes a λ, que é a solução para f(x, y) = 0.

c) subconjunto dos pontos (x, y) interiores a λ, que é a solução para f(x, y) < 0.

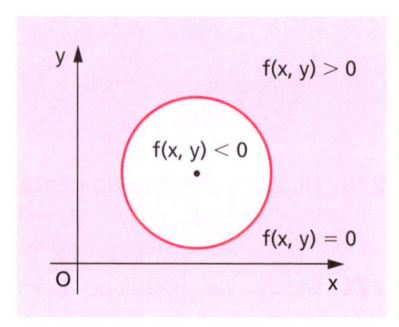

109. Exemplos:

1º) Resolver a inequação $x^2 + y^2 - 4x - 4y + 5 < 0$.

Temos:

$f(x, y) = x^2 + y^2 - 4x - 4y + 5$ e $f(x, y) = 0$ é a equação da circunferência λ de centro C(2, 2) e raio $r = \sqrt{3}$.

O conjunto dos pontos que tornam f(x, y) < 0 é o conjunto dos pontos interiores a λ (círculo aberto ou disco aberto).

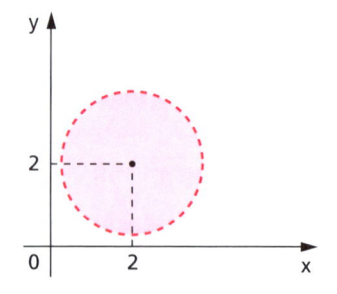

2º) Resolver a inequação $x^2 + y^2 \leq 1$.

Temos:

$f(x, y) = x^2 + y^2 - 1$ e $f(x, y) = 0$ é a equação da circunferência λ de centro C(0, 0) e raio $r = 1$.

O conjunto dos pontos que tornam $f(x, y) \leq 0$ é o conjunto dos pontos de λ reunido com o dos pontos interiores a λ (círculo).

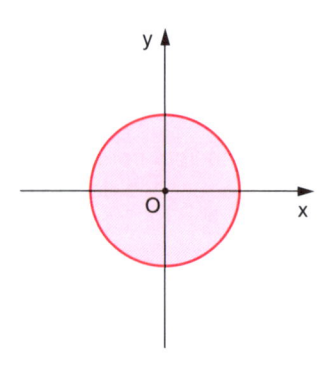

3º) Resolver a inequação $x^2 + y^2 - 2x - 2y + 1 \geq 0$.

Temos:

$f(x, y) = x^2 + y^2 - 2x - 2y + 1$ e $f(x, y) = 0$ representa uma circunferência λ de centro $C(1, 1)$ e raio $r = 1$.

O conjunto solução de $f(x, y) = 0$ é o plano cartesiano menos o conjunto dos pontos interiores a λ.

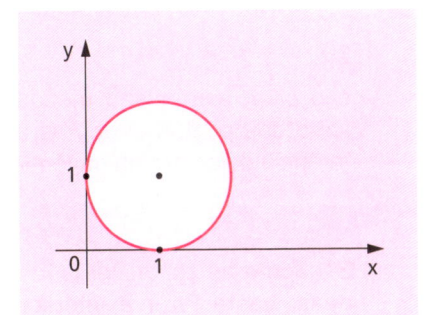

EXERCÍCIOS

273. Resolva as seguintes inequações:
1ª) $x^2 + y^2 \leq 16$
2ª) $x^2 + y^2 \geq 9$
3ª) $x^2 + y^2 - 4x + 2y + 1 < 0$
4ª) $x^2 + y^2 + 2x - 6y + 9 > 0$

274. Calcule a área do círculo que é a solução de $x^2 + y^2 - 4x + 6y + 8 \leq 0$.

275. Resolva o sistema de inequações: $\begin{cases} x^2 + y^2 \leq 25 \\ x^2 + y^2 \geq 4 \end{cases}$

Solução

1º) O conjunto solução da inequação

$f(x, y) = x^2 + y^2 - 25 \leq 0$

é o círculo de centro na origem e raio 5.

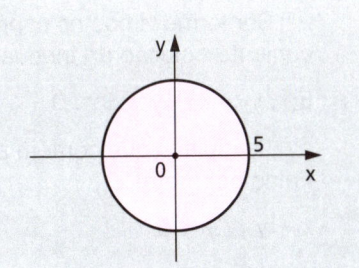

CIRCUNFERÊNCIAS

2º) O conjunto solução da inequação

$g(x, y) = x^2 + y^2 - 4 \geq 0$

é o plano cartesiano menos o conjunto dos pontos interiores à circunferência de centro na origem e raio 2.

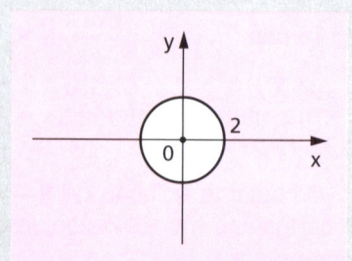

3º) Como as condições são simultâneas, basta fazer a interseção dos dois conjuntos já obtidos.

Resposta: O conjunto solução do sistema é a coroa circular da figura ao lado.

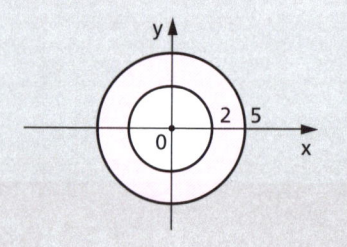

276. Resolva o sistema de inequações: $\begin{cases} x^2 + y^2 \leq 9 \\ x + y \leq 3 \end{cases}$

Solução

1º) Conforme vimos, o conjunto solução da inequação

$f(x, y) = x^2 + y^2 - 9 \leq 0$

é o círculo de centro na origem e raio 3.

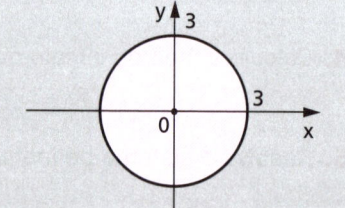

2º) Conforme vimos no capítulo V, que o conjunto solução da inequação

$E(x, y) = x + y - 3 \leq 0$

é o semiplano que contém a origem, definido pela reta

$x + y - 3 = 0$

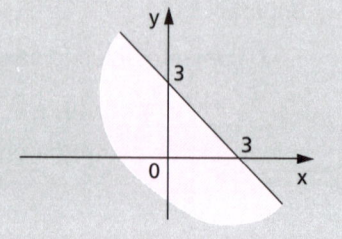

3º) Como as inequações são simultâneas, basta fazer a interseção dos dois conjuntos já obtidos.

Resposta: O conjunto solução do sistema é o segmento circular da figura ao lado.

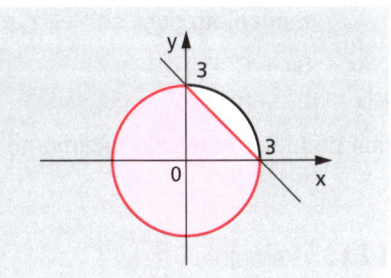

277. Resolva os seguintes sistemas:

1º) $\begin{cases} x^2 + y^2 \geq 4 \\ x^2 + y^2 \leq 9 \end{cases}$
3º) $\begin{cases} x^2 + y^2 - 4x + 6y + 9 \leq 0 \\ x^2 + y^2 - 6x + 6y + 14 \geq 0 \end{cases}$

2º) $\begin{cases} x^2 + y^2 \geq 4 \\ (x + 1)^2 + y^2 \leq 4 \end{cases}$
4º) $\begin{cases} x^2 + y^2 - 4x - 2y - 20 \leq 0 \\ x^2 + y^2 + 6x + 10y + 18 \leq 0 \end{cases}$

278. Qual é a representação gráfica do sistema $x^2 + y^2 > 9$ ou $x^2 + y^2 < 25$ no plano cartesiano?

279. Ache a região do plano de pontos P, cujas coordenadas (x, y) satisfazem as relações $x + y \leq 3$ e $x^2 + y^2 \leq 81$. Faça o gráfico da solução.

280. Dados os conjuntos:
A = {(x, y) | $x^2 + y^2 \leq 4$}
B = {(x, y) | $x - y \leq k$}
determine k para que A seja subconjunto de B.

281. São dados os conjuntos:
A = {(x, y) | $x^2 + y^2 - 4x + 10y \leq -25$}
B = {(x, y) | $3x + 4y \leq k$}
a) Determine os valores de k para os quais A é um subconjunto de B.
b) Determine os valores de k para os quais A e B são disjuntos.

VI. Reta e circunferência

110. Interseção

Dadas uma reta s: $Ax + By + C = 0$ e uma circunferência $\lambda: (x - a)^2 + (y - b)^2 = r^2$, achar a interseção de r com λ é determinar os pontos P(x, y) que pertencem às duas curvas.

CIRCUNFERÊNCIAS

É imediato que, se P ∈ r e P ∈ λ, P satisfaz o sistema:

$$\begin{cases} Ax + By + C = 0 \\ (x - a)^2 + (y - b)^2 = r^2 \end{cases}$$

que pode ser resolvido facilmente por substituição.

111. Exemplos:

1º) Obter a interseção de s: $y = x$ com λ: $x^2 + y^2 = 2$.
Substituindo, temos:

$$x^2 + (x)^2 = 2 \Rightarrow 2x^2 = 2 \Rightarrow \begin{cases} x = 1 = y \\ \text{ou} \\ x = -1 = y \end{cases}$$

Os pontos comuns a s e λ são P(1, 1) e Q(−1, −1).
Resposta: s ∩ λ = {(1, 1), (−1, −1)}.

2º) Obter a interseção de t: $y = x - 2$ com λ: $x^2 + y^2 = 2$.
Substituindo, temos:

$$x^2 + (x - 2)^2 = 2 \Rightarrow 2x^2 - 4x + 2 = 0 \Rightarrow x = 1 \Rightarrow y = -1$$

Só há um ponto comum a t e λ, que é P(1, −1).
Resposta: t ∩ λ = {(1, −1)}.

3º) Obter a interseção de e: $y = x - 3$ com λ: $x^2 + y^2 = 2$.
Substituindo, temos:

$$x^2 + (x - 3)^2 = 2 \Rightarrow 2x^2 - 6x + 7 = 0 \Rightarrow \nexists x \in \mathbb{R}$$

Não há ponto comum a e e λ.
Resposta: e ∩ λ = ∅.

A interpretação geométrica que podemos dar a esses exemplos é clara:

s e λ são secantes
t e λ são tangentes
e e λ são exteriores

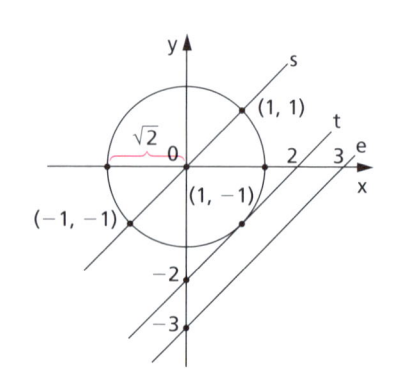

112. Posições relativas

A posição relativa de uma reta s: $Ax + By + C = 0$ e uma circunferência $\lambda: (x - a)^2 + (y - b)^2 = r^2$ é determinada pesquisando o número de soluções do sistema:

$$\begin{cases} Ax + By + C = 0 \\ (x - a)^2 + (y - b)^2 = r^2 \end{cases}$$

Conforme vimos, aplicando o método da substituição, a equação da circunferência se reduz a uma equação do 2º grau a uma incógnita.

É o discriminante (Δ) dessa equação que define o número de soluções do sistema e, portanto, a posição da reta e da circunferência.

$\Delta > 0 \Leftrightarrow$ secantes

$\Delta = 0 \Leftrightarrow$ tangentes

$\Delta < 0 \Leftrightarrow$ exteriores

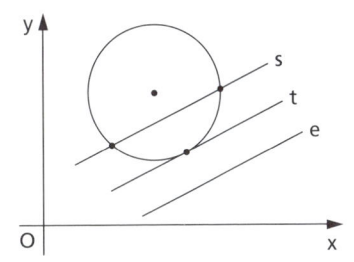

113. Exemplos:

1º) A reta $y = 2x + 1$ e a circunferência $x^2 + y^2 - 2x = 0$ são exteriores pois, substituindo y, temos:

$x^2 + (2x + 1)^2 - 2x = 0 \Rightarrow 5x^2 + 2x + 1 = 0$

$\Delta = b^2 - 4ac = 4 - 20 = -16 < 0$

2º) A reta $3x + 4y = 0$ e a circunferência $x^2 + y^2 + x + y - 1 = 0$ são secantes pois, substituindo y, temos:

$x^2 + \left(-\dfrac{3x}{4}\right)^2 + x + \left(-\dfrac{3x}{4}\right) - 1 = 0 \Rightarrow 25x^2 + 4x - 16 = 0$

$\Delta = 4^2 - 4(25)(-16) = 1616 > 0$

114.
A posição relativa de uma reta u: $Ax + By + C = 0$ e uma circunferência $\lambda: (x - a)^2 + (y - b)^2 = r^2$ pode ser determinada com mais facilidade comparando a distância entre o centro e a reta com o raio. São possíveis três casos:

CIRCUNFERÊNCIAS

1º caso:

$\left|\dfrac{Aa + Bb + C}{\sqrt{A^2 + B^2}}\right| < r \Leftrightarrow$ secantes

2º caso:

$\left|\dfrac{Aa + Bb + C}{\sqrt{A^2 + B^2}}\right| = r \Leftrightarrow$ tangentes

3º caso:

$\left|\dfrac{Aa + Bb + C}{\sqrt{A^2 + B^2}}\right| > r \Leftrightarrow$ exteriores

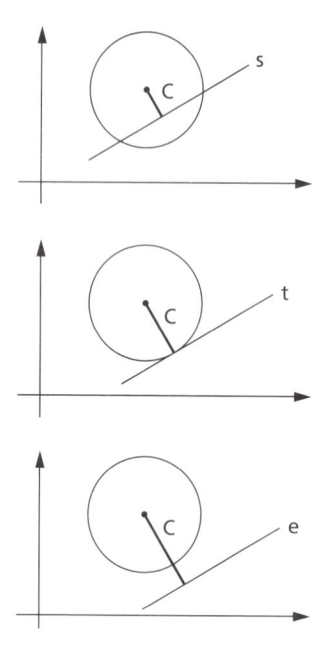

Assim, por exemplo, qual é a posição da reta $u: 3x + 4y - 10 = 0$ e da circunferência $\lambda: x^2 + y^2 = 9$?

$d_{u, c} = \left|\dfrac{3(0) + 4(0) - 10}{\sqrt{3^2 + 4^2}}\right| = 2 < 3 = r$

então u e λ são secantes.

EXERCÍCIOS

282. Calcule a distância do centro da circunferência $x^2 + y^2 + 4x - 4y - 17 = 0$ à reta $12x + 5y = 0$.

283. Qual é a posição da reta $r: 4x + 3y = 0$ em relação à circunferência $x^2 + y^2 + 5x - 7y - 1 = 0$?

Solução 1

Da 1ª equação $x = -\dfrac{3y}{4}$; substituindo na segunda:

$\left(-\dfrac{3y}{4}\right)^2 + y^2 + 5\left(-\dfrac{3y}{4}\right) - 7y - 1 = 0$

$9y^2 + 16y^2 - 60y - 112y - 16 = 0$

$25y^2 - 172y - 16 = 0 \Rightarrow \Delta = b^2 - 4ac > 0 \Rightarrow r$ é secante

Solução 2

A circunferência tem centro $C\left(-\dfrac{5}{2}, \dfrac{7}{2}\right)$ e raio

$R = \sqrt{a^2 + b^2 - F} = \sqrt{\dfrac{25}{4} + \dfrac{49}{4} + 1} = \dfrac{\sqrt{78}}{2} \cong 4{,}4.$

A distância do centro à reta r é:

$d = \left|\dfrac{4\left(-\dfrac{5}{2}\right) + 3\left(\dfrac{7}{2}\right)}{\sqrt{16+9}}\right| = \left|\dfrac{21-20}{10}\right| = \dfrac{1}{10} = 0{,}1$

Como $d < R$, r é secante.

284. Qual é a posição da reta r: $5x + 12y + 8 = 0$ em relação à circunferência $\lambda: x^2 + y^2 - 2x = 0$?

285. Dadas a reta r: $3x + y = 0$ e a circunferência $\lambda: x^2 + y^2 + 4x - 4y - 8 = 0$, obtenha:

a) a posição relativa de r e λ.   b) a interseção de r com λ.

286. Determine o ponto P onde a circunferência $x^2 + y^2 + 6x - 6y + 9 = 0$ encontra o eixo dos x.

287. Determine os pontos P e Q onde a circunferência $x^2 + y^2 + 2x + 4y - 8 = 0$ encontra a reta cuja equação é $3x + 2y + 7 = 0$.

288. Dadas a circunferência $(x - 3)^2 + y^2 = 25$ e a reta $x = k$, para que valores de k a reta intercepta a circunferência em pontos distintos?

CIRCUNFERÊNCIAS

289. Determine c de modo que a reta r: $4x - 3y + c = 0$ seja exterior à circunferência $\lambda: x^2 + y^2 - 2x - 2y + 1 = 0$.

> **Solução 1**
>
> Da 1ª equação tiramos $y = \dfrac{4x + c}{3}$ e substituindo na 2ª:
>
> $$x^2 + \left(\dfrac{4x + c}{3}\right)^2 - 2x - 2\left(\dfrac{4x + c}{3}\right) + 1 = 0$$
>
> donde vem: $25x^2 + (8c - 42)x + (c^2 - 6c + 9) = 0$ cujo discriminante é
> $\Delta = (8c - 42)^2 - 100(c^2 - 6c + 9) = -36c^2 - 72c + 864$
>
> Para que r seja exterior a λ devemos impor $\Delta < 0$; portanto:
> $-36c^2 - 72c + 864 < 0 \Rightarrow c^2 + 2c - 24 > 0 \Rightarrow c < -6$ ou $c > 4$
>
> **Solução 2**
>
> A circunferência λ tem equação reduzida $(x - 1)^2 + (y - 1)^2 - 1 = 0$, portanto seu centro é $C(1, 1)$ e seu raio é $R = 1$.
>
> Para que a reta r seja exterior a λ, devemos impor $d_{Cr} > R$, portanto:
>
> $$d_{Cr} = \left|\dfrac{4(1) - 3(1) + c}{\sqrt{16 + 9}}\right| = \left|\dfrac{c + 1}{5}\right| > 1$$
>
> isto é, $(c + 1)^2 > 25 \Rightarrow c^2 + 2c - 24 > 0 \Rightarrow c < -6$ ou $c > 4$
>
> Resposta: $c < -6$ ou $c > 4$.

290. Dadas a reta $r: x + y + c = 0$ e a circunferência $\lambda: x^2 + y^2 - 6x + 4y - 12 = 0$, obtenha c de modo que r seja exterior a λ.

291. Determine as equações das paralelas à reta $12x - 5y + 7 = 0$ exteriores à circunferência $x^2 + y^2 = 9$.

292. Quais são as equações das retas paralelas ao eixo dos x e tangentes à circunferência $(x + 2)^2 + (y + 1)^2 = 16$?

293. Determine a equação da reta que passa pelo centro da circunferência de equação $x^2 + y^2 - 4x + 2y + 1 = 0$ e é perpendicular à reta da equação $x + 2y - 14 = 0$.

294. Obtenha a equação da circunferência de centro $C(1, 2)$ e que tangencia a reta de equação $5x + 12y + 10 = 0$.

295. Qual é o comprimento da corda que a reta s: $7x - 24y - 4 = 0$ determina na circunferência λ: $x^2 + y^2 - 2x + 6y - 15 = 0$?

Solução 1

Vamos resolver o sistema formado pelas equações de s (1) e λ (2):

(1) em (2) $\Rightarrow x^2 + \left(\dfrac{7x-4}{24}\right)^2 - 2x + 6\left(\dfrac{7x-4}{24}\right) - 15 = 0 \Rightarrow$

$\Rightarrow 25x^2 - 8x - 368 = 0 \Rightarrow x = 4$ ou $x = -\dfrac{92}{25}$

em (1) $y = \dfrac{7x-4}{24}$ portanto $\begin{cases} x = 4 \Rightarrow y = 1 \\ x = -\dfrac{92}{25} \Rightarrow y = -\dfrac{31}{25} \end{cases}$

Assim, os pontos de interseção de r com λ são $A(4, 1)$ e $B\left(-\dfrac{92}{25}, -\dfrac{31}{25}\right)$, logo:

$\ell = d_{AB} = \sqrt{\left(4 + \dfrac{92}{25}\right)^2 + \left(1 + \dfrac{31}{25}\right)^2} = \dfrac{200}{25} = 8$

Solução 2

A circunferência λ tem equação reduzida:

$(x - 1)^2 + (y + 3)^2 - 25 = 0$

então seu centro é $C(1, -3)$ e seu raio é $r = 5$.

$d_{Cs} = \left|\dfrac{7(1) - 24(-3) - 4}{\sqrt{49 + 576}}\right| = \dfrac{75}{25} = 3$

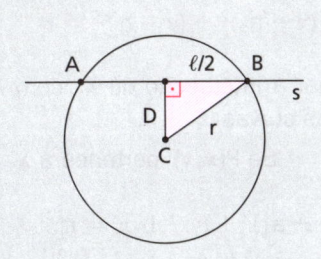

Pelo teorema de Pitágoras:

$\dfrac{\ell^2}{4} + d^2 = r^2 \Rightarrow \dfrac{\ell}{2} = \sqrt{r^2 - d^2} = \sqrt{25 - 9} = 4 \Rightarrow \ell = 8$

Resposta: $\ell = 8$.

296. Determine o comprimento da corda determinada pela reta $x - y = 0$ sobre a circunferência $(x + 3)^2 + (y - 3)^2 = 36$.

297. Determine o comprimento da corda determinada pela reta $x + y - 1 = 0$ sobre a circunferência de centro $C(-2, 3)$ e raio $2\sqrt{2}$.

CIRCUNFERÊNCIAS

298. Determine as áreas dos triângulos isósceles inscritos na circunferência $\lambda: (x-1)^2 + (y+2)^2 = 100$ e que têm base sobre a reta $r: 3x - 4y + 19 = 0$.

299. Determine os vértices do triângulo retângulo inscrito na circunferência de equação $x^2 + y^2 - 6x + 2y + 5 = 0$, o qual tem hipotenusa paralela à reta $2x + y - 6 = 0$ e um cateto paralelo à reta $x - 6 = 0$.

300. Dadas a circunferência $x^2 + y^2 - 3y - 1 = 0$ e a reta $3x + 2y - 508 = 0$, determine a área de um triângulo inscrito na circunferência e com lados paralelos aos eixos cartesianos e à reta dada.

VII. Duas circunferências

115. Interseção

Dadas duas circunferências

$$\lambda_1: (x - a_1)^2 + (y - b_1)^2 = r_1^2$$

e

$$\lambda_2: (x - a_2)^2 + (y - b_2)^2 = r_2^2$$

achar a interseção de λ_1 com λ_2 é determinar os pontos $P(x, y)$ que pertencem às duas curvas.

Se $P(x, y)$ pertence a λ_1 e λ_2, então P satisfaz o sistema:

$$\begin{cases} (x - a_1)^2 + (y - b_1)^2 = r_1^2 \\ (x - a_2)^2 + (y - b_2)^2 = r_2^2 \end{cases}$$

que pode ser resolvido assim:

1) subtrai-se membro a membro as equações;
2) isola-se uma das incógnitas da equação do 1º grau obtida e substitui-se em uma das equações do sistema.

116. Exemplo:

Obter a interseção da circunferência de centro $C_1(0, 2)$ e raio $r_1 = 2$ com a circunferência de centro $C_2(1, 0)$ e raio $r_2 = 1$.

Temos:

$$\begin{cases} (x-0)^2 + (y-2)^2 = 4 \\ (x-1)^2 + (y-0)^2 = 1 \end{cases} \Rightarrow \begin{cases} x^2 + y^2 - 4y = 0 \\ x^2 + y^2 - 2x = 0 \end{cases}$$

Subtraindo, vem: $-4y + 2x = 0 \Rightarrow x = 2y$.

Substituindo na 1ª circunferência, vem:

$(2y - 0)^2 + (y - 2)^2 = 4 \Rightarrow 5y^2 - 4y = 0$

donde $\begin{cases} y = 0 \Rightarrow x = 2y = 0 \\ \text{ou} \\ y = \dfrac{4}{5} \Rightarrow x = 2y = \dfrac{8}{5} \end{cases}$

Assim, as circunferências têm dois pontos em comum: $P(0, 0)$ e $Q\left(\dfrac{8}{5}, \dfrac{4}{5}\right)$.

Resposta: $\lambda_1 \cap \lambda_2 = \left\{(0, 0), \left(\dfrac{8}{5}, \dfrac{4}{5}\right)\right\}$.

117. Posições relativas

A posição relativa de duas circunferências

$\lambda_1: (x - a_1)^2 + (y - b_1)^2 = r_1^2$ e $\lambda_2: (x - a_2)^2 + (y - b_2)^2 = r_2^2$

é determinada comparando a distância C_1C_2 entre os centros com a soma $r_1 + r_2$ ou com a diferença $|r_1 - r_2|$ dos raios.

Calculada a distância entre os centros:

$d = C_1C_2 = \sqrt{(a_1 - a_2)^2 + (b_1 - b_2)^2}$

são possíveis seis casos distintos, conforme figuras a seguir.

1º caso:

$\boxed{d > r_1 + r_2}$ pois

$d = \underbrace{C_1P_1}_{r_1} + \underbrace{P_1P_2}_{>0} + \underbrace{P_2C_2}_{r_2} > r_1 + r_2$

circunferências exteriores

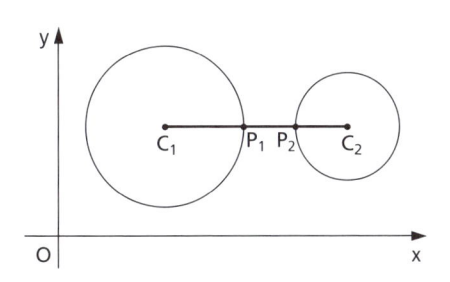

CIRCUNFERÊNCIAS

2º caso:

$$\boxed{d = r_1 + r_2} \quad \text{pois}$$

$$d = \underbrace{C_1P}_{r_1} + \underbrace{PC_2}_{r_2}$$

circunferências tangentes exteriormente

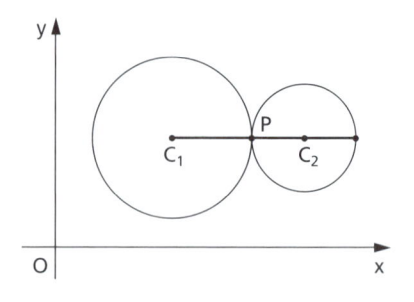

3º caso:

$$\boxed{d = |r_1 - r_2|} \quad \text{pois}$$

$$d = \underbrace{C_1P}_{r_1} - \underbrace{PC_2}_{r_2}$$

circunferências tangentes interiormente

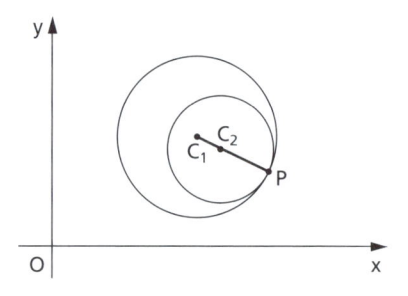

4º caso:

$$\boxed{|r_1 - r_2| < d < r_1 + r_2} \quad \text{pois}$$

$$d = \underbrace{C_1P_1}_{r_1} + \underbrace{C_2P_2}_{r_2} - \underbrace{P_1P_2}_{>0} < r_1 + r_2$$

$$d = \underbrace{C_1P_1}_{r_1} + \underbrace{P_1P_3}_{>0} - \underbrace{P_3C_2}_{r_2} > r_1 - r_2$$

circunferências secantes

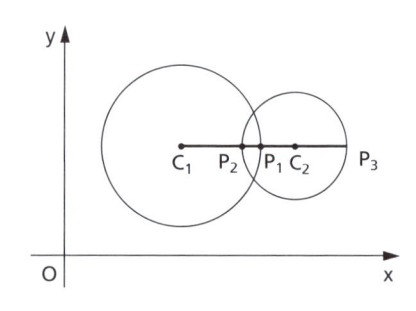

5º caso:

$$\boxed{0 \leq d < |r_1 - r_2|} \quad \text{pois}$$

$$d = \underbrace{C_1P_1}_{r_1} - \underbrace{C_2P_2}_{r_2} - \underbrace{P_1P_2}_{>0} < r_1 - r_2$$

circunferência de menor raio é interior à outra.

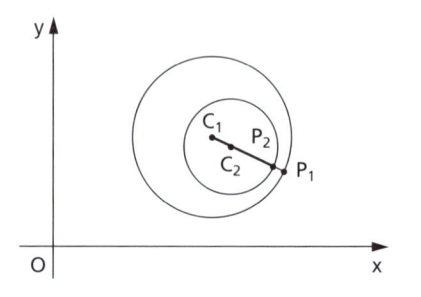

6º caso:

$$d = 0$$

circunferências concêntricas (caso particular do 5º)

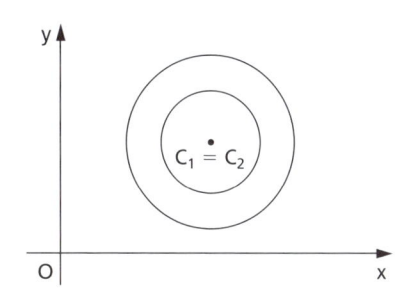

118. Exemplo:

Qual é a posição das circunferências
$\lambda_1: x^2 + y^2 = 49$ e $\lambda_2: x^2 + y^2 - 6x - 8y - 11 = 0$?

Temos:

λ_1: centro $C_1(0, 0)$ e raio $r_1 = 7$

λ_2: centro $C_2(3, 4)$ e raio $r_2 = 6$

$d_{C_1C_2} = \sqrt{(3-0)^2 + (4-0)^2} = 5$

Comparando com a soma dos raios: $C_1C_2 = 5$ e $r_1 + r_2 = 13$, portanto $C_1C_2 < r_1 + r_2$, concluímos que λ_1 e λ_2 não podem ser exteriores, nem tangentes exteriormente.

Comparando com a diferença dos raios: $C_1C_2 = 5$ e $r_1 - r_2 = 1$, portanto $C_1C_2 > r_1 - r_2$, concluímos que λ_1 e λ_2 não podem ser concêntricas, uma interior à outra ou tangentes interiormente.

Por exclusão, λ_1 e λ_2 são secantes.

Notemos que este é o caso que exige mais cuidado, pois são necessárias duas comparações ($C_1C_2 < r_1 + r_2$ e $C_1C_2 > r_1 - r_2$); nos demais casos, ao comparar C_1C_2 com $r_1 + r_2$ ou com $r_1 - r_2$, já podemos tirar a conclusão.

EXERCÍCIOS

301. Qual é a posição relativa das circunferências
$x^2 + y^2 = 49$ e $x^2 + y^2 - 6x - 8y + 21 = 0$?

CIRCUNFERÊNCIAS

> **Solução**
>
> Temos: $x^2 + y^2 = 49 \Rightarrow C_1(0, 0)$ e $r_1 = 7$
>
> $x^2 + y^2 - 6x - 8y + 21 = 0 \Rightarrow C_2(3, 4)$ e $r_2 = 2$
>
> $d_{C_1C_2} = \sqrt{(3-0)^2 + (4-0)^2} = 5 = r_1 - r_2$
>
> Resposta: Tangentes interiormente.

302. Qual é a posição relativa de λ e λ' nos seguintes casos:

1º) $\lambda: x^2 + y^2 = 16$ e $\lambda': x^2 + y^2 + 6x - 4y + 4 = 0$

2º) $\lambda: 4x^2 + 4y^2 - 4y - 3 = 0$ e $\lambda': x^2 + y^2 - y = 0$

3º) $\lambda: x^2 + y^2 = 18$ e $\lambda': x^2 + y^2 + 20x - 10y + 124 = 0$

4º) $\lambda: x^2 + y^2 - 4x - 6y + 12 = 0$ e $\lambda': x^2 + y^2 + 4x - 12y + 24 = 0$

5º) $\lambda: x^2 + y^2 = 81$ e $\lambda': x^2 + y^2 - 6x + 8y + 9 = 0$

303. Obtenha a interseção das circunferências
$\lambda: x^2 + y^2 = 100$ e $\lambda': x^2 + y^2 - 12x - 12y + 68 = 0$.

> **Solução**
>
> Subtraindo membro a membro, temos:
>
> $(x^2 + y^2 - 100) - (x^2 + y^2 - 12x - 12y + 68) = 0$
>
> $12x + 12y - 168 = 0 \Rightarrow x + y - 14 = 0 \Rightarrow y = 14 - x$
>
> Subtraindo y em λ:
>
> $x^2 + (14 - x)^2 = 100 \Rightarrow 2x^2 - 28x + 96 = 0 \Rightarrow$
>
> $\Rightarrow x^2 - 14x + 48 = 0 \begin{cases} x = 6 \Rightarrow y = 14 - 6 = 8 \\ \text{ou} \\ x = 8 \Rightarrow y = 14 - 8 = 6 \end{cases}$
>
> Resposta: $\lambda \cap \lambda' = \{(6, 8), (8, 6)\}$.

304. Dadas as circunferências
$x^2 + y^2 - 2x - 3 = 0$ e $x^2 + y^2 + 2x - 4y + 1 = 0$,
ache seus pontos de interseção.

305. As circunferências de equação

$x^2 + y^2 - 10x + 2y + 16 = 0$

$x^2 + y^2 - 8x + 4y + 16 = 0$

interceptam-se nos pontos A e B. Determine a distância do centro da circunferência de raio maior à reta AB.

306. Obtenha as circunferências de centro $C(2, -1)$ e tangentes à circunferência $x^2 + y^2 + 4x - 6y = 0$

307. Dadas as circunferências $C_1: x^2 + y^2 + 6x - 1 = 0$ e $C_2: x^2 + y^2 - 2x - 1 = 0$, seja Q o ponto de interseção de C_1 com C_2 que tem ordenada positiva. Seja O_2 o centro de C_2. Determine as coordenadas de P, ponto de interseção da reta QO_2 com a circunferência C_1.

CAPÍTULO VI
Problemas sobre circunferências

Há duas coleções de problemas clássicos sobre circunferências que merecem um destaque especial: problemas de tangência (entre reta e circunferência) e problemas de determinação de circunferências.

I. Problemas de tangência

119. 1º problema

"Conduzir as tangentes a uma circunferência dada, paralelas a uma reta dada."

Dados $\begin{cases} \lambda: (x-a)^2 + (y-b)^2 = r^2 \\ s: Ax + By + C = 0 \end{cases}$

Obter: t_1 e t_2 $\begin{cases} \text{paralelas a } s \\ \text{tangentes a } \lambda \end{cases}$

Solução

1) Consideremos a equação do feixe de retas paralelas a s (veja item 45):

$Ax + By + k = 0$

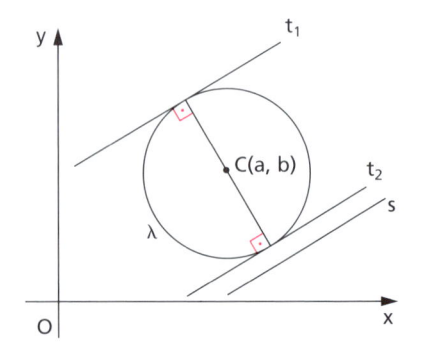

2) As retas t_1 e t_2 desse feixe correspondem dois valores particulares de k na equação do feixe. Para determinar esses dois valores (k_1 e k_2), devemos impor a condição de tangência:

$d_{C, t_1} = d_{C, t_2} = r$

Logo,

$$\left| \frac{A \cdot a + B \cdot b + k}{\sqrt{A^2 + B^2}} \right| = r$$

$(Aa + Bb + k)^2 = r^2 \cdot (A^2 + B^2)$

Donde vem:

$k^2 + 2(Aa + Bb)k + (A^2a^2 + B^2b^2 + 2AaBb - A^2r^2 - B^2r^2) = 0$

equação do 2º grau cujas raízes são k_1 e k_2.

Resposta: $Ax + By + k_1 = 0$ e $Ax + By + k_2 = 0$

120. Exemplo:

Determinar as equações das retas t que são paralelas a s: $12x + 5y + 1 = 0$ e tangentes a λ: $x^2 + y^2 - 2x - 4y - 20 = 0$.

Solução

1º) centro e raio de λ

λ: $(x - 1)^2 + (y - 2)^2 - 25 = 0 \Rightarrow C(1, 2)$ e $r = 5$

2º) equação de t

$t \mathbin{/\mkern-3mu/} s \Rightarrow (t)\ 12x + 5y + c = 0$

$d_{C, t} = r \Rightarrow \left| \dfrac{12(1) + 5(2) + c}{\sqrt{144 + 25}} \right| = 5$

$|c + 22| = 65 \Rightarrow c + 22 = \pm 65 \Rightarrow$

$\Rightarrow c = 43$ ou $c = -87$

Resposta: $12x + 5y + 43 = 0$ ou $12x + 5y - 87 = 0$.

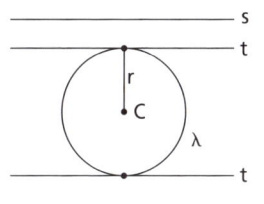

PROBLEMAS SOBRE CIRCUNFERÊNCIAS

EXERCÍCIOS

308. Determine as equações das retas (t) tangentes à circunferência (λ) e paralelas à reta (r) nos seguintes casos:

1º) $\lambda: x^2 + y^2 = 9$ e $r: \dfrac{x}{3} + \dfrac{y}{3} = 1$

2º) $\lambda: x^2 + y^2 - 4x - 4y = 0$ e $r: y = 2x$

3º) $\lambda: x^2 + y^2 - 4x - 21 = 0$ e $r: 3x + 4y - 10 = 0$

309. Escreva as equações das retas tangentes à circunferência $x^2 + y^2 - 4x - 6y - 3 = 0$, paralelas à reta $y = x$.

310 Determine as equações das retas tangentes à circunferência $x^2 + y^2 - 2x + 2y = 0$ e perpendiculares à reta $x = -y$.

311. Obtenha as equações das retas t tangentes à circunferência λ e que formam ângulos θ com a reta r nos seguintes casos:

1º) $\lambda: x^2 + y^2 + 2x - 2y - 34 = 0$, $\theta = 90°$ e $r: x + 3y = 0$

2º) $\lambda: x^2 + y^2 + 2y - 24 = 0$, $\theta = 90°$ e $r: x - 2y = 0$

3º) $\lambda: x^2 + y^2 = 49$, $\theta = 45°$ e $r: 4x + y - 3 = 0$

312. Obtenha a equação de uma reta paralela a $r: y = 2x$ que determine na circunferência $\lambda: x^2 + y^2 = 100$ uma corda de comprimento $\ell = 16$.

121. 2º problema

"Conduzir por um ponto dado as retas tangentes a uma circunferência dada."

Dados $\begin{cases} \lambda: (x-a)^2 + (y-b)^2 = r^2 \\ P(x_0, y_0) \end{cases}$

Obter: t_1 e t_2 $\begin{cases} \text{passando por P} \\ \text{tangentes a } \lambda \end{cases}$

Solução

Utilizando a teoria do item 105, verificamos inicialmente qual é a posição de P em relação a λ. Existem três casos possíveis:

PROBLEMAS SOBRE CIRCUNFERÊNCIAS

1º caso: $(x_0 - a)^2 + (y_0 - b)^2 < r^2 \Rightarrow P_0$ é interior à circunferência e o problema não tem solução.

2º caso: $(x_0 - a)^2 + (y_0 - b)^2 = r^2 \Rightarrow P_0$ pertence à circunferência e o problema tem uma única solução: $t_1 = t_2$.

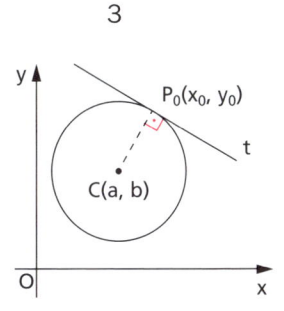

1) Se $x_0 = a$, a equação da tangente é $\boxed{y = y_0}$

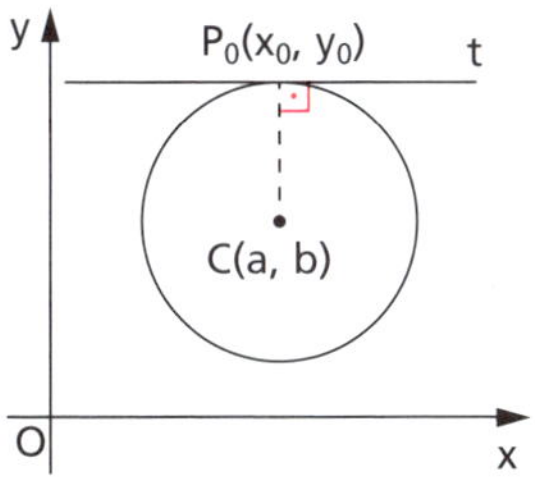

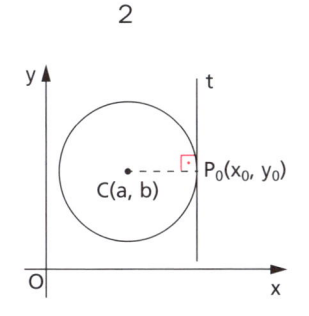

2) Se $y_0 = b$, a equação da tangente é $\boxed{x = x_0}$

3) Se $x_0 \neq a$ e $y_0 \neq b$, consideremos o feixe de retas de centro P_0:

$$y - y_0 = m(x - x_0)$$

e determinemos m impondo a condição de tangência:

$$t \perp P_0C \Rightarrow m = -\frac{1}{m_{P_0C}} = -\frac{x_0 - a}{y_0 - b} = \frac{a - x_0}{y_0 - b}$$

a equação da tangente é $\boxed{y - y_0 = \dfrac{a - x_0}{y_0 - b}(x - x_0)}$

3º caso: $(x_0 - a)^2 + (y_0 - b)^2 > r^2 \Rightarrow P_0$ é exterior à circunferência e o problema tem duas soluções.

1) Consideremos o feixe de retas concorrentes em P_0. Sua equação é:

$$y - y_0 = m \cdot (x - x_0)$$

isto é,

$$mx - y + (y_0 - mx_0) = 0$$

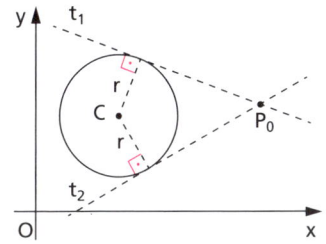

PROBLEMAS SOBRE CIRCUNFERÊNCIAS

2) As retas t_1 e t_2 constituem retas particulares desse feixe que obedecem à condição de tangência:

$d_{C, t_1} = d_{C, t_2} = r$

Logo:

$$\left| \frac{m \cdot a - b + (y_0 - m \cdot x_0)}{\sqrt{m^2 + 1}} \right| = r$$

e daí resulta uma equação do 2º grau cujas raízes são m_1 e m_2.

Resposta: $y - y_0 = m_1(x - x_0)$ e
$y - y_0 = m_2(x - x_0)$

122. Exemplos:

1º) Determinar as equações das retas t que passam por $P(2, 3)$ e são tangentes a $\lambda: x^2 + y^2 - 2x - 2y - 3 = 0$.

Solução

1º) centro e raio de λ

$\lambda: (x - 1)^2 + (y - 1)^2 - 5 = 0 \Rightarrow C(1, 1)$ e $r = \sqrt{5}$

2º) número de soluções

$d_{CP} = \sqrt{(2 - 1)^2 + (3 - 1)^2} = \sqrt{5} = r \Rightarrow P \in \lambda \Rightarrow 1$ solução

3º) t, por P, perpendicular a $\overline{CP}$

$m_{CP} = \dfrac{\Delta y}{\Delta x} = \dfrac{3 - 1}{2 - 1} = 2 \Rightarrow m_t = -\dfrac{1}{m_{CP}} = -\dfrac{1}{2}$

$\left. \begin{array}{l} P \in t \\ m_t = -\dfrac{1}{2} \end{array} \right\} \Rightarrow t: y - 3 = -\dfrac{1}{2}(x - 2) \Rightarrow x + 2y - 8 = 0$

Resposta: $x + 2y - 8 = 0$.

2º) Determinar as equações das retas t que passam por $P(-2, 2)$ e são tangentes a $\lambda: x^2 + y^2 = 1$.

Solução

1º) centro e raio de λ:
$C(0, 0)$ e $r = 1$

2º) número de soluções:

$d_{CP} = \sqrt{(-2)^2 + (2)^2} = \sqrt{8} > r \Rightarrow$ P externo $\lambda \Rightarrow$ 2 soluções

3º) t passa por P, então sua equação é:
$y - 2 = m(x + 2)$
ou seja, $mx - y + 2(m + 1) = 0$

4º) $d_{C, t} = r$, então:
$$\left| \frac{m(0) - 0 + 2(m + 1)}{\sqrt{m^2 + 1}} \right| = 1$$
e daí:

$4(m + 1)^2 = \left(\sqrt{m^2 + 1}\right)^2 \Rightarrow 4m^2 + 8m + 4 = m^2 + 1 \Rightarrow$
$\Rightarrow 3m^2 + 8m + 3 = 0 \Rightarrow m = -4 - \sqrt{7}$ ou $m = -4 + \sqrt{7}$

Resposta: $y - 2 = \left(-4 - \sqrt{7}\right)(x + 2)$ ou $y - 2 = \left(-4 + \sqrt{7}\right)(x + 2)$.

EXERCÍCIOS

313. Obtenha as equações das retas (t) tangentes à circunferência (λ) conduzidas pelo ponto P nos seguintes casos:
1º) $\lambda: x^2 + y^2 = 100$ e $P(-6, 8)$
2º) $\lambda: x^2 + y^2 - 4x + 2y - 164 = 0$ e $P(-3, 11)$
3º) $\lambda: x^2 + y^2 - 6x + 2y - 6 = 0$ e $P(-5, 5)$
4º) $\lambda: x^2 + y^2 - 6x - 7 = 0$ e $P(-1, 2)$

314. Dada a circunferência $x^2 + y^2 = r^2$ e um ponto (x_0, y_0) pertencente a ela, qual é a equação da reta que passa por (x_0, y_0) e é tangente à circunferência dada?

315. É dada a circunferência $x^2 + y^2 + 2ay = 0$, $a > 0$, e a reta $x + a = 0$. Seja P um ponto do eixo Ox de abscissa λ. Por esse ponto conduzem-se as tangentes à circunferência.
   a) Exprima as coordenadas dos pontos de tangência em função de λ e de a.
   b) Prove que os pontos de tangência e o ponto Q, de ordenada λ, da reta $x + a = 0$, estão alinhados.

PROBLEMAS SOBRE CIRCUNFERÊNCIAS

316. Determine as tangentes à circunferência $x^2 + y^2 + 4x - 8y - 5 = 0$ nos seus pontos de abscissa 1.

317. Determine as retas do feixe: $\lambda(2x + y + 5) + \mu(x + y + 1) = 0$ tangentes à circunferência de equação $x^2 + y^2 - 2x - 6y + 5 = 0$.

318. Determine as retas do feixe $\lambda(3x - y) + \mu(x + y - 4) = 0$ tangentes à circunferência $x^2 + y^2 + 2y = 0$.

319. Determine o coeficiente angular das retas que passam pelo ponto P(3, 0) e são externas à circunferência $x^2 + y^2 + 2y - 2 = 0$.

320. Determine as equações das retas que passam pela origem e são externas às circunferências
$x^2 + y^2 - 6x + 2y + 9 = 0$ e
$x^2 + y^2 + 4x - 8y + 19 = 0$

321. A circunferência $x^2 + y^2 + 5x + 8y + a = 0$ determina no eixo Ox uma corda de comprimento 9. Calcule a.

322. Obtenha a equação de uma reta que passe pela origem e determine na circunferência $\lambda: (x - 5)^2 + (y - 5)^2 = 25$ uma corda de comprimento $\ell = \dfrac{12\sqrt{85}}{17}$.

323. Obtenha a equação de uma reta que contenha P(2, 1) e determine na circunferência $\lambda: (x - 4)^2 + (y + 3)^2 = 9$ uma corda de comprimento $\ell = 2\sqrt{5}$.

324. A reta $3x + y = 0$ contém o diâmetro de uma circunferência. Uma reta, que forma ângulo de 45° com a primeira e tem declive positivo, corta a circunferência no ponto (0, 2) e determina sobre ela uma corda de comprimento $\sqrt{5}$ unidades. Estabeleça as equações da segunda reta e da circunferência.

325. Obtenha a equação da reta que contém P(3, −2) e determina na circunferência de equação $x^2 + y^2 = 36$ uma corda cujo ponto médio é P.

326. Determine a área da superfície delimitada pelos eixos e pela tangente à circunferência $x^2 + y^2 = 20$ no seu ponto (2, −4).

327. Obtenha as equações das tangentes comuns às circunferências $x^2 + y^2 = 64$ e $\left(x - \dfrac{25}{3}\right)^2 + y^2 = 9$.

PROBLEMAS SOBRE CIRCUNFERÊNCIAS

II. Determinação de circunferências

123. Em Geometria Analítica, "obter" ou "construir" ou "determinar" uma circunferência significa obter a sua equação:

$$(x - a)^2 + (y - b)^2 = r^2$$

pois, tendo-se a equação então determinados o centro C(a, b) e o raio r e, assim, a circunferência está localizada perfeitamente no plano cartesiano.

A maioria dos problemas de determinação de circunferência apresenta como incógnitas a, b e r, e portanto necessita de três equações independentes para ser resolvida.

124. Não devemos, na resolução desses problemas, esquecer os seguintes tópicos da teoria já dada:

1º) Um ponto $P(x_0, y_0)$ pertence a uma circunferência λ de centro C(a, b) e raio r se, e somente se, a distância entre C e P é igual ao raio.

$$P \in \lambda \Leftrightarrow (a - x_0)^2 + (b - y_0)^2 = r^2$$

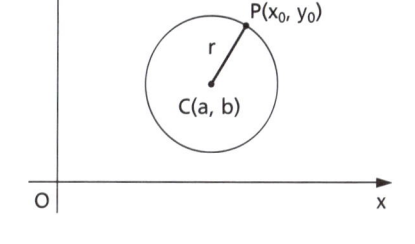

2º) Uma reta (s) $Ax + By + C = 0$ é tangente a uma circunferência λ de centro C(a, b) e raio r se, e somente se, a distância entre s e C é igual ao raio.

$$s \text{ tg } \lambda \Leftrightarrow \left| \frac{Aa + Bb + C}{\sqrt{A^2 + B^2}} \right| = r$$

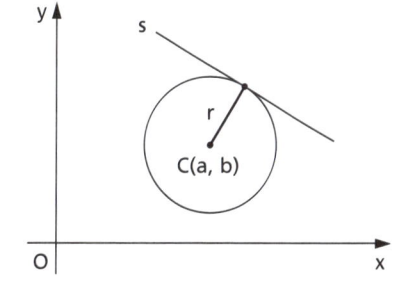

3º) Uma circunferência λ_0 de centro $C_0(a_0, b_0)$ e raio r_0 é tangente a outra circunferência λ de centro C(a, b) e raio r se, e somente se, a distância entre C_0 e C é igual à soma ou à diferença dos raios.

$$\lambda_0 \text{ tg } \lambda \Leftrightarrow (a - a_0)^2 + (b - b_0)^2 = (r \pm r_0)^2$$

PROBLEMAS SOBRE CIRCUNFERÊNCIAS

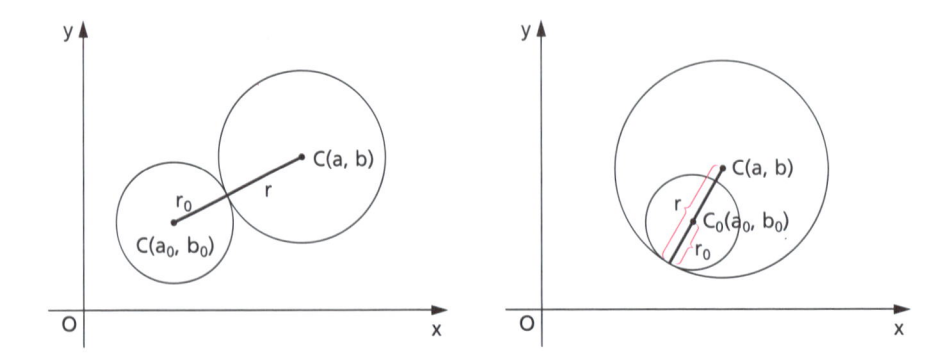

Vejamos agora alguns problemas clássicos.

125. 1º problema

"Determinar uma circunferência λ que passa pelos pontos $P_1(x_1, y_1)$, $P_2(x_2, y_2)$ e $P_3(x_3, y_3)$."

Solução

$P_1 \in \lambda \Leftrightarrow (a - x_1)^2 + (b - y_1)^2 = r^2$
$P_2 \in \lambda \Leftrightarrow (a - x_2)^2 + (b - y_2)^2 = r^2$
$P_3 \in \lambda \Leftrightarrow (a - x_3)^2 + (b - y_3)^2 = r^2$

Este sistema é equivalente ao seguinte:
$x_1(-2a) + y_1(-2b) + 1(a^2 + b^2 - r^2) = -(x_1^2 + y_1^2)$
$x_2(-2b) + y_2(-2b) + 1(a^2 + b^2 - r^2) = -(x_2^2 + y_2^2)$
$x_3(-2c) + y_3(-2b) + 1(a^2 + b^2 - r^2) = -(x_3^2 + y_3^2)$

cujas incógnitas são $-2a$, $-2b$, $a^2 + b^2 - r^2$.

Resolvido o sistema, tiramos a, b e r.

Um exemplo deste problema é o exercício 13 do capítulo 1.

126. 2º problema

"Determinar uma circunferência λ que passa pelos pontos $P_1(x_1, y_1)$ e $P_2(x_2, y_2)$ e tem raio r (dado)."

Solução

$P_1 \in \lambda \Leftrightarrow (x_1 - a)^2 + (y_1 - b)^2 = r^2$
$P_2 \in \lambda \Leftrightarrow (x_2 - a)^2 + (y_2 - b)^2 = r^2$ } (S)

O sistema (S), resolvido, dá os valores de *a* e *b* (incógnitos).

127. Exemplo:

Determinar a equação da circunferência que contém $A(-3, 0)$ e $B(0, 3)$ e tem raio 3.

$A \in \lambda \Leftrightarrow (a + 3)^2 + (b - 0)^2 = 9$ (1)
$B \in \lambda \Leftrightarrow (a - 0)^2 + (b - 3)^2 = 9$ (2)

Desenvolvendo e subtraindo membro a membro, obtemos:

$6a + 6b = 0 \Rightarrow a = -b$ (3)

Substituindo (3) em (1), vem:

$(a + 3)^2 + (-a - 0)^2 = 9 \Rightarrow 2a^2 + 6a = 0$

donde
$\begin{cases} a = 0 \Rightarrow b = 0 \Rightarrow C(0, 0) \\ \text{ou} \\ a = -3 \Rightarrow b = 3 \Rightarrow C(-3, 3) \end{cases}$

Resposta: $x^2 + y^2 = 9$ ou $(x + 3)^2 + (y - 3)^2 = 9$.

128. 3º problema

"Determinar uma circunferência λ de centro $C(a, b)$ dado, que é tangente à reta s: $Ax + By + C = 0$ dada."

Solução 1

(S) $\begin{cases} Ax + By + C = 0 \rightarrow \text{equação da reta tangente} \\ (x - a)^2 + (y - b)^2 = r^2 \rightarrow \begin{cases} \text{equação de uma circunferência} \\ \text{de centro C e raio } r \end{cases} \end{cases}$

Por substituição obtemos uma equação do 2º grau em *x* ou em *y*. A condição de tangência é que $\Delta = 0$ nessa equação. Impondo essa condição, calculamos *r* (única incógnita).

Solução 2

Notamos que r é a distância de C à reta dada, isto é:

$$r = \left| \frac{Aa + Bb + C}{\sqrt{A^2 + B^2}} \right|$$

129. Exemplo:

Obter uma circunferência de centro no ponto C(1, 2) e tangente à reta $s: x - y + 3 = 0$.

$$r = d_{C,s} = \left| \frac{1 - 2 + 3}{\sqrt{1^2 + 1^2}} \right| = \frac{2}{\sqrt{2}} = \sqrt{2}$$

Resposta: $(x - 1)^2 + (y - 2)^2 = 2$.

130. 4º problema

"Determinar uma circunferência λ que passa pelos pontos $P_1(x_1, y_1)$ e $P_2(x_2, y_2)$ dados e é tangente à reta $s: Ax + By + C = 0$ dada."

Solução

$$\left. \begin{array}{l} P_1 \in \lambda \Leftrightarrow (a - x_1)^2 + (b - y_1)^2 = r^2 \\ P_2 \in \lambda \Leftrightarrow (a - x_2)^2 + (b - y_2)^2 = r^2 \\ s \text{ tg } \lambda \Leftrightarrow \left(\dfrac{Aa + Bb + C}{\sqrt{A^2 + B^2}} \right)^2 = r^2 \end{array} \right\} \text{(S)}$$

Resolvido o sistema (S), obtemos as incógnitas a, b e r.

131. Exemplo:

Obter uma circunferência que passa por A(0, 1) e B(1, 0) e é tangente à reta $s: x + y + 1 = 0$.

$$\left. \begin{array}{l} A \in \lambda \Leftrightarrow (a - 0)^2 + (b - 1)^2 = r^2 \quad (1) \\ B \in \lambda \Leftrightarrow (a - 1)^2 + (b - 0)^2 = r^2 \quad (2) \\ s \text{ tg } \lambda \Leftrightarrow \left(\dfrac{a + b + 1}{\sqrt{2}} \right)^2 = r^2 \quad\quad\;\; (3) \end{array} \right\}$$

PROBLEMAS SOBRE CIRCUNFERÊNCIAS

Desenvolvendo e subtraindo (1) e (2) membro a membro, temos:

$2a - 2b = 0 \Rightarrow a = b$ (4)

(4) em (1) $\Rightarrow a^2 + (a - 1)^2 = r^2$

(4) em (3) $\Rightarrow \left(\dfrac{a + a + 1}{\sqrt{2}}\right)^2 = r^2$

Donde vem:

$a^2 + (a - 1)^2 = \left(\dfrac{2a + 1}{\sqrt{2}}\right)^2 \Rightarrow 2a^2 - 2a + 1 = \dfrac{4a^2 + 4a + 1}{2} \Rightarrow a = \dfrac{1}{8} \overset{(4)}{\Rightarrow}$

$\Rightarrow b = \dfrac{1}{8} \overset{(1)}{\Rightarrow} r^2 = \dfrac{1}{64} + \dfrac{49}{64} = \dfrac{25}{32}$

Resposta: $\left(x - \dfrac{1}{8}\right)^2 + \left(y - \dfrac{1}{8}\right)^2 = \dfrac{25}{32}$.

132. 5º problema

"Determinar uma circunferência λ que passa por $P(x_1, y_1)$ dado e é tangente às retas s: $A_1x + B_1y + C_1 = 0$ e t: $A_2x + B_2y + C_2 = 0$ dadas."

Solução

$$\left.\begin{array}{l} P_1 \in \lambda \Leftrightarrow (a - x_1)^2 + (b - y_1)^2 = r^2 \\ s \text{ tg } \lambda \Leftrightarrow \left(\dfrac{A_1a + B_1b + C_1}{\sqrt{A_1^2 + B_1^2}}\right)^2 = r^2 \\ t \text{ tg } \lambda \Leftrightarrow \left(\dfrac{A_2a + B_2b + C_2}{\sqrt{A_2^2 + B_2^2}}\right)^2 = r^2 \end{array}\right\} \text{(S)}$$

Resolvido o sistema (S), obtemos as incógnitas a, b e r.

133. Exemplo:

Obter uma circunferência que passa por $P(0, 0)$ e é tangente às retas s: $3x + 4y + 2 = 0$ e t: $4x - 3y + 1 = 0$.

PROBLEMAS SOBRE CIRCUNFERÊNCIAS

$P \in \lambda \Leftrightarrow (a - 0)^2 + (b - 0)^2 = r^2$ (1)

$s \text{ tg } \lambda \Leftrightarrow \left|\dfrac{3a + 4b + 2}{5}\right| = r$ (2)

$t \text{ tg } \lambda \Leftrightarrow \left|\dfrac{4a - 3b + 1}{5}\right| = r$ (3)

Comparando (2) e (3), vem: $\left|\dfrac{3a + 4b + 2}{5}\right| = \left|\dfrac{4a - 3b + 1}{5}\right|$

Temos, então, duas possibilidades:

1ª) $3a + 4b + 2 = 4a - 3b + 1 \Rightarrow a = 7b + 1$ (4)

ou

2ª) $3a + 4b + 2 = -(4a - 3b + 1) \Rightarrow b = -7a - 3$ (5)

Substituindo (4) em (2), decorre:

$\left|\dfrac{3(7b + 1) + 4b + 2}{5}\right| = r \Rightarrow r = |5b + 1|$ (4')

Substituindo (4) e (4') em (1), decorre:

$(7b + 1)^2 + b^2 = (5b + 1)^2 \Rightarrow 25b^2 + 4b = 0 \Rightarrow$

$\Rightarrow \begin{cases} b = 0 \overset{(4)}{\Rightarrow} a = 1 \overset{(2)}{\Rightarrow} r = 1 \quad \text{(1ª solução)} \\ \text{ou} \\ b = -\dfrac{4}{25} \overset{(4)}{\Rightarrow} a = -\dfrac{3}{25} \overset{(2)}{\Rightarrow} r = \dfrac{1}{5} \quad \text{(2ª solução)} \end{cases}$

Por outro lado, substituindo (5) em (2), decorre:

$\left|\dfrac{3a + 4(-7a - 3) + 2}{5}\right| = r \Rightarrow r = |-5a - 2|$ (5')

Substituindo (5) e (5') em (1), decorre:

$a^2 + (7a + 3)^2 = (5a + 2)^2 \Rightarrow 25a^2 + 22a + 5 = 0$

donde $a \notin \mathbb{R}$, pois $\Delta < 0$, isto é, não há solução.

Resposta: $(x - 1)^2 + y^2 = 1$ ou $\left(x + \dfrac{3}{25}\right)^2 + \left(y + \dfrac{4}{25}\right)^2 = \dfrac{1}{25}$.

134. 6º problema

"Determinar uma circunferência λ tangente às retas dadas
s: $A_1x + B_1y + C_1 = 0$, t: $A_2x + B_2y + C_2 = 0$ e u: $A_3x + B_3y + C_3 = 0$."

Solução

$$(S)\begin{cases} s \text{ tg } \lambda \Leftrightarrow \left(\dfrac{A_1a + B_1b + C_1}{\sqrt{A_1^2 + B_1^2}}\right)^2 = r^2 \\ t \text{ tg } \lambda \Leftrightarrow \left(\dfrac{A_2a + B_2b + C_2}{\sqrt{A_2^2 + B_2^2}}\right)^2 = r^2 \\ u \text{ tg } \lambda \Leftrightarrow \left(\dfrac{A_3a + B_3b + C_3}{\sqrt{A_3^2 + B_3^2}}\right)^2 = r^2 \end{cases}$$

135. 7º problema

"Determinar uma circunferência λ que tem centro em C(a, b) dado e é tangente à circunferência λ_0: $(x - a_0)^2 + (y - b_0)^2 = r_0^2$ dada."

Solução

Vamos impor a condição de tangência:

λ tg $\lambda_0 \Leftrightarrow d_{CC_0} = r \pm r_0 \Leftrightarrow (a - a_0)^2 + (b - b_0)^2 = (r \pm r_0)^2$

Dessa equação tiramos r, que é a única incógnita.

136. Exemplo:

Obter uma circunferência λ de centro C(4, 5) tangente a
λ_0: $(x - 1)^2 + (y - 1)^2 = 4$.

λ tg $\lambda_0 \Leftrightarrow d_{CC_0} = r \pm r_0 \Leftrightarrow (4 - 1)^2 + (5 - 1)^2 = (r \pm 2)^2$

então $(r \pm 2)^2 = 25 \Rightarrow r \pm 2 = 5 \Rightarrow r = 7$ ou $r = 3$.

Resposta: $(x - 4)^2 + (y - 5)^2 = 49$ ou $(x - 4)^2 + (y - 5)^2 = 9$.

137. 8º problema

"Determinar uma circunferência λ de raio r dado que tangencia a circunferência λ_0: $(x - a_0)^2 + (y - b_0)^2 = r_0^2$ dada no ponto $P(x_0, y_0)$ dado."

Solução

Para obter os centros (C ou C') das soluções do problema é conveniente usar a teoria da razão de segmentos:

$$\frac{\overline{C_0C}}{\overline{CP}} = \frac{r_0 - r}{r}$$

$$\frac{\overline{C_0C'}}{\overline{C'P}} = \frac{r_0 + r}{-r}$$

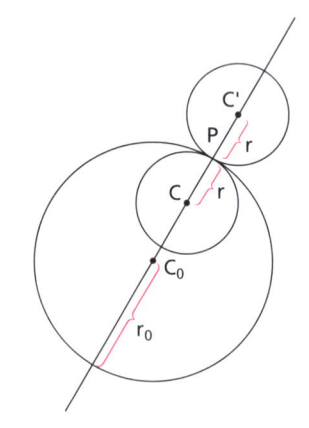

138. Exemplo:

Obter uma circunferência de raio 3 que tangencia λ_0: $x^2 + y^2 = 25$ no ponto $P(4, 3)$.

λ_0 tem centro $C_0(0, 0)$ e raio $r = 5$.

Temos $\dfrac{\overline{C_0C}}{\overline{CP}} = \dfrac{5 - 3}{3} = \dfrac{2}{3}$; então:

$\dfrac{a - 0}{4 - a} = \dfrac{2}{3} \Rightarrow 8 - 2a = 3a \Rightarrow a = \dfrac{8}{5}$

$\dfrac{b - 0}{3 - b} = \dfrac{2}{3} \Rightarrow 3b = 6 - 2b \Rightarrow b = \dfrac{6}{5}$

Temos também $\dfrac{\overline{C_0C'}}{\overline{C'P}} = \dfrac{5 + 3}{-3} = -\dfrac{8}{3}$; então:

$\dfrac{a' - 0}{4 - a'} = -\dfrac{8}{3} \Rightarrow 3a' = -32 + 8a' \Rightarrow a' = \dfrac{32}{5}$

$\dfrac{b' - 0}{3 - b'} = -\dfrac{8}{3} \Rightarrow 3b' = -24 + 8b' \Rightarrow b' = \dfrac{24}{5}$

Resposta: $\left(x - \dfrac{8}{5}\right)^2 + \left(y - \dfrac{6}{5}\right)^2 = 9$ ou $\left(x - \dfrac{32}{5}\right)^2 + \left(y - \dfrac{24}{5}\right)^2 = 9$.

PROBLEMAS SOBRE CIRCUNFERÊNCIAS

139. 9º problema

"Determinar uma circunferência λ que passa por $P_1(x_1, y_1)$ e $P_2(x_2, y_2)$ e é tangente a λ_0: $(x - a_0)^2 + (y - b_0)^2 = r_0^2$."

Solução

(S) $\begin{cases} P_1 \in \lambda \Leftrightarrow (a - x_1)^2 + (b - y_1)^2 = r^2 \\ P_2 \in \lambda \Leftrightarrow (a - x_2)^2 + (b - y_2)^2 = r^2 \\ \lambda_0 \text{ tg } \lambda \Leftrightarrow (a - a_0)^2 + (b - b_0)^2 = (r \pm r_0)^2 \end{cases}$

Resolvido o sistema (S), obtemos as incógnitas a, b e r.

140. Exemplo:

Obter uma circunferência λ que passa por $P_1(4, -1)$ e $P_2(0, 3)$ e é tangente a λ_0: $x^2 + y^2 = 1$.

$\begin{cases} P_1 \in \lambda \Leftrightarrow (a - 4)^2 + (b + 1)^2 = r^2 & (1) \\ P_2 \in \lambda \Leftrightarrow (a - 0)^2 + (b - 3)^2 = r^2 & (2) \\ \lambda_0 \text{ tg } \lambda \Leftrightarrow (a - 0)^2 + (b - 0)^2 = (r \pm 1)^2 & (3) \end{cases}$

Comparando (1) e (2), resulta:

$(a - 4)^2 + (b + 1)^2 = a + (b - 3)^2 \Rightarrow a = b + 1$ (4)

Comparando (2) e (3), resulta:

$a^2 + (b - 3)^2 = a^2 + b^2 \pm 2r - 1 \Rightarrow r = \pm(3b - 5)$ (5)

Substituindo (4) e (5) em (1), resulta:

$(b - 3)^2 + (b + 1)^2 = (3b - 5)^2 \Rightarrow 7b^2 - 26b + 15 = 0$

Então: $\begin{cases} b = 3 \Rightarrow a = 4 \Rightarrow r = 4 \\ \text{ou} \\ b = \dfrac{5}{7} \Rightarrow a = \dfrac{12}{7} \Rightarrow r = \dfrac{20}{7} \end{cases}$

Resposta: $(x - 4)^2 + (y - 3)^2 = 16$ ou $\left(x - \dfrac{12}{7}\right)^2 + \left(y - \dfrac{5}{7}\right)^2 = \dfrac{400}{49}$.

PROBLEMAS SOBRE CIRCUNFERÊNCIAS

141. 10º problema

"Determinar uma circunferência λ que passa por $P_1(x_1, y_1)$ e é tangente às circunferências $\lambda_0: (x - a_0)^2 + (y - b_0)^2 = r_0^2$ e $\lambda_1: (x - a_1)^2 + (y - b_1)^2 = r_1^2$."

Solução

$$(S) \begin{cases} P_1 \in \lambda \Leftrightarrow (a - x_1)^2 + (b - y_1)^2 = r^2 \\ \lambda_0 \text{ tg } \lambda \Leftrightarrow (a - a_0)^2 + (b - b_0)^2 = (r \pm r_0)^2 \\ \lambda_1 \text{ tg } \lambda \Leftrightarrow (a - a_1)^2 + (b - b_1)^2 = (r \pm r_1)^2 \end{cases}$$

Resolvido o sistema (S), obtemos as incógnitas *a*, *b* e *r*.

142. Exemplo:

Obter uma circunferência λ que passa por $P(0, 2)$ e é tangente a $\lambda_0: (x - 3)^2 + (y - 4)^2 = 9$ e $\lambda_1: (x - 3)^2 + (y + 4)^2 = 9$.

Solução

$$\begin{cases} P \in \lambda \Leftrightarrow (a - 0)^2 + (b - 2)^2 = r^2 & (1) \\ \lambda_0 \text{ tg } \lambda \Leftrightarrow (a - 3)^2 + (b - 4)^2 = (r \pm 3)^2 & (2) \\ \lambda_1 \text{ tg } \lambda \Leftrightarrow (a - 3)^2 + (b + 4)^2 = (r \pm 3)^2 & (3) \end{cases}$$

Há quatro possibilidades por causa dos duplos sinais em (2) e (3):

1ª) usando + e + e resolvendo, obtemos:
$a = 0, b = 0$ e $r = 2$

2ª) usando − e −, obtemos:
$a = 0, b = 0$ e $r = -2 < 0$ (não serve)

3ª) usando + e −, obtemos:
$a = \dfrac{2 - 4\sqrt{7}}{3}, b = -2 - 2\sqrt{7}, r = \dfrac{8 + 8\sqrt{7}}{3}$

4ª) usando − e +, obtemos:
$a = \dfrac{2 + 4\sqrt{7}}{3}, b = -2 + 2\sqrt{7}, r = \dfrac{-8 + 8\sqrt{7}}{3}$

EXERCÍCIOS

328. Determine o centro e o raio da circunferência que passa pelos pontos de interseção das retas $x + y + 2 = 0$, $x = 0$ e $y = 0$.

329. Determine a circunferência circunscrita ao triângulo de vértice $A(-4, 4)$, $B(-7, 3)$ e $C(-8, -4)$.

330. Obtenha uma circunferência de raio 4 que tem centro na bissetriz do 1º e 3º quadrantes e tangencia a reta $5x - 12y + 3 = 0$.

331. Determine a equação da circunferência que tangencia os eixos Ox e Oy e cujo centro está na reta $2x + y - 3 = 0$.

332. Obtenha uma circunferência cujo centro está no eixo dos x, sabendo que é tangente às retas $2x + 3y - 1 = 0$ e $2x - 3y - 7 = 0$.

333. Ache as circunferências de raio 5 que são tangentes à reta $3x + 4y - 35 = 0$ no ponto $(5, 5)$.

334. Considere a circunferência C de raio R com centro sobre a reta $y = 3x$. Se C é tangente à reta $y = x$ no ponto $(4, 4)$, qual é o valor de R^2?

335. Obtenha a equação da circunferência que passa pela origem, tem centro na reta $y = -2$ e tangencia a reta r: $x + y - 4 = 0$.

336. Ache as equações das circunferências tangentes aos eixos e cujos centros estão sobre a reta $x - 3y - 6 = 0$.

337. Obtenha a equação da circunferência que passa pela origem e é tangente às retas r: $4x - 3y - 25 = 0$ e s: $4x + 3y + 1 = 0$.

338. Ache a equação da circunferência de raio não unitário que passa pelo ponto $A(-1, 2)$ e tangencia as retas $x = 0$ e $y = 0$.

339. Obtenha a equação da circunferência que passa por $A(8, 0)$ e é tangente à reta $x - y = 0$ na origem.

340. Ache as circunferências que passam por $P(1, 1)$ e $P'(8, 0)$ e são tangentes à reta t: $x = 0$.

341. Ache a equação da circunferência que tangencia o eixo dos y no ponto $(0, 6)$ e determina no semieixo negativo dos x uma corda de comprimento 16.

PROBLEMAS SOBRE CIRCUNFERÊNCIAS

342. Determine a equação da circunferência inscrita no triângulo cujos vértices são A(0, 0), B(0, 4) e C(4, 0).

343. As retas r, s e t são tais que:
1º) A equação de r é $3x - 4y - 25 = 0$
2º) O ângulo entre r e s é $\arctg \dfrac{24}{7}$ e $-1 < m_s < 0$
3º) s passa por $(-3, 5)$
4º) t passa por $(3, -12)$
5º) s é paralela a t
Obtenha:
a) a equação de s   b) a equação de t
c) a equação de uma das circunferências tangentes a r, s e t.

344. Ache as circunferências de raio 2 que são tangentes a $\lambda: x^2 + y^2 = 25$ no ponto $P(3, -4)$.

345. Ache as circunferências de centro $C(-8, 6)$ e tangentes a $x^2 + y^2 = 36$.

346. Determine as equações das circunferências tangentes à circunferência $x^2 + y^2 = 225$ no ponto $(-9, 12)$ e que têm raio unitário.

347. Ache as circunferências que passam por $P(0, 12)$ e $P'(5, 7)$ e são tangentes externas a $\lambda: x^2 + y^2 = 64$.

348. Obtenha a equação da circunferência tangente à reta $3x + 4y - 24 = 0$ e à circunferência $x^2 + y^2 + 4x - 5 = 0$ no ponto $P(1, 0)$.

349. Mostre que existem duas circunferências, C_1 e C_2, de centros fora do eixo Ox, raio 12, passando pela origem e tangentes à circunferência C de equação $x^2 + y^2 - 40x + 384 = 0$. Determine as coordenadas dos centros e as coordenadas dos pontos de contato de C com C_1 e de C com C_2.

350. Escreva a equação da circunferência que tangencia a reta $x + 2y - 6 = 0$ no ponto de ordenada -1 e determina na circunferência $x^2 + y^2 = 4$ uma corda paralela ao eixo dos x.

351. Prove que as circunferências $(x - 4)^2 + (y + 2)^2 = 5$ e $(x - 1)^2 + (y + 3)^2 = 5$ são ortogonais, isto é, as retas que ligam cada centro a um ponto de interseção das circunferências são perpendiculares.

III. Complemento

143. Dados um ponto $P(x_0, y_0)$ e uma circunferência $\lambda: (x - a)^2 + (y - b)^2 = r^2$, chama-se potência de P em relação a λ o número real

$$k = (x_0 - a)^2 + (y_0 - b)^2 - r^2$$

Confrontando com a teoria do item 105, observamos que:

a) se P é exterior a λ, então $k > 0$

b) se P pertence a λ, então $k = 0$

c) se P é interior a λ, então $k < 0$

144. Dadas duas circunferências não concêntricas

$\lambda_1: (x - a_1)^2 + (y - b_1)^2 = r_1^2$ e $\lambda_2: (x - a_2)^2 + (y - b_2)^2 = r_2^2$,

chama-se eixo radical o conjunto dos pontos do plano cartesiano que são equipotentes em relação às duas.

Se $P(x, y)$ é ponto do eixo radical, então $k_1 = k_2$, isto é:

$$(x - a_1)^2 + (y - b_1)^2 = r_1^2 = (x - a_2)^2 + (y - b_2)^2 = r_2^2$$

donde vem:

$$\boxed{2(a_2 - a_1)x + 2(b_2 - b_1)y + (a_1^2 + b_1^2 + r_2^2 - a_2^2 - b_2^2 - r_1^2) = 0}$$

que é a equação do eixo radical. Como $a_2 \neq a_1$ ou $b_2 \neq b_1$ (pois as circunferências não são concêntricas), está provado que o eixo radical é uma reta.

145. Assim, por exemplo, o eixo radical das circunferências $x^2 + y^2 = 9$ e $(x - 1)^2 + (y - 1)^2 = 4$ tem equação:

$$x^2 + y^2 - 9 = (x - 1)^2 + (y - 1)^2 - 4$$

donde vem:

$$2x + 2y - 7 = 0$$

LEITURA

Descartes, o primeiro filósofo moderno, e a geometria analítica

Hygino H. Domingues

Ao iniciar-se o século XVII a geometria ainda representava o grosso da matemática. E na geometria a contribuição de Euclides predominava. Além do mais, a geometria grega, carecendo de métodos gerais, "só exercitava o entendimento ao custo de fatigar enormemente a imaginação", conforme palavras de Descartes.

A época, porém, era de profundas transformações científicas e tecnológicas, razão pela qual impunha-se uma matemática mais integrada ao mundo e operacional. O primeiro grande passo nesse sentido foi a associação da álgebra (que já vinha progredindo por si) com a geometria, empreendida independentemente por Fermat e Descartes, na criação da geometria analítica.

René Descartes (1596-1650) nasceu em La Haye, pequena cidade a sudoeste e a cerca de 300 km de Paris, província de Touraine. Seu pai, membro da pequena nobreza da França, decidiu desde logo investir em sua educação: matriculou-o, aos 8 anos de idade, no colégio jesuíta de La Flèche, cujo padrão de ensino era o que havia de melhor na época. Descartes, porém, sempre teve saúde extremamente frágil, razão pela qual não lhe era cobrada no colégio a regularidade da frequência às aulas; foi nessa época que adquiriu o hábito de permanecer na cama de manhã depois de acordado, para leituras e meditações. Ao concluir seu curso em La Flèche, Descartes já se perguntava: há algum ramo do conhecimento que realmente ofereça segurança? E não vislumbrava como resposta senão a matemática, com a certeza oferecida pelas suas demonstrações. Desde muito jovem as preocupações de ordem filosófica se manifestavam nele.

Aos 20 anos de idade, já graduado em Direito pela Universidade de Poitiers, Descartes estabelece-se em Paris a fim de iniciar-se na vida mundana, como convinha a alguém da sua posição. Mas reencontra-se com Mersenne, que conhecera em La Flèche, e ei-lo em plena metrópole consagrando-se à matemática com todas as suas forças por um ou dois anos. A seguir, entra voluntariamente para a carreira das armas, a fim de conhecer o "mundo". A história não registra nenhum feito militar de Descartes; mas, segundo ele próprio, os delineamentos de sua filosofia surgiram quando servia no exército da Baviera. Em 1629, já desligado das armas, fixa-se na Holanda — um país em que havia mais liberdade de pensamento do que era usual na época — onde viveria os vinte anos seguintes. Nesse período veio à luz sua geometria.

A obra-prima de Descartes é o *Discurso do método*, publicado em 1637, na qual expõe a essência de sua filosofia que, em suma, é uma defesa do método matemático como modelo para aquisição do conhecimento. Essa obra inclui três apêndices, sendo um deles *A geometria*. As duas primeiras partes deste apêndice constituem uma aplicação da álgebra; a última é um texto sobre equações algébricas.

Já ao início de seu trabalho introduz a notação algébrica, hoje universalmente adotada: x, y, z, ... para as variáveis e a, b, c, ... para as constantes. Descartes pensava nas letras como segmentos de retas. Mas rompeu com a tradição grega ao admitir que x^2 (ou xx, como escrevia) e x^3, por exemplo, podiam ser interpretados também como segmentos de reta e não necessariamente como uma área e um volume. Com isso foi-lhe possível mostrar que as cinco operações aritméticas (incluindo a raiz quadrada) correspondem a construções geométricas elementares com régua e compasso.

De certa forma, a ideia de Descartes para o que veio a se chamar geometria analítica complementava a de Fermat, pois, em resumo, ao invés de partir de equações gerais e procurar traduzi-las geometricamente, partia de um problema de lugar geométrico e chegava à equação correspondente — através da qual interpretava o lugar. (Na figura, C é um ponto genérico do lugar.) No fundo, Descartes usava um sistema de coordenadas oblíquas, limitado ao primeiro quadrante, sem explicitar o eixo das ordenadas. Aliás, sequer os termos *abscissa*, *ordenada* e *coordenadas* figuram em seu trabalho, posto que introduzidos por Leibnitz em 1692.

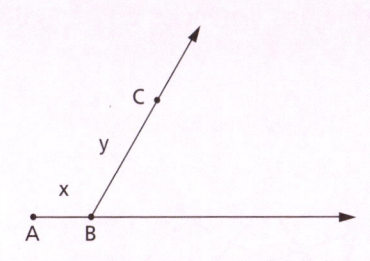

O *Discurso do método* fez de Descartes um homem famoso ainda em vida. O fato de ter escrito essa obra em francês (ao invés do latim, língua científica da época) visava a tornar mais fácil a difusão de suas ideias filosóficas. Mas essas não eram bem aceitas pelas universidades e pela Igreja da época. Assim é que, quando seus restos mortais foram depositados no monumento erigido na França em sua memória (Descartes morrera 15 anos antes, na Suécia), a oração fúnebre foi proibida pela corte de seu país.

CAPÍTULO VII

Cônicas

I. Elipse

146. Definição

Dados dois pontos distintos F_1 e F_2, pertencentes a um plano α, seja $2c$ a distância entre eles.

Elipse é o conjunto dos pontos de α cuja soma das distâncias a F_1 e F_2 é a constante $2a$ (sendo $2a > 2c$).

elipse = $\{P \in \alpha \mid PF_1 + PF_2 = 2a\}$

Assim, temos:

$QF_1 + QF_2 = 2a$
$RF_1 + RF_2 = 2a$
$SF_1 + SF_2 = 2a$
$A_1F_1 + A_1F_2 = 2a$
$B_1F_1 + B_1F_2 = 2a$
$A_2F_1 + A_2F_2 = 2a$
$B_2F_1 + B_2F_2 = 2a$

Notemos que $A_1A_2 = 2a$, pois
$A_1F_1 + A_1F_2 = A_2F_2 + A_2F_1$

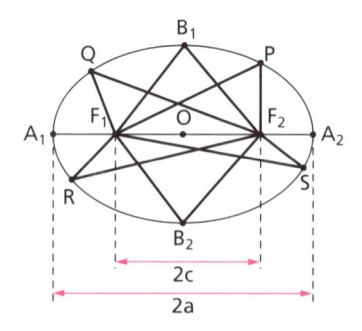

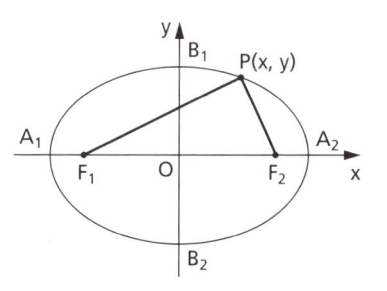

então

x + (x + 2c) = y + (y + 2c)

portanto x = y.

$A_1A_2 = A_1F_1 + F_1F_2 + F_2A_2 = x + 2c + y = 2(x + c) = 2a$

147. Elementos principais

F_1 e F_2 → focos
O → centro
A_1A_2 → eixo maior
B_1B_2 → eixo menor
2c → distância focal
2a → medida do eixo maior
2b → medida do eixo menor
$\dfrac{c}{a}$ → excentricidade

Relação notável: $\boxed{a^2 = b^2 + c^2}$

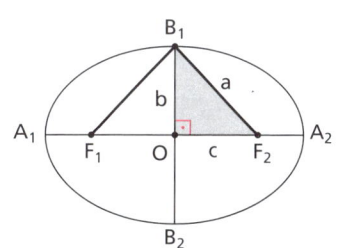

148. Equação reduzida

Tomemos um sistema cartesiano ortogonal tal que

$A_1A_2 \subset x$ e $B_1B_2 \subset y$.

É evidente que os focos são os pontos:

$F_1(-c, 0)$ e $F_2(c, 0)$

Nestas condições, chama-se equação reduzida da elipse a equação que P(x, y), ponto genérico da curva, verifica.

A dedução é imediata:

P ∈ elipse ⇔ $PF_1 + PF_2 = 2a$

CÔNICAS

Então:

$\sqrt{(x+c)^2 + (y-0)^2} + \sqrt{(x-c)^2 + (y-0)^2} = 2a$

$\sqrt{(x+c)^2 + y^2} = 2a - \sqrt{(x-c)^2 + y^2}$

$(x+c)^2 + y^2 = 4a^2 - 4a\sqrt{(x-c)^2 + y^2} + (x-c)^2 + y^2$

$\underline{x^2} + 2cx + \underline{\underline{c^2}} + \underline{\underline{\underline{y^2}}} = 4a^2 - 4a\sqrt{(x-c)^2 + y^2} + \underline{x^2} - 2cx + \underline{\underline{c^2}} + \underline{\underline{\underline{y^2}}}$

$a\sqrt{(x-c)^2 + y^2} = a^2 - cx \Rightarrow a^2(x-c)^2 + a^2y^2 = (a^2 - cx)^2$

$a^2x^2 - \underline{2a^2cx} + a^2c^2 + a^2y^2 = a^4 - \underline{2a^2cx} + c^2x^2$

$a^2x^2 - c^2x^2 + a^2y^2 = a^4 - a^2c^2$

$(a^2 - c^2)x^2 + a^2y^2 = a^2(a^2 - c^2)$

$b^2x^2 + a^2y^2 = a^2b^2$

$$\boxed{\frac{x^2}{a^2} + \frac{y^2}{b^2} = 1}$$

Assim, por exemplo, uma elipse com eixo maior 10 e distância focal 6 apresenta:

$\left.\begin{array}{l} a = 5 \\ c = 3 \end{array}\right\} \Rightarrow b^2 = a^2 - c^2 = 25 - 9 = 16$

Se a posição da elipse é a indicada na figura, isto é,

$A_1A_2 \subset x$ e $B_1B_2 \subset y$,

então sua equação é:

$\frac{x^2}{25} + \frac{y^2}{16} = 1$

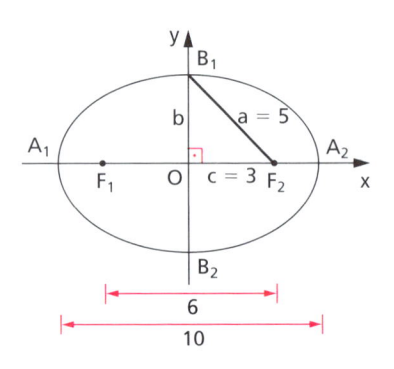

149. Analogamente ao que vimos no item 148, se a elipse apresenta $A_1A_2 \subset y$ e $B_1B_2 \subset x$,

Temos:

$PF_1 + PF_2 = 2a$

$\sqrt{(x-0)^2 + (y+c)^2} + \sqrt{(x-0)^2 + (y-c)^2} = 2a$

(notemos que esta relação é a mesma que se obtém permutando x com y na relação inicial do item 148) e, daí, decorre a equação da elipse:

$$\frac{y^2}{a^2} + \frac{x^2}{b^2} = 1$$

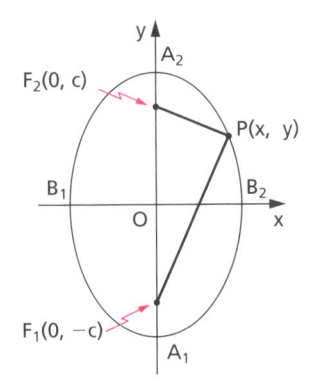

Assim, por exemplo, uma elipse com eixo maior 10 e eixo menor 8, na posição indicada na figura, isto é, $A_1A_2 \subset y$ e $B_1B_2 \subset x$, tem equação:

$$\frac{y^2}{25} + \frac{x^2}{16} = 1$$

ou ainda:

$$\frac{x^2}{16} + \frac{y^2}{25} = 1$$

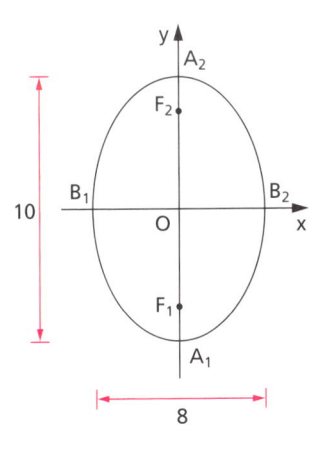

150. Se uma elipse tem centro no ponto $O'(x_0, y_0)$ e $A_1A_2 \mathbin{/\mkern-6mu/} x$, sua equação em relação ao sistema auxiliar x'O'y' é:

$$\frac{(x')^2}{a^2} + \frac{(y')^2}{b^2} = 1$$

portanto, de acordo com as fórmulas de translação vistas no item 83, sua equação relativamente ao sistema xOy é:

$$\frac{(x - x_0)^2}{a^2} + \frac{(y - y_0)^2}{b^2} = 1$$

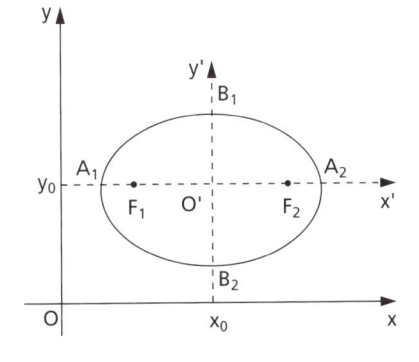

CÔNICAS

Analogamente, se uma elipse tem centro no ponto O'(x_0, y_0) e A_1A_2 // y, sua equação relativamente ao sistema xOy é:

$$\frac{(y - y_0)^2}{a^2} + \frac{(x - x_0)^2}{b^2} = 1$$

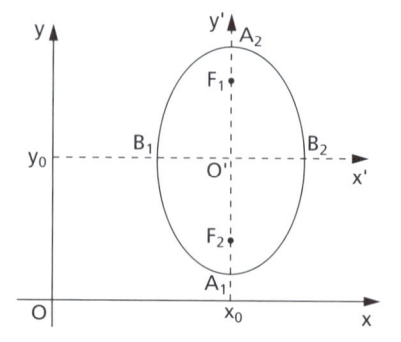

Assim, por exemplo, uma elipse que tem centro no ponto O'(7, 8), semieixo maior a = 5 e semieixo menor b = 4 apresenta equação:

$$\frac{(x - 7)^2}{25} + \frac{(y - 8)^2}{16} = 1 \text{ se } A_1A_2 \text{ // } x$$

ou

$$\frac{(x - 7)^2}{16} + \frac{(y - 8)^2}{25} = 1 \text{ se } A_1A_2 \text{ // } y$$

EXERCÍCIOS

352. Determine as equações das elipses seguintes:

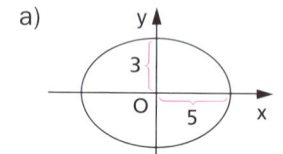

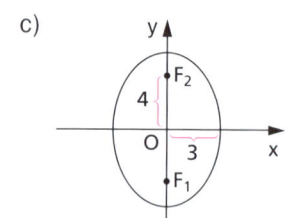

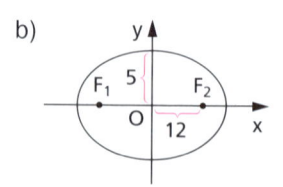

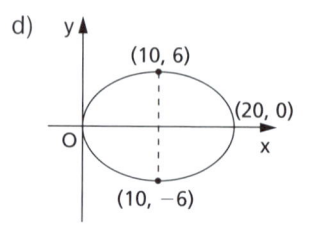

a), b), c), d)

e) Gráfico com elipse, B(6, 10), F₁(2, 7), F₂(10, 7).

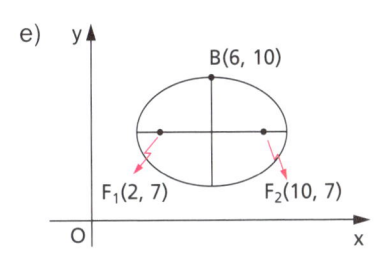

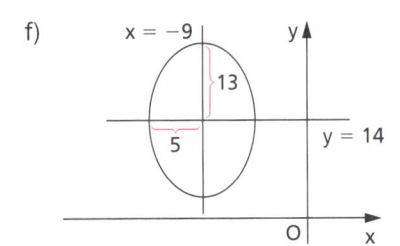

f) Gráfico com elipse, x = −9, 13, 5, y = 14.

353. Determine as coordenadas dos focos de cada elipse do problema anterior.

354. O ponto C(4, 3) é o centro de uma elipse tangente aos eixos coordenados. Se os eixos de simetria são paralelos aos eixos coordenados, escreva as equações da elipse.

355. As metades do eixo maior e da distância focal de uma elipse medem, respectivamente, 5 cm e 4 cm, e seu centro é o ponto (6, −3). Se o eixo menor é paralelo ao eixo coordenado Ox, escreva a equação reduzida dessa elipse.

356. Dê a equação da elipse que passa pelos pontos (2, 0), (−2, 0) e (0, 1).

357. Calcule a distância focal e a excentricidade da elipse $\lambda: 9x^2 + 25y^2 = 900$.

358. Determine a equação da elipse com centro na origem, que passa pelo ponto $P\left(\frac{1}{2}, \frac{1}{2}\right)$ e tem um foco $F_1\left(-\frac{\sqrt{6}}{3}, 0\right)$.

359. Ache as coordenadas dos focos da elipse de equação $9x^2 + 25y^2 = 225$.

360. Construa o gráfico da cônica cuja equação é $169x^2 + 25y^2 = 4\,225$ e obtenha as coordenadas dos focos.

361. Determine os focos da cônica de equação $\frac{(x-3)^2}{25} + \frac{(y-2)^2}{9} = 1$.

362. Dê o centro C, o eixo maior a e o eixo menor b da elipse $\frac{(x-2)^2}{4} + \frac{(y-3)^2}{16} = 1$.

363. Determine os focos da cônica de equação $\frac{(x-3)^2}{25} + \frac{(y-2)^2}{9} = 4$.

364. Qual é a equação do conjunto dos pontos P(x, y) cuja soma das distâncias a $F_1(0, -5)$ e $F_2(0, 55)$ é 68?

365. Os pontos A(10, 0) e B(−5, y) estão sobre uma elipse cujos focos são $F_1(-8, 0)$ e $F_2(8, 0)$. Calcule o perímetro do triângulo BF_1F_2.

II. Hipérbole

151. Definição

Dados dois pontos distintos F_1 e F_2, pertencentes a um plano α, seja 2c a distância entre eles. **Hipérbole** é o conjunto dos pontos de α cuja diferença (em valor absoluto) das distâncias a F_1 e F_2 é a constante 2a (sendo $0 < 2a < 2c$).

hipérbole $= \{P \in \alpha \mid |PF_1 - PF_2| = 2a\}$

Assim, temos:

$QF_2 - QF_1 = 2a$
$RF_2 - RF_1 = 2a$
$SF_1 - SF_2 = 2a$
$A_1F_2 - A_1F_1 = 2a$
$A_2F_1 - A_2F_2 = 2a$

Notemos que o módulo é abolido desde que façamos a diferença da maior para a menor distância. Se um ponto X está no ramo da direita, temos:

$XF_1 - XF_2 = 2a$ pois $XF_1 > XF_2$

Se X está no ramo da esquerda,

$XF_2 - XF_1 = 2a$ pois $XF_2 > XF_1$.

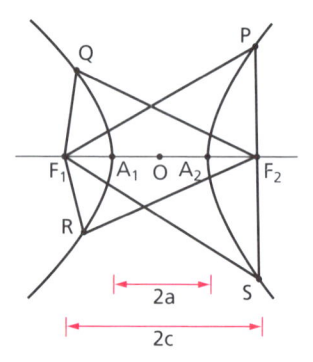

152. Elementos principais

F_1 e $F_2 \to$ focos
$O \to$ centro
$A_1A_2 \to$ eixo real ou transverso
$B_1B_2 \to$ eixo imaginário
$2c \to$ distância focal
$2a \to$ medida do eixo real
$2b \to$ medida do eixo imaginário
$\dfrac{c}{a} \to$ excentricidade

Relação notável: $c^2 = a^2 + b^2$

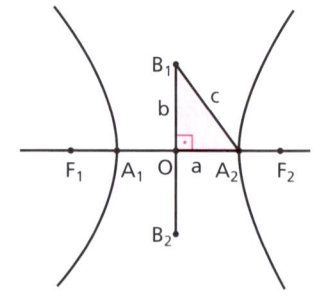

Notemos que, sendo a hipérbole uma curva aberta, o significado geométrico do eixo imaginário B_1B_2 é, por enquanto, abstrato.

153. Equação reduzida

Tomemos um sistema cartesiano ortogonal tal que

$A_1A_2 \subset x$ e $B_1B_2 \subset y$.

É evidente que os focos são os pontos:

$F_1(-c, 0)$ e $F_2(c, 0)$

Nestas condições, chama-se equação reduzida da hipérbole a equação que $P(x, y)$, ponto genérico da hipérbole, verifica.

A dedução é imediata:

$P \in$ hipérbole $\Leftrightarrow |PF_1 - PF_2| = 2a$

Então:

$\sqrt{(x+c)^2 + (y-0)^2} - \sqrt{(x-c)^2 + (y-0)^2} = \pm 2a$

$\sqrt{(x+c)^2 + y^2} = \sqrt{(x-c)^2 + y^2} \pm 2a$

$(x+c)^2 + y^2 = (x-c)^2 + y^2 \pm 4a\sqrt{(x-c)^2 + y^2} + 4a^2$

$4cx - 4a^2 = \pm 4a\sqrt{(x-c)^2 + y^2} \Rightarrow cx - a^2 = \pm a\sqrt{(x-c)^2 + y^2}$

$(cx - a^2)^2 = a^2(x-c)^2 + a^2y^2$

$c^2x^2 - 2a^2cx + a^4 = a^2x^2 - 2a^2cx + a^2c^2 + a^2y^2$

$(c^2 - a^2)x^2 - a^2y^2 = a^2(c^2 - a^2) \Rightarrow b^2x^2 - a^2y^2 = a^2b^2$

$$\boxed{\frac{x^2}{a^2} - \frac{y^2}{b^2} = 1}$$

Assim, por exemplo, uma hipérbole com eixo real 6 e distância focal 10 apresenta:

$b^2 = c^2 - a^2 = 25 - 9 = 16$

Se a posição da hipérbole é a indicada na figura, isto é, $A_1A_2 \subset x$ e $B_1B_2 \subset y$, então sua equação é:

$\dfrac{x^2}{9} - \dfrac{y^2}{16} = 1$

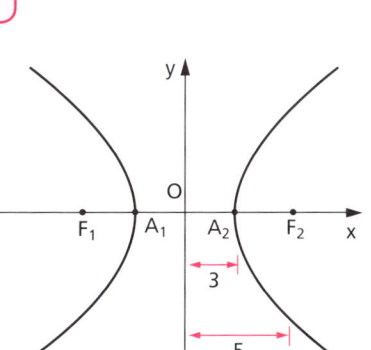

154. Analogamente ao que vimos no item 153, se a hipérbole apresenta $A_1A_2 \subset y$ e $B_1B_2 \subset x$, temos:

$PF_1 - PF_2 = \pm 2a$

$\sqrt{(x-0)^2 + (y+c)^2} - \sqrt{(x-0)^2 + (y-c)^2} = \pm 2a$

(notemos que esta relação é a mesma que se obtém permutando x com y na relação inicial do item 153) e, daí, decorre a equação da hipérbole:

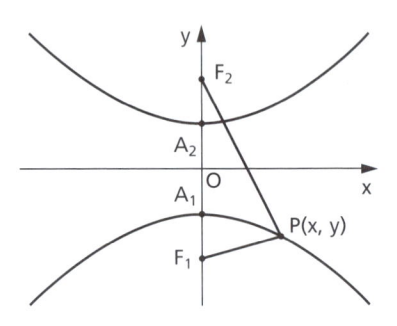

$$\boxed{\frac{y^2}{a^2} - \frac{x^2}{b^2} = 1}$$

Assim, por exemplo, uma hipérbole com eixo real 6 e distância focal 10, na posição indicada na figura, isto é, $A_1A_2 \subset y$ e $B_1B_2 \subset x$, tem equação

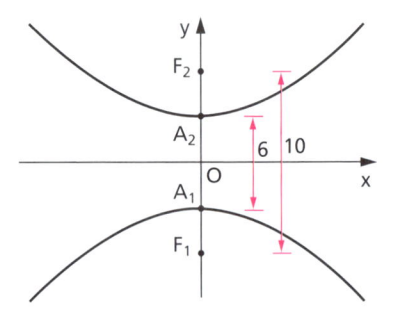

$$\frac{y^2}{9} - \frac{x^2}{16} = 1$$

que evidentemente não é equivalente a:

$$\frac{x^2}{16} - \frac{y^2}{9} = 1$$

155. Se uma hipérbole tem centro no ponto $O'(x_0, y_0)$ e $A_1A_2 \,/\!/\, x$, sua equação em relação ao sistema auxiliar x'O'y' é:

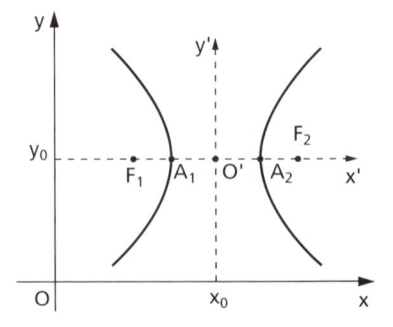

$$\frac{(x')^2}{a^2} - \frac{(y')^2}{b^2} = 1$$

portanto, sua equação relativamente ao sistema xOy é:

$$\boxed{\frac{(x-x_0)^2}{a^2} - \frac{(y-y_0)^2}{b^2} = 1}$$

Analogamente, se uma hipérbole tem centro no ponto $O'(x_0, y_0)$ e $A_1A_2 \mathbin{/\mkern-5mu/} y$, sua equação relativamente ao sistema xOy é:

$$\frac{(y - y_0)^2}{a^2} - \frac{(x - x_0)^2}{b^2} = 1$$

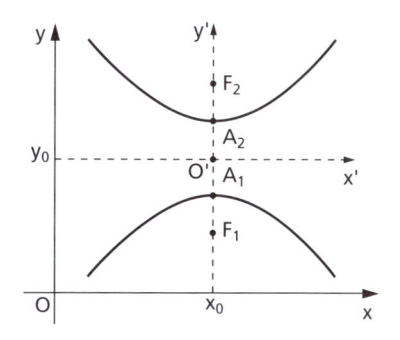

Assim, por exemplo, uma hipérbole que tem centro no ponto $O'(7, 8)$, semieixo maior $a = 4$ e semieixo imaginário $b = 3$, apresenta equação:

$$\frac{(x - 7)^2}{16} - \frac{(y - 8)^2}{9} = 1 \qquad \text{se } A_1A_2 \mathbin{/\mkern-5mu/} x$$

ou

$$\frac{(y - 8)^2}{16} - \frac{(x - 7)^2}{9} = 1 \qquad \text{se } A_1A_2 \mathbin{/\mkern-5mu/} y$$

EXERCÍCIOS

366. Determine as equações das hipérboles seguintes:

a)

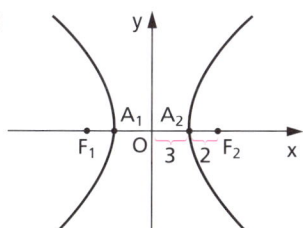

b)

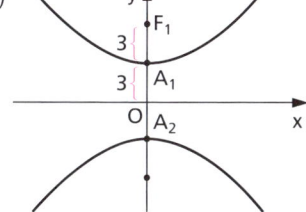

c)

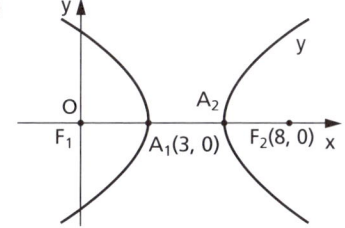

d)

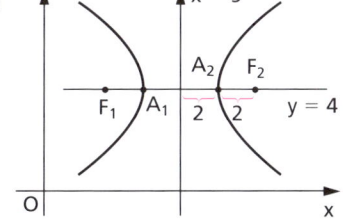

CÔNICAS

367. Obtenha a distância focal da hipérbole cuja equação é $\dfrac{x^2}{16} - \dfrac{y^2}{9} = 1$.

368. Calcule a excentricidade da hipérbole cuja equação é $36x^2 - 49y^2 = 1$.

369. Construa os gráficos das cônicas λ: $x^2 - y^2 = 1$ e λ': $y^2 - x^2 = 1$. São coincidentes?

370. Determine as coordenadas dos focos da hipérbole cuja equação é $144y^2 - 25x^2 = 3600$.

371. Obtenha os focos da cônica cuja equação é $\dfrac{(x-2)^2}{9} - \dfrac{(y-2)^2}{7} = 1$

372. Determine a equação reduzida da elipse cujo eixo menor tem por extremos os focos da hipérbole $9x^2 - 16y^2 = -144$ e cuja excentricidade é o inverso da excentricidade da hipérbole dada.

III. Parábola

156. Definição

Dados um ponto F e uma reta d, pertencentes a um plano α, com $F \notin d$, seja p a distância entre F e d. **Parábola** é o conjunto dos pontos de α que estão à mesma distância de F e de d.

parábola $= \{P \in \alpha \mid PF = Pd\}$

Assim, temos:

VF = VV'
PF = PP'
QF = QQ'
RF = RR'
SF = SS'

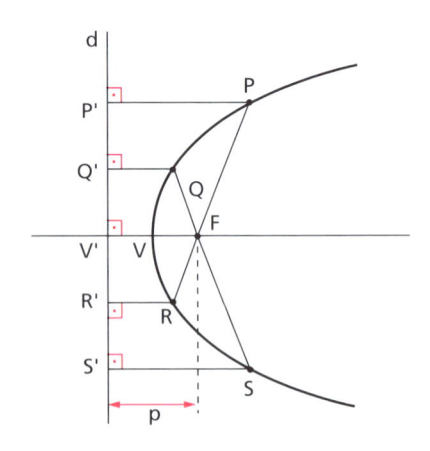

157. Elementos principais

F → foco
d → diretriz
p → parâmetro
V → vértice
reta VF → eixo de simetria

Relação notável: $\boxed{VF = \dfrac{p}{2}}$

158. Equação reduzida

Tomemos um sistema cartesiano ortogonal como origem no vértice da parábola e eixo das abscissas passando pelo foco. É evidente que o foco é

$F\left(\dfrac{p}{2}, 0\right)$

e a diretriz d tem equação $x = -\dfrac{p}{2}$.

Nestas condições, chama-se equação reduzida da parábola a equação que $P(x, y)$, ponto genérico da curva, verifica.

A dedução é imediata:

$P \in$ parábola $\Leftrightarrow PF = PP'$

então:

$$\sqrt{\left(x - \dfrac{p}{2}\right)^2 + (y - 0)^2} = \sqrt{\left(x + \dfrac{p}{2}\right)^2 + (y - y)^2}$$

$$\left(x - \dfrac{p}{2}\right)^2 + y^2 = \left(x + \dfrac{p}{2}\right)^2$$

$$\underline{x^2} - px + \underline{\underline{\dfrac{p^2}{4}}} + y^2 = \underline{x^2} + px + \underline{\underline{\dfrac{p^2}{4}}}$$

$$\boxed{y^2 = 2px}$$

Assim, por exemplo, uma parábola com parâmetro $p = 2$, vértice na origem e foco no eixo dos x, tem equação:

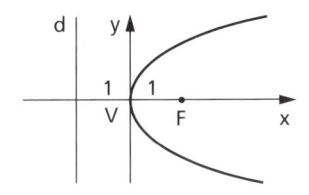

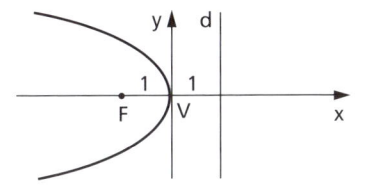

$y^2 = 4x$, se F à direita de V   ou $y^2 = -4x$, se F à esquerda de V

CÔNICAS

159. Analogamente ao que vimos no item 158, se a parábola apresenta vértice na origem e foco no eixo das ordenadas, temos:

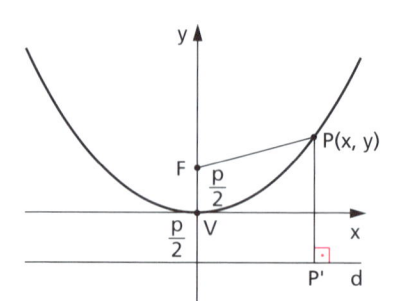

PF = PP'

$$\sqrt{(x-0) + \left(y - \frac{p}{2}\right)^2} = \sqrt{(x-x)^2 + \left(y + \frac{p}{2}\right)^2}$$

(notemos que esta relação é a mesma que se obtém permutando x com y na relação inicial do item 158) e, daí, decorre a equação da parábola:

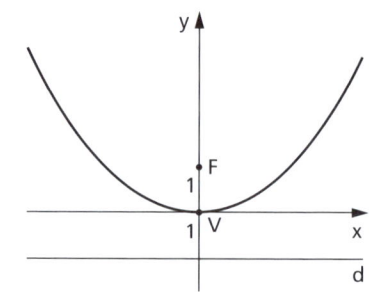

$$x^2 = 2py$$

Assim, por exemplo, uma parábola com parâmetro p = 2, vértice na origem e foco no eixo y, tem equação:

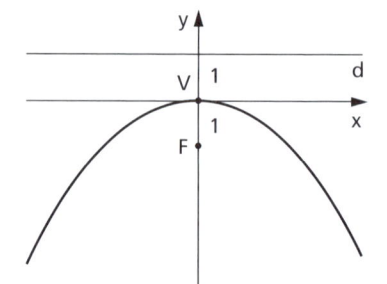

$x^2 = 4y$, se F acima de V

ou

$x^2 = -4y$, se F abaixo de V

160. Se uma parábola tem vértice no ponto $V(x_0, y_0)$ e VF // x, sua equação em relação ao sistema auxiliar x'Vy' é:

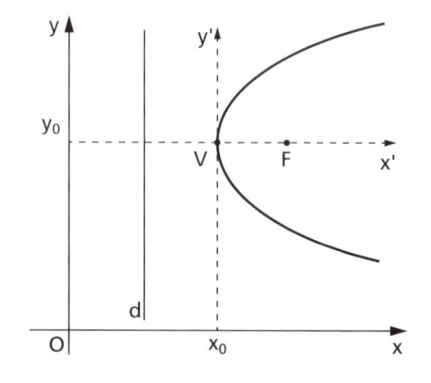

$(y')^2 = 2px'$

portanto sua equação relativamente ao sistema xOy é:

$$(y - y_0)^2 = 2p(x - x_0)$$

Analogamente, se uma parábola tem vértice no ponto

$V(x_0, y_0)$ e $VF \mathbin{/\mkern-2mu/} y$,

sua equação relativamente ao sistema xOy é:

$$(x - x_0)^2 = 2p(y - y_0)$$

Assim, por exemplo, uma parábola de vértice V(7, 8) e parâmetro 3 apresenta equação:

$(y - 8)^2 = 6(x - 7)$ se $VF \mathbin{/\mkern-2mu/} x$ e F à direita de V ou

$(x - 7)^2 = 6(y - 8)$ se $VF \mathbin{/\mkern-2mu/} y$ e F acima de V

Notemos ainda que uma parábola de vértice V(7, 8) e parâmetro 3 apresenta equação:

$(y - 8)^2 = -6(x - 7)$

se $VF \mathbin{/\mkern-2mu/} x$ e F à esquerda de V ou

$(x - 7)^2 = -6(y - 8)$

se $VF \mathbin{/\mkern-2mu/} y$ e F abaixo de V

EXERCÍCIOS

373. Ache as coordenadas do foco F e a equação da diretriz da parábola $y^2 = -16x$.

374. Determine o foco e o vértice da parábola λ: $(y - 5)^2 = 12(x - 3)$.

375. Ache a equação da diretriz da parábola representada pela equação $y = (x - 2)^2$.

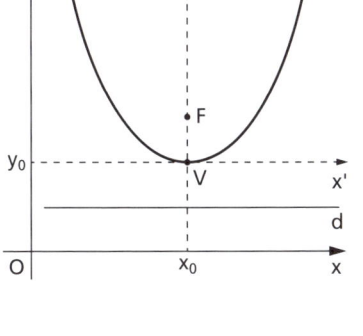

CÔNICAS

376. Determine as equações das parábolas seguintes:

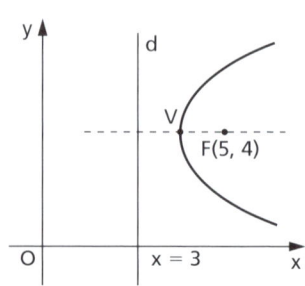

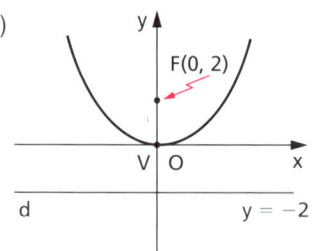

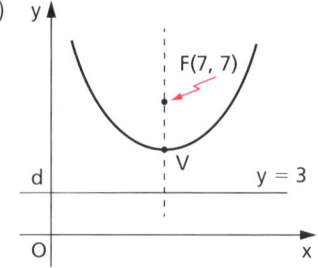

a) Vértice V(0,0), foco F(3, 0), diretriz x = −3

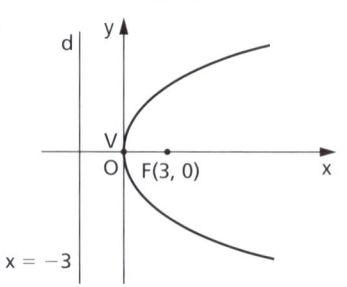

b) Vértice V(0,0), foco F(0, 2), diretriz y = −2

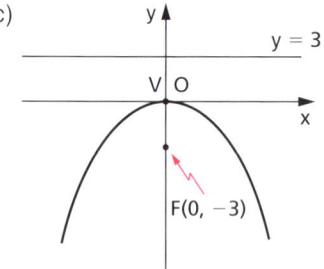

c) Vértice V(0,0), foco F(0, −3), diretriz y = 3

d) Vértice V(3, 4), foco F(5, 4), diretriz x = 3

e) Vértice V(7, 3), foco F(7, 7), diretriz y = 3

f) Vértice V(2, 3), foco F(2, 0)

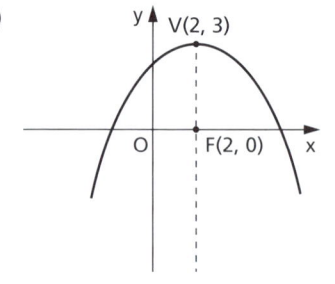

377. Determine as coordenadas do vértice da parábola cuja equação é $2x^2 + 4x + 3y - 4 = 0$.

378. Ache a equação da parábola que tem eixo de simetria vertical e passa pelos pontos A(0, 0), B(3, 3), C(−6, 30).

379. Obtenha a equação da parábola cuja diretriz é (d) x = 0 e cujo foco é F(4, 1).

380. Qual é a equação do conjunto dos pontos P(x, y) que são equidistantes da reta d: y = 3 e do ponto F(0, 0).

381. Ache a distância do ponto P = (3, 6) à reta determinada pelos pontos de interseção da função $f(x) = x^2 - x$ com a sua inversa.

382. Dê a equação da parábola simétrica relativamente ao eixo dos y e que passa pelos pontos de interseção da reta $x + y = 0$ com a circunferência $x^2 + y^2 + 8y = 0$.

383. Obtenha a equação da mediatriz do segmento cujas extremidades são os vértices das parábolas $y = x^2 + 6x + 4$ e $y = x^2 - 6x + 2$.

384. Dada a parábola de equação $x = y^2 + 10y + 27$, determine as coordenadas do vértice.

IV. Reconhecimento de uma cônica

161. Comparando entre si as equações do item 150:

$\dfrac{(x - x_0)^2}{a^2} + \dfrac{(y - y_0)^2}{b^2} = 1$ (elipse com eixo maior horizontal)

$\dfrac{(y - y_0)^2}{a^2} + \dfrac{(x - x_0)^2}{b^2} = 1$ (elipse com eixo maior vertical)

concluímos que:

1º) uma equação do 2º grau nas incógnitas x e y representa uma elipse com eixo maior paralelo a Ox ou Oy se, e somente se, for redutível à forma:

$\dfrac{(x - x_0)^2}{k_1} + \dfrac{(y - y_0)^2}{k_2} = 1$ com $k_1 > 0$, $k_2 > 0$ e $k_1 \neq k_2$;

2º) quando $k_1 > k_2$, $k_1 = a^2$ e $k_2 = b^2$, portanto o eixo maior é horizontal;

3º) quando $k_1 < k_2$, $k_1 = b^2$ e $k_2 = a^2$, portanto o eixo maior é vertical;

4º) (x_0, y_0) é o centro da elipse.

162. Comparando entre si as equações do item 155:

$\dfrac{(x - x_0)^2}{a^2} - \dfrac{(y - y_0)^2}{b^2} = 1$ (hipérbole com eixo real horizontal)

$\dfrac{(y - y_0)^2}{a^2} - \dfrac{(x - x_0)^2}{b^2} = 1$ (hipérbole com eixo real vertical) concluímos que:

1º) uma equação do 2º grau nas incógnitas x e y representa uma hipérbole com eixo real paralelo a Ox ou Oy se, e somente se, for redutível à forma:

$$\frac{(x-x_0)^2}{k_1} + \frac{(y-y_0)^2}{k_2} = 1$$

em que k_1 e k_2 têm sinais contrários;

2º) quando $k_1 > 0$ e $k_2 < 0$, temos $k_1 = a^2$ e $k_2 = -b^2$, portanto o eixo real é horizontal;

3º) quando $k_1 < 0$ e $k_2 > 0$, temos $k_1 = -b^2$ e $k_2 = a^2$, portanto o eixo real é vertical;

4º) (x_0, y_0) é o centro da hipérbole.

163. Desenvolvendo as equações do item 160, temos:

$$x = \frac{1}{2p} \cdot y^2 - \frac{y_0}{p} \cdot y + \frac{y_0^2 + 2px_0}{2p} \quad \text{(parábola com eixo horizontal)}$$

$$y = \frac{1}{2p} \cdot x^2 - \frac{x_0}{p} \cdot x + \frac{x_0^2 + 2py_0}{2p} \quad \text{(parábola com eixo vertical)}$$

Comparando as duas, concluímos que:

1º) uma equação do 2º grau nas incógnitas x e y representa uma parábola com eixo paralelo a Ox ou Oy se, e somente se, for redutível às formas:

(1) $x = ay^2 + by + c$ $(a \neq 0)$ ou

(2) $y = ax^2 + bx + c$ $(a \neq 0)$

2º) quando redutível à forma (1), a parábola tem eixo horizontal e

$a = \frac{1}{2p}, \quad b = -\frac{y_0}{p}, \quad c = \frac{y_0^2 + 2px_0}{2p};$

3º) quando redutível à forma (2), a parábola tem eixo vertical e

$a = \frac{1}{2p}, \quad b = -\frac{x_0}{p}, \quad c = \frac{x_0^2 + 2py_0}{2p};$

4º) (x_0, y_0) é o vértice da parábola.

EXERCÍCIOS

385. Caracterize a cônica representada pela equação $4x^2 + 9y^2 = 36$ e esboce seu gráfico.

Solução

Dividindo por 36, temos

$$\frac{4x^2}{36} + \frac{9y^2}{36} = \frac{36}{36} \Rightarrow \frac{x^2}{9} + \frac{y^2}{4} = 1$$

portanto a cônica é uma elipse com centro na origem e eixo maior horizontal tal que:

$$\left.\begin{array}{l} a^2 = 9 \\ b^2 = 4 \end{array}\right\} \Rightarrow c = \sqrt{a^2 - b^2} = \sqrt{5}$$

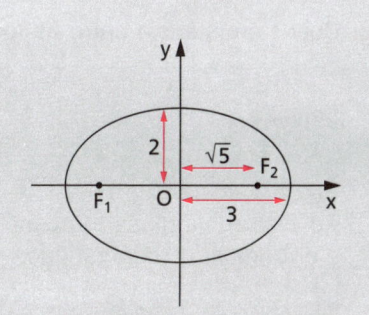

386. Caracterize a cônica representada pela equação $4x^2 - 9y^2 = 36$ e esboce seu gráfico.

Solução

$$4x^2 - 9y^2 = 36 \Rightarrow \frac{x^2}{9} - \frac{y^2}{4} = 1$$

portanto a cônica é uma hipérbole com centro $(0, 0)$, eixo real horizontal, pois a diferença é feita de x^2 para y^2 e

$$\left.\begin{array}{l} a^2 = 9 \Rightarrow a = 3 \\ b^2 = 4 \Rightarrow b = 2 \end{array}\right\} \Rightarrow c = \sqrt{13}$$

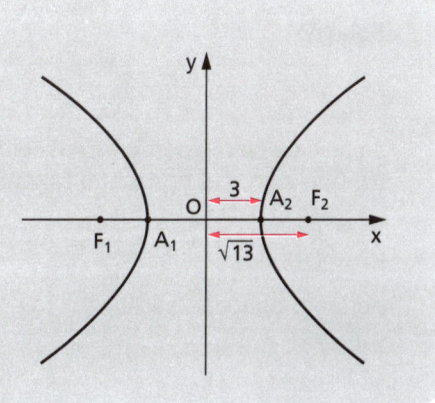

CÔNICAS

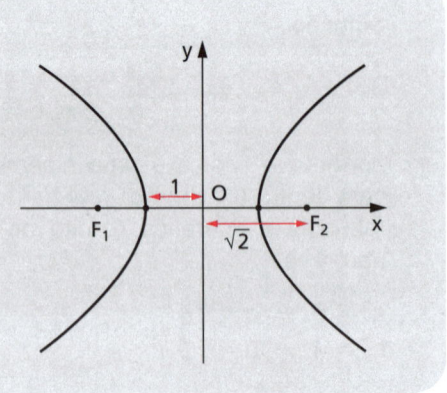

387. Qual é a cônica representada pela equação $y^2 = 6x$? Esboce seu gráfico.

Solução

$y^2 = 6x \Rightarrow y^2 = 2 \cdot 3 \cdot x$

portanto a cônica é uma parábola com vértice na origem, eixo horizontal e parâmetro $p = 3$.

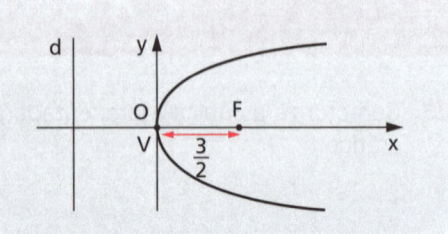

388. Qual é a distância entre os focos da cônica cuja equação é $9x^2 + 4y^2 = 36$?

Solução

$9x^2 + 4y^2 = 36 \Rightarrow \dfrac{x^2}{4} + \dfrac{y^2}{9} = 1$

A cônica é uma elipse com centro $(0, 0)$ e eixo maior vertical tal que:

$\left.\begin{array}{l} a^2 = 9 \\ b^2 = 4 \end{array}\right\} \Rightarrow c = \sqrt{a^2 - b^2} = \sqrt{5}$

portanto os focos são

$F_1(0, -\sqrt{5})$ e $F_2(0, \sqrt{5})$

e a distância entre eles é $2c = 2\sqrt{5}$.

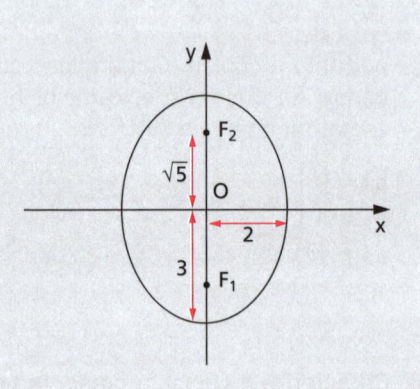

389. Quais são os focos da cônica cuja equação é $x^2 - y^2 = 1$?

Solução

$x^2 - y^2 = 1 \Rightarrow \dfrac{x^2}{1} - \dfrac{y^2}{1} = 1$

A cônica é uma hipérbole com centro $(0, 0)$ e eixo real horizontal tal que:

$\left.\begin{array}{l} a^2 = 1 \\ b^2 = 1 \end{array}\right\} \Rightarrow c = \sqrt{a^2 + b^2} = \sqrt{2}$

portanto os focos são

$F_1(-\sqrt{2}, 0)$ e $F_2(\sqrt{2}, 0)$.

390. Qual é a cônica representada pela equação $9x^2 + 16y^2 - 90x - 160y + 481 = 0$? Esboce seu gráfico.

Solução

Tendo os termos x^2 e y^2, é evidente que a equação só pode representar elipse ou hipérbole.
Vamos identificá-la com a equação teórica

$$\frac{(x - x_0)^2}{k_1} + \frac{(y - y_0)^2}{k_2} = 1$$

isto é,

$$k_2 x^2 + k_1 y^2 - 2k_2 x_0 x - 2k_1 y_0 y + (k_2 x_0^2 + k_1 y_0^2 - k_1 k_2) = 0$$

Temos coeficientes respectivamente iguais aos da equação dada, portanto:

$$k_2 = 9, \ k_1 = 16, \ 2k_2 x_0 = 90, \ 2k_1 y_0 = 160, \ k_2 x_0^2 + k_1 y_0^2 - k_1 k_2 = 481$$

donde vem:

$$k_2 = 9, \ k_1 = 16, \ x_0 = 5, \ y_0 = 5$$

Como $k_1 > k_2 > 0$, a equação representa uma elipse com eixo maior horizontal, centro $(5, 5)$, sendo

$$a^2 = 16 \quad \text{e} \quad b^2 = 9.$$

A equação reduzida é:

$$\frac{(x - 5)^2}{16} + \frac{(y - 5)^2}{9} = 1$$

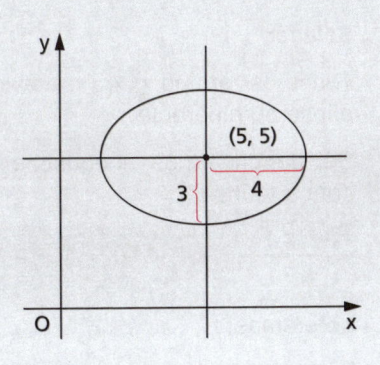

391. Caracterize a cônica representada pela equação $x = \frac{1}{4}y^2 - \frac{1}{2}y + \frac{5}{4}$ e esboce seu gráfico.

Solução

Evidentemente a equação representa uma parábola com eixo horizontal. Identificando-a com a equação teórica

CÔNICAS

$$x = \frac{1}{2p} \cdot y^2 - \frac{y_0}{p} \cdot y + \frac{y_0^2 + 2px_0}{2p}$$

decorre:

$$\frac{1}{2p} = \frac{1}{4}, \frac{y_0}{p} = \frac{1}{2}, \frac{y_0^2 + 2px_0}{2p} = \frac{5}{4}$$

donde tiramos:

$p = 2, y_0 = 1, x_0 = 1$

Assim, a parábola tem vértice $(1, 1)$ e parâmetro $p = 2$.

A equação reduzida é:

$(y - 1)^2 = 4(x - 1)$

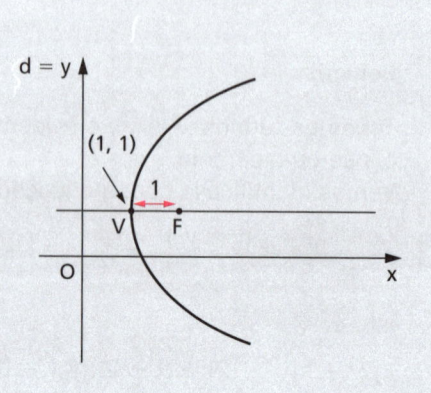

392. Qual é a cônica representada pela equação $4x^2 - y^2 - 32x + 8y + 52 = 0$? Esboce seu gráfico.

Solução

Tendo os termos x^2 e y^2, é evidente que a equação só pode representar elipse ou hipérbole.

Se identificarmos a equação dada com a teórica

$$\frac{(x - x_0)^2}{k_1} + \frac{(y - y_0)^2}{k_2} = 1$$

obteremos:

$k_1 = -1, k_2 = 4, x_0 = 4, y_0 = 4$

Como $k_1 < 0$ e $k_2 > 0$, a equação representa uma hipérbole com eixo real vertical, centro $(4, 4)$, sendo $a^2 = 4$ e $b^2 = 1$.

A equação reduzida é:

$$\frac{(y - 4)^2}{4} - \frac{(x - 4)^2}{1} = 1$$

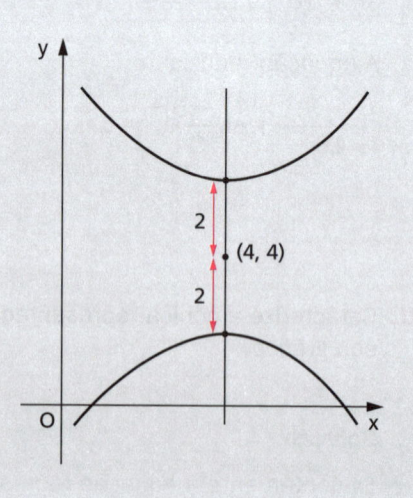

164. Estamos observando que a teoria dos itens 161, 162 e 163 só permite caracterizar a cônica representada por uma equação do 2º grau do tipo

$Ax^2 + By^2 + Cxy + Dx + Ey + F = 0$

com C = 0, isto é, sem o termo xy.

Para discutir o caso quando C ≠ 0, é preciso ver o capítulo seguinte.

EXERCÍCIOS

393. Caracterize a cônica representada por cada uma das equações abaixo:

a) $9x^2 + 25y^2 - 36x + 50y - 164 = 0$

b) $y^2 - 4x - 6y + 13 = 0$

c) $5x^2 - 4y^2 + 30x + 16y + 49 = 0$

d) $x^2 - 4x - 12y = 32$

e) $289x^2 - 17\,183 = 2(256y - 289x - 32y^2)$

394. Uma cônica tem equação $9x^2 + 5y^2 + 54x - 30y + 81 = 0$. Caracterize a cônica, determine seus focos e sua excentricidade.

V. Interseções de cônicas

165. É regra geral na Geometria Analítica que, dadas duas curvas f(x, y) = 0 e g(x, y) = 0, a interseção delas é o conjunto dos pontos que satisfazem o sistema:

$\begin{cases} f(x, y) = 0 \\ g(x, y) = 0 \end{cases}$

Já aplicamos esse conceito para achar a interseção de duas retas (item 35), de uma reta e uma circunferência (item 110) e de duas circunferências (item 115). O mesmo conceito se aplica para obter a interseção de uma reta e uma cônica, de uma circunferência e uma cônica, de duas cônicas, etc.

CÔNICAS

EXERCÍCIOS

395. Ache os pontos comuns à reta r: $x - y = 0$ e a parábola λ: $y = x^2$.

Solução

Vamos resolver o sistema de equações

$\begin{cases} x = y \quad (1) \\ y = x^2 \quad (2) \end{cases}$

Substituindo (1) em (2), resulta:

$y = (y)^2 \Rightarrow y^2 - y = 0 \Rightarrow$

$\begin{cases} y = 0 \Rightarrow x = 0 \\ \text{ou} \\ y = 1 \Rightarrow x = 1 \end{cases}$

Resposta: $r \cap \lambda = \{(0, 0), (1, 1)\}$.

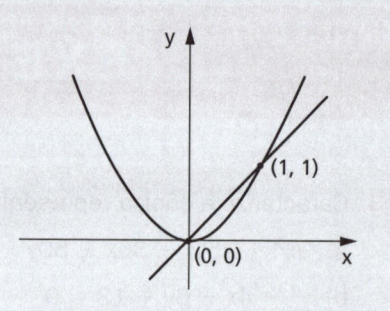

396. Obtenha a interseção da parábola λ: $y^2 = x$ com a elipse λ': $x^2 + 5y^2 = 6$.

397. Qual é o número de interseções das curvas de equações $y = x^2$ e $y = x^{\frac{3}{2}}$?

398. Determine o número de elementos da interseção das curvas
$y = -1 - \sqrt{19 - x^2 - 2x}$ e $x = 3 - \sqrt{9 - y^2 - 4y}$.

399. Determine o conjunto dos pontos em que a hipérbole $x^2 - 4y^2 = 4$ intercepta a circunferência $x^2 + y^2 = 9$.

400. Quantos pontos comuns têm a circunferência $x^2 + y^2 - 4y + 3 = 0$ e a parábola $3x^2 - y + 1 = 0$?

401. Calcule o comprimento da corda que a reta r: $y = x$ define na elipse
λ: $9x^2 + 25y^2 = 225$

402. Calcule a distância entre os pontos de interseção das curvas $x^2 + y = 10$ e $x + y = 10$.

403. Determine m de modo que a reta $y = x + m$ intercepte a elipse $\dfrac{x^2}{4} + y^2 = 1$.

404. Calcule o valor do coeficiente angular m para que a reta $y = mx + 2$ corte a parábola $y^2 = 4x$.

405. Sejam $P(a, b)$ e $Q(c, d)$ os pontos em que a reta $3x - 2y = 0$ corta a curva $x^2 + 6x + y^2 - 4y - 12 = 0$. Calcule o produto da distância de P ao ponto $R(2, 3)$ pela distância de Q ao mesmo ponto R.

406. Determine a interseção entre o gráfico da função $y = ax^2 + bx + c$, sendo $b \neq 0$ e $c \neq 0$, e o gráfico da função obtida da anterior pela mudança de x em $-x$.

407. Dada a função f, definida no conjunto dos números reais por $f(x) = 4x - x^2$,

a) determine as coordenadas (x', y') da interseção, distinta da origem, da reta $y = 3x$ com o gráfico de f;

b) dê a equação da reta que passa pela origem e que tem, com o gráfico de f, uma interseção (x'', y'') simétrica de (x', y') em relação à reta $x = 2$.

408. Os vértices de um triângulo estão sobre a parábola de equação $y = x^2 + x - 12$. Sabendo que dois dos vértices estão sobre o eixo dos x e que o terceiro vértice tem coordenadas (x, y), em que x é o ponto de mínimo de $y = x^2 + x - 12$, calcule a área do triângulo.

VI. Tangentes a uma cônica

166. Vamos resolver dois problemas clássicos de tangência entre uma cônica e uma reta.

Para a resolução desses dois problemas é fundamental notar que uma reta t e uma cônica λ, coplanares, são tangentes se, e somente se, têm um único ponto comum.(*)

A reta $t: ax + by + k = 0$ e a cônica $\lambda: f(x, y) = 0$ têm um único ponto comum se o sistema de equações:
$$\begin{cases} ax + by + k = 0 & (1) \\ f(x, y) = 0 & (2) \end{cases}$$
admitir uma única solução (x_0, y_0).

Seja Δ o discriminante da equação do 2º grau resultante da substituição da incógnita y de (1) em (2). A reta t e a cônica λ são tangentes se, e somente se, $\Delta = 0$.

(*) No caso da parábola, deve-se exigir que a reta tenha um único ponto com a curva e não seja paralela ao eixo da parábola.

CÔNICAS

167. 1º problema: obter as retas *t* tangentes a uma dada cônica λ e paralelas a uma dada reta *r*.

Solução

Se a reta dada é r: ax + by + c = 0 e a cônica dada é λ: f(x, y) = 0, temos:

1º) t // r ⇒ t: ax + by + k = 0

2º) como *t* é tangente de λ, determinamos *k* impondo Δ = 0 (conforme item 166).

EXERCÍCIOS

409. Obtenha as tangentes à elipse λ: $2x^2 + 3y^2 = 6$ que são paralelas à reta r: y = x.

Solução

1º) t // r ⇒ (t) y = x + k

2º) sistema $\begin{cases} 2x^2 + 3y^2 = 6 \\ y = x + k \end{cases}$

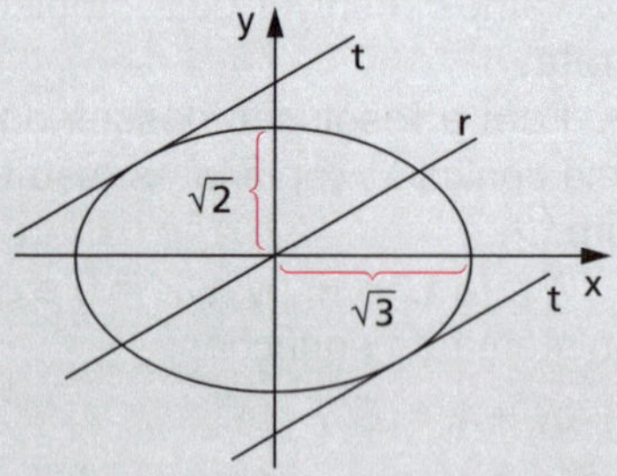

Substituindo, temos:
$2x^2 + 3(x + k)^2 = 6$
$5x^2 + 6kx + (3k^2 - 6) = 0$

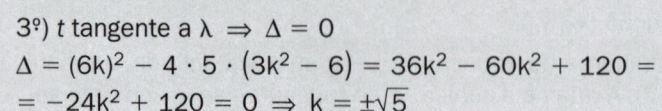

3º) *t* tangente a λ ⇒ Δ = 0
$\Delta = (6k)^2 - 4 \cdot 5 \cdot (3k^2 - 6) = 36k^2 - 60k^2 + 120 =$
$= -24k^2 + 120 = 0 \Rightarrow k = \pm\sqrt{5}$

Resposta: $y = x + \sqrt{5}$ ou $y = x - \sqrt{5}$.

410. Obtenha as tangentes à hipérbole λ: $x^2 - y^2 = 1$ que são paralelas à reta r: $y = 2x$.

Solução

1º) $t \parallel r \Rightarrow t$: $y = 2x + k$

2º) sistema $\begin{cases} x^2 - y^2 = 1 \\ y = 2x + k \end{cases}$

Substituindo, temos:

$x^2 - (2x + k)^2 = 1$

$3x^2 + 4kx + (k^2 + 1) = 0$

3º) t tangente a $\lambda \Rightarrow \Delta = 0$

$\Delta = (4k)^2 - 4 \cdot 3 \cdot (k^2 + 1) = 4k^2 - 12 = 0 \Rightarrow k = \pm\sqrt{3}$

Resposta: $y = 2x + \sqrt{3}$ ou $y = 2x - \sqrt{3}$.

411. Dadas a reta r: $y = -\frac{1}{3}x$ e a parábola λ: $y = x^2 - x - 2$, obtenha a tangente a λ que é perpendicular a r, bem como o ponto de tangência.

Solução

1º) $t \perp r \Rightarrow m_t = -\frac{1}{m_r} = -\frac{1}{-\frac{1}{3}} = 3$

então t: $y = 3x + k$

2º) sistema $\begin{cases} y = x^2 - x - 2 \\ y = 3x + k \end{cases}$

Substituindo, temos:

$3x + k = x^2 - x - 2$

$x^2 - 4x - (k + 2) = 0$

3º) t tangente a $\lambda \Rightarrow \Delta = 0$

$\Delta = (-4)^2 + 4 \cdot 1 \cdot (k + 2) = 16 + 4k + 8 =$
$= 4k + 24 = 0 \Rightarrow k = -6 \Rightarrow$ (t) $y = 3x - 6$

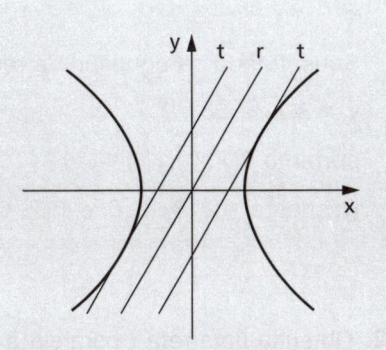

CÔNICAS

> Obtemos o ponto de tangência fazendo k = −6 na equação do 2º grau em x:
>
> $x^2 - 4x - (-6 + 2) = x^2 - 4x + 4 = 0 \Rightarrow x = 2$
>
> Substituindo na equação da reta t, resulta:
>
> $y = 3(2) - 6 = 0$
>
> portanto P(2, 0).
>
> Resposta: $y = 3x - 6$ e P(2, 0).

412. Obtenha uma reta t paralela à bissetriz dos quadrantes ímpares e tangente à parábola λ: $y = x^2 - x + 5$. Ache o ponto T de tangência.

413. Obtenha uma reta t perpendicular à reta r: $x + 3y + 5 = 0$ e tangente à hipérbole λ: $6x^2 - y^2 = 1$.

168. 2º problema: obter as retas t: tangentes a uma dada cônica λ: e passando por um dado ponto P.

Solução

Se o ponto dado é $P(x_0, y_0)$ e a cônica dada é (λ) $f(x, y) = 0$, temos:

1º) $P \in t \Rightarrow (t)\ y - y_0 = m(x - x_0)$

2º) como t é tangente de λ, determinamos m impondo $\Delta = 0$ (conforme item 166).

EXERCÍCIOS

414. Obtenha as tangentes à elipse λ: $4x^2 + 9y^2 = 36$ que passam por P(7, 2).

> **Solução**
>
> 1º) $P \in t \Rightarrow y - 2 = m(x - 7) \Rightarrow y = mx - 7m + 2$
>
> 2º) o sistema é: $\begin{cases} y = mx - 7m + 2 \\ 4x^2 + 9y^2 = 36 \end{cases}$

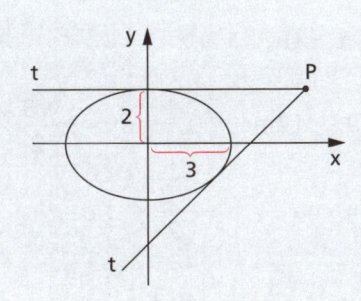

Substituindo, temos:

$4x^2 + 9(mx - 7m + 2)^2 = 36$

$4x^2 + 9(m^2x^2 + 49m^2 + 4 - 14m^2x - 28m + 4mx) = 36$

$(9m^2 + 4)x^2 + 18m(2 - 7m)x + 63m(7m - 4) = 0$

3º) t tangente a $\lambda \Rightarrow \Delta = 0$

$\Delta = 18^2 m^2 (2 - 7m)^2 - 4 \cdot (9m^2 + 4) \cdot 63m(7m - 4) =$
$= 576m(7 - 10m) = 0 \Rightarrow$

$\Rightarrow \begin{cases} m = 0 \\ \text{ou} \\ m = \dfrac{7}{10} \end{cases}$

Resposta: $y = 2$ ou $y = \dfrac{7}{10}x - \dfrac{29}{10}$.

415. Conduza por P(0, 0) as tangentes à parábola $\lambda: x = \dfrac{y^2 + 3}{3}$ e calcule o ângulo θ entre elas.

Solução

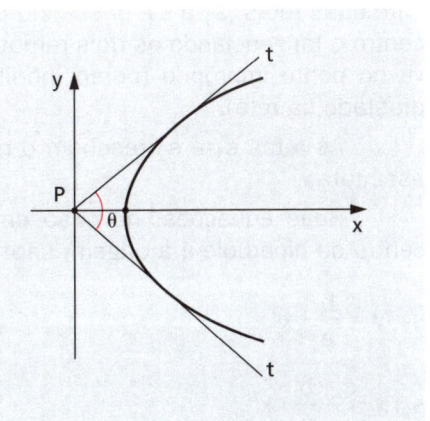

1º) $P \in t \Rightarrow (t)\ y = mx$

2º) o sistema é: $\begin{cases} y = mx \\ x = \dfrac{y^2 + 3}{3} \end{cases}$

Substituindo, temos:

$x = \dfrac{m^2x^2 + 3}{3}$

$m^2x^2 - 3x + 3 = 0$

3º) t tangente a $\lambda \Rightarrow \Delta = 0$

$\Delta = 3^2 - 4m^2 \cdot 3 = 9 - 12m^2 = 0 \Rightarrow m = \pm\dfrac{\sqrt{3}}{2}$

portanto t: é $y = \dfrac{\sqrt{3}}{2}x$ ou $y = -\dfrac{\sqrt{3}}{2}x$

4º) $\text{tg } \theta = \left|\dfrac{m - m'}{1 + mm'}\right| = \dfrac{\sqrt{3}}{1 - \dfrac{3}{4}} = 4\sqrt{3}$

Resposta: $\theta = \text{arc tg } 4\sqrt{3}$.

416. Conduza por P(0, 0) as retas t que são tangentes à elipse
$\lambda: x^2 + 4y^2 - 16y + 12 = 0$.

417. Conduza por P(0, 2) as retas t que são tangentes à hipérbole $\lambda: x^2 - 4y^2 = 4$.

418. Obtenha as equações das retas t que passam por P(3, 0) e são tangentes à parábola $\lambda: x = -2y^2$.

169.
Demonstra-se que toda hipérbole admite duas retas, s_1 e s_2, passando pelo seu centro e tangenciando os dois ramos da curva no ponto impróprio (ponto infinitamente afastado da reta).

As retas s_1 e s_2 recebem o nome de assíntotas.

Suas equações, no caso em que o centro da hipérbole é a origem, são:

$s_1: y = \dfrac{b}{a} \cdot x$

$s_2: y = -\dfrac{b}{a} \cdot x$

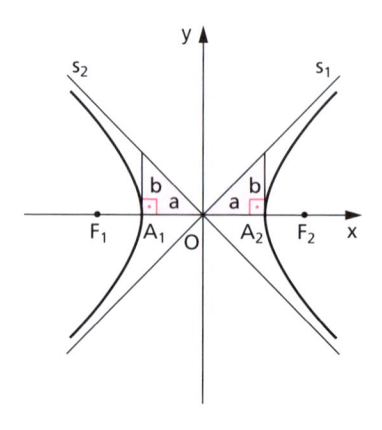

EXERCÍCIOS

419. Ache as equações das assíntotas da hipérbole λ: $9x^2 - 4y^2 = 1$.

420. Dê a equação da assíntota à hipérbole $\dfrac{x^2}{16} - \dfrac{y^2}{64} = 1$ que forma ângulo agudo com o eixo x.

421. Ache as coordenadas de quatro pontos da curva $b^2x^2 + a^2y^2 = a^2b^2$ com $a > 0$, $b > 0$, de modo que eles sejam os vértices de um quadrado cujas diagonais passam pela origem.

422. É dada a parábola de equação $y = x^2$ em coordenadas cartesianas ortogonais. Sendo $A = (a, a^2)$, $B = (b, b^2)$ e $X = (x, x^2)$ três pontos distintos da parábola:

a) determine a área do triângulo ABX.

b) para cada x, distinto de a e de b, seja f(x) a área (positiva) do triângulo ABX, esboce o gráfico da função f.

c) determine o valor de x para o qual f(x) é máximo local (ou relativo).

CAPÍTULO VIII
Lugares geométricos

I. Equação de um lugar geométrico

170. Definição

Uma figura é um lugar geométrico (l.g.) de pontos quando todos os seus pontos, e apenas eles, têm uma certa propriedade comum.

171. Exemplos:

1º) Sejam A e B dois pontos distintos de um plano α.

O lugar geométrico dos pontos de α equidistantes de A e B é a mediatriz do segmento $\overline{AB}$.

Isso significa que, no plano α, todos os pontos que estão à mesma distância de A e B pertencem necessariamente à mediatriz m, e, reciprocamente, todo ponto de m é equidistante de A e B.

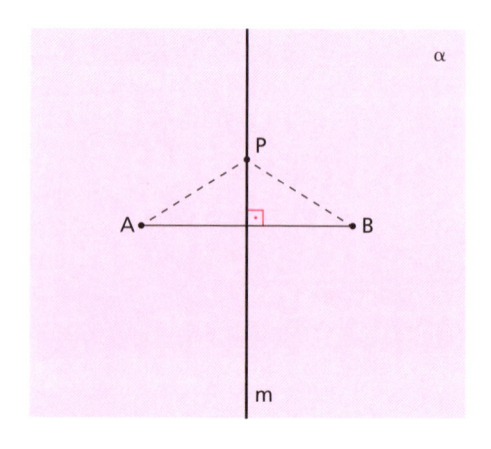

2º) Seja O um ponto pertencente a um plano α e r ≠ 0 uma distância.

O lugar geométrico dos pontos de α que estão à distância r de O é a circunferência de centro O e raio r.

Isso significa que, no plano α, todos os pontos que estão à distância r de O pertencem necessariamente à circunferência λ, e, reciprocamente, todo ponto de λ está à distância r de O.

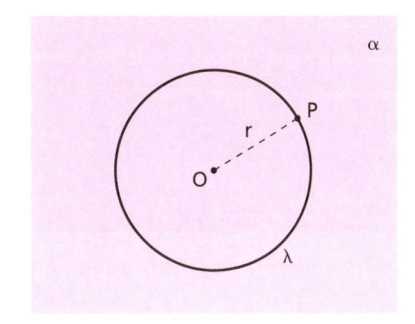

172. Em Geometria Analítica, "obter um lugar geométrico" significa obter a equação que representa o l.g. e interpretar a equação, isto é, dizer qual é a curva por ela representada.

Os problemas de l.g. devem ser resolvidos pelo seguinte processo:

1º) Colocam-se no plano cartesiano os dados do problema.

2º) Toma-se um ponto P(X, Y) pertencente ao l.g.

3º) Impõe-se analiticamente que P obedeça às condições válidas para qualquer ponto do l.g.

4º) Obtém-se a equação do l.g., na qual devem figurar apenas as variáveis (X e Y) e os parâmetros indispensáveis do problema.

5º) Caracteriza-se a curva representada pela equação do l.g.

EXERCÍCIOS

423. Determine o l.g. dos pontos do plano cartesiano situados à distância d da reta $Ax + By + C = 0$.

Solução

Se P(X, Y) pertence ao l.g., isto é, está à distância d da reta dada, deve obedecer à condição:

LUGARES GEOMÉTRICOS

$$\left|\frac{AX + BY + C}{\sqrt{A^2 + B^2}}\right| = d \Rightarrow (AX + BY + C)^2 = d^2(A^2 + B^2) \Rightarrow$$

$$\begin{cases} AX + BY + C - d\sqrt{A^2 + B^2} = 0 \\ \text{ou} \\ AX + BY + C + d\sqrt{A^2 + B^2} = 0 \end{cases}$$

que é a equação do lugar geométrico.

Conclusão

O lugar geométrico é a reunião das retas paralelas à reta dada, à distância d.

424. Determine o l.g. dos pontos equidistantes de A(a, b) e B(c, d) com A ≠ B.

425. Determine o l.g. dos pontos equidistantes das retas r: $ax + by + c = 0$ e s: $ax + by + c' = 0$, com $c \neq c'$.

426. Determine o l.g. dos pontos cuja distância ao eixo dos x é o dobro da distância ao eixo dos y.

427. Determine o l.g. dos pontos cuja distância à reta r: $3x + 4y - 3 = 0$ é o dobro da distância à reta s: $4x - 3y + 8 = 0$.

428. Determine o l.g. dos pontos equidistantes do ponto F(0, 0) e da reta d: $4x - 3y + 2 = 0$.

429. Determine o l.g. dos pontos do plano cartesiano dos quais as tangentes conduzidas à circunferência $(x - a)^2 + (y - b)^2 = r^2$ têm comprimento ℓ.

Solução

Sejam P(X, Y) pertencente ao l.g. e $P_0(x_0, y_0)$ o ponto de tangência na circunferência:

$$(\overline{PO})^2 = (\overline{OP_0})^2 + (\overline{P_0P})^2$$

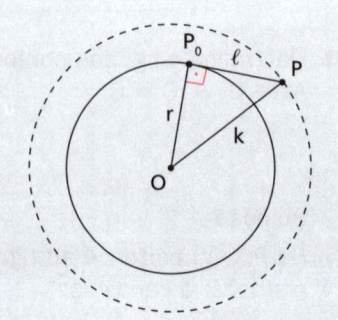

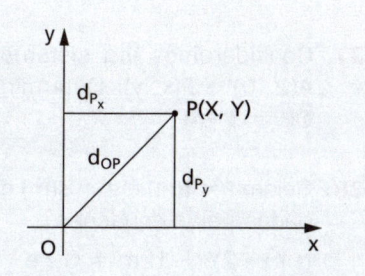

então:
$(X - a)^2 + (Y - b)^2 = r^2 + \ell^2$
fazendo $r^2 + \ell^2 = k^2$, temos:

$$\boxed{(X - a)^2 + (Y - b)^2 = k^2}$$

equação do l.g.

Conclusão

O lugar geométrico é a circunferência de centro O(a, b) e raio $k = \sqrt{r^2 + \ell^2}$.

430. Determine o l.g. dos pontos dos quais se vê o segmento AB sob ângulo de 45°. Dados: A(−3, 0) e B(3, 0).

431. Determine o l.g. dos pontos dos quais se vê o segmento AB sob ângulo de 60°. Dados: A(0, 0) e B(10, 0).

432. Determine o l.g. dos pontos P que ligados a Q(0, 0) determinam retas que interceptam r: $x + y - 1 = 0$ em pontos R tais que $\dfrac{\overline{PQ}}{\overline{QR}} = 1$.

433. Determine o l.g. dos pontos P que ligados a Q(0, 0) determinam retas que interceptam a parábola $y = -x^2 + 2x$ em pontos R tais que $\dfrac{\overline{PQ}}{\overline{QR}} = 2$.

434. Determine o l.g. dos pontos cuja soma das distâncias aos eixos coordenados é igual ao quadrado da distância até a origem.

Solução

Seja P(X, Y) pertencente ao l.g.
Então:
$d_{P_x} + d_{P_y} = d_{OP}^2$

$$\boxed{|Y| + |X| = X^2 + Y^2}$$

equação do l.g.

LUGARES GEOMÉTRICOS

Temos, então, quatro possibilidades:

1ª) quando $X \geq 0$ e $Y \geq 0$,
$|X| = X$ e $|Y| = Y$,
então a equação fica:
$X^2 + Y^2 - X - Y = 0$

2ª) quando $X \leq 0$ e $Y \geq 0$, a equação fica:
$X^2 + Y^2 + X - Y = 0$

3ª) quando $X \leq 0$ e $Y \leq 0$, temos
$X^2 + Y^2 + X + Y = 0$

4ª) quando $X \geq 0$ e $Y \leq 0$, temos
$X^2 + Y^2 - X + Y = 0$

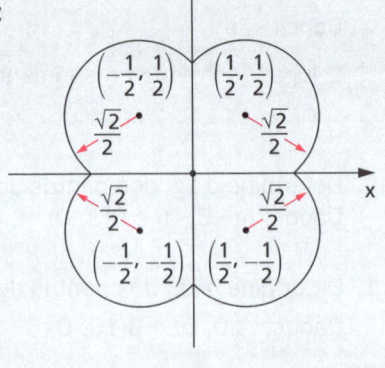

Conclusão

O lugar geométrico é a reunião de 4 arcos de circunferência com a origem.

---

435. São dados os pontos O(0, 0), A(2, 0) e B(0, −2) e considera-se uma reta variável A'B' paralela a AB. Determine o l.g. dos pontos I de interseção das retas variáveis AB' e A'B, sabendo que B' ∈ OB e A' ∈ OA.

436. Num plano são dados uma reta r e um ponto O cuja distância a r é maior que um número dado d. Sobre a circunferência que passa por O e tem diâmetro d consideremos o ponto M mais próximo de r. Qual é o l.g. dos pontos M?

437. Consideremos um sistema cartesiano retangular e nele os pontos O(0, 0), A(2, 0) e P(x, y). Determine o lugar geométrico dos pontos P(x, y) tais que $\overline{OP} = 3 \cdot \overline{AP}$.

438. Sejam $r = r(m)$ e $s = s(m)$ duas retas, cujas posições dependem da variável m, dadas pelas equações
r: $X - 2Y + 12m = 0$ e s: $5X - Y - 3m = 0$
Qual é o l.g. das interseções de r com s?

Solução

Sejam (X, Y) um ponto de interseção de r com s. Temos:

P ∈ r ⇒ X − 2Y = −12m   (1)

P ∈ s ⇒ 5X − Y = 3m   (2)

Resolvendo o sistema (1), (2), obtemos X = 2m e Y = 7m. A equação do l.g. relaciona X e Y entre si; portanto, vamos eliminar m:

$\left.\begin{array}{l} m = \dfrac{X}{2} \\ m = \dfrac{Y}{7} \end{array}\right\} \Rightarrow \dfrac{X}{2} = \dfrac{Y}{7} \Rightarrow 7X - 2Y = 0$

Conclusão:

O lugar geométrico é a reta que passa pela origem e tem declive $\dfrac{7}{2}$.

---

439. Dados o centro C(−3, 1), o raio r = 3 de uma circunferência e a reta de equação x = 2, seja P um ponto qualquer dessa circunferência e Q a interseção da paralela por P ao eixo x, com a reta dada. Determine a equação do l.g. descrito pelo ponto médio M do segmento PQ, quando P descreve a circunferência.

440. Dada a elipse $x^2 + 4y^2 = 4$, determine o l.g. dos pontos M externos à elipse tais que as tangentes à elipse, traçadas por M, sejam perpendiculares.

441. Os vértices de um triângulo ABC têm para coordenadas A(0, 0), B(0, 1) e C(−2, 0). Sendo P um ponto do plano ABC tal que a reta AP encontra a mediana BM, relativa ao lado AC, num ponto Q, determine a equação do l.g. de P quando Q percorre a mediana, sabendo que a relação simples $\dfrac{\overline{AQ}}{\overline{PQ}} = \dfrac{1}{2}$.

442. Um segmento de comprimento 2a desloca-se no plano de modo que uma de suas extremidades se mantém sobre o eixo y e o ponto médio se mantém sobre o eixo x. Qual é o lugar geométrico descrito pela outra extremidade?

443. Dê a equação do lugar geométrico dos pontos P(x, y) tais que a soma dos quadrados das distâncias aos pontos $P_1(r, 0)$ e $P_2(-r, 0)$ é $4r^2$.

444. Pelo ponto Q(2, 1) conduz-se uma reta r qualquer, que intercepta os eixos coordenados x e y respectivamente em A e B. Se M é o ponto médio de AB, toma-se sobre r o ponto P, simétrico de Q em relação a M. Dê a equação do lugar geométrico descrito por P ao variar r.

LUGARES GEOMÉTRICOS

445. Que figura forma o lugar geométrico dos pontos de encontro dos pares de retas tais que a primeira passa pela origem e tem coeficiente angular m_1 e a segunda passa pelo ponto (2, 0) e tem declive m_2, com $m_1^2 + m_2^2 = 1$?

446. Se num sistema de coordenadas cartesianas ortogonais representarmos no eixo das abscissas os valores do raio da base de um cilindro e no eixo das ordenadas os valores da altura do cilindro, qual é o lugar geométrico dos pontos do plano a que correspondem cilindros cujas superfícies laterais têm a mesma área?

447. a) Ache a equação da família de circunferências com centros no primeiro quadrante, tangentes ao eixo OY, cada uma cortando o eixo OX em dois pontos A e B tais que o segmento AB tem por medida AB = 2.

b) Dê a equação do lugar geométrico dos centros das circunferências da família.

448. Sabemos que, no plano complexo, $z = x + iy$ representa um ponto. Fazendo variar x e y, z descreve, em geral, uma curva. Determine a equação da curva correspondente a $|z - 2i| = 2$.

449. Seja r uma reta que passa pela origem de um sistema de eixos cartesianos ortogonais x e y. Seja A' a projeção ortogonal do ponto A(4, 0) sobre r. Fazendo r girar em torno da origem, no plano dado, o ponto A' descreverá uma curva. Dê a equação dessa curva.

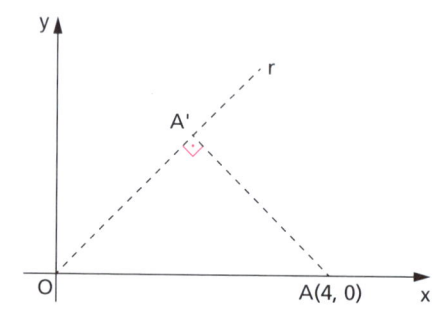

II. Interpretação de uma equação do 2º grau

173. Uma equação do 2º grau nas incógnitas x e y:

$Ax^2 + By^2 + Cxy + Dx + Ey + F = 0$

pode representar vários tipos de curvas: circunferência, reunião de duas retas, elipse, hipérbole, parábola, ponto ou conjunto vazio.

174. Já vimos no item 102 que essa equação representa uma circunferência se forem obedecidas três condições:

$A = B \neq 0$, $C = 0$, $D^2 + E^2 - 4AF > 0$

175. Uma equação em x e y, do 2º grau, representa a reunião de duas retas se, e somente se, o primeiro membro for fatorável num ponto de dois polinômios do 1º grau com coeficientes reais:

$(a_1x + b_1y + c_1)(a_2x + b_2y + c_2) = 0$

pois, nesse caso, temos a equivalência entre a equação

$Ax^2 + By^2 + Cxy + Dx + Ey + F = 0$

e o sistema

$a_1x + b_1y + c_1 = 0$ ou $a_2x + b_2y + c_2 = 0$

176. Exemplos:

1º) As equações $x = y$ e $x^2 = y^2$ representam o mesmo lugar geométrico?

Solução

A equação $x = y$ é satisfeita por todos os pontos cuja abscissa é igual à ordenada, isto é, por todos os pontos pertencentes à bissetriz do 1º e 3º quadrantes.

A equação $x^2 = y^2$ é equivalente a

$x^2 - y^2 = 0 \Rightarrow (x+y)(x-y) = 0 \Rightarrow \begin{cases} x + y = 0 \\ \text{ou} \\ x - y = 0 \end{cases}$

portanto ela é satisfeita por todos os pontos da bissetriz do 1º e 3º quadrantes ou da bissetriz do 2º e 4º quadrantes.

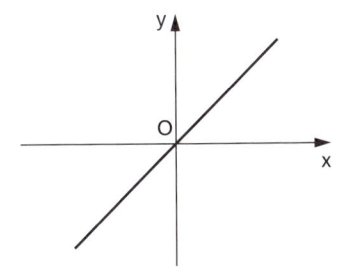

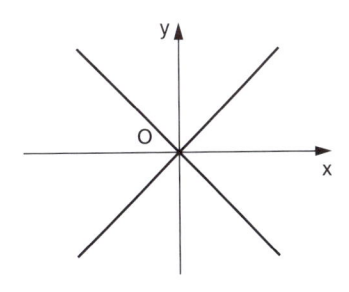

Resposta: As equações não representam o mesmo l.g.

LUGARES GEOMÉTRICOS

2º) Provar que a equação $2x^2 - xy + x - y^2 - y = 0$ representa duas retas concorrentes.

Solução

Temos:

$x^2 - xy + x^2 - y^2 + x - y = 0$

$x(x - y) + (x + y)(x - y) + (x - y) = 0$

$(x - y)(x + x + y + 1) = 0$

$(x - y)(2x + y + 1) = 0$

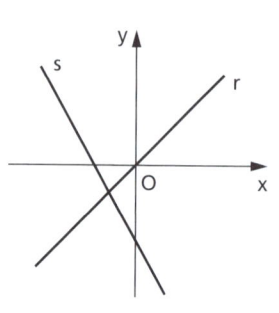

$\underbrace{x - y = 0}_{r}$ ou $\underbrace{2x + y + 1 = 0}_{s}$

Os pontos que satisfazem a equação dada pertencem a r ou s, que são concorrentes, pois:

$\dfrac{a_1}{a_2} = \dfrac{1}{2}$ e $\dfrac{b_1}{b_2} = \dfrac{-1}{+1}$ $\Rightarrow$ $\dfrac{a_1}{a_2} \neq \dfrac{b_1}{b_2}$

177. A equação $Ax^2 + By^2 + Cxy + Dx + Ey + F = 0$ (1) pode ser encarada como equação do 2º grau em x:

$Ax^2 + (Cy + D)x + (By^2 + Ey + F) = 0$

A forma fatorada dessa equação é:

$A \cdot (x - x_1) \cdot (x - x_2) = 0$

em que x_1 e x_2 são as raízes da equação calculadas pela fórmula:

$\dfrac{-(Cy + D) \pm \sqrt{(Cy + D)^2 - 4 \cdot A \cdot (By^2 + Ey + F)}}{2A}$

Concluímos, então, que a equação (1) é fatorável num produto de dois polinômios do 1º grau se, e somente se, x_1 e x_2 forem polinômios do 1º grau em y. Isto também poderia ser dito assim:

"A equação (1) representa a reunião de retas se, e somente se, o discriminante $\Delta = (Cy + D)^2 - 4 \cdot A \cdot (By^2 + Ey + F)$ for polinômio quadrado perfeito".

178. Exemplos:

1º) Determinar m de modo que a equação $3x^2 - 2y^2 + 5xy + mx + 2y = 0$ represente a reunião de duas retas.

Solução

Temos:
$3x^2 + (5y + m)x - (2y^2 - 2y) = 0$
$\Delta = (5y + m)^2 + 4 \cdot 3 \cdot (2y^2 - 2y) =$
$= (25y^2 + 10my + m^2) + (24y^2 - 24y) =$
$= 49y^2 + (10m - 24)y + m^2$

Este último polinômio é um quadrado perfeito somente se o seu discriminante for nulo:

$\Delta' = (10m - 24)^2 - 4 \cdot 49 \cdot m^2 =$
$= -96m^2 - 480m + 576 =$
$= -96(m^2 + 5m - 6) = 0 \implies m = 1 \text{ ou } m = -6$

Resposta: $m = 1$ ou $m = -6$.

2º) No problema anterior, achar as equações das retas e esboçar o seu gráfico para $m = 1$.

Solução

Para $m = 1$, temos:
$\Delta = 49y^2 - 14y + 1 = (7y - 1)^2$

As raízes da equação do 2º grau em x:
$3x^2 + (5y + 1)x - (2y^2 - 2y) = 0$
são calculadas pela fórmula:

$$\frac{-b \pm \sqrt{\Delta}}{2a} = \frac{-(5y + 1) \pm (7y - 1)}{6} \begin{cases} x_1 = \dfrac{-(5y + 1) - (7y - 1)}{6} \\ x_2 = \dfrac{-(5y + 1) + (7y - 1)}{6} \end{cases}$$

donde vem $x_1 = -2y$ e $x_2 = \dfrac{y - 1}{3}$.

LUGARES GEOMÉTRICOS

A forma fatorada da equação do 2º grau é:

$3(x - x_1)(x - x_2) = 0$

$3(x + 2y)\left(x - \dfrac{y-1}{3}\right) = 0$

$(x - 2y)(3x - y + 1) = 0$

e, finalmente, obtemos as equações das retas:

$x + 2y = 0$ ou $3x - y + 1 = 0$

cujos gráficos são r e s respectivamente.

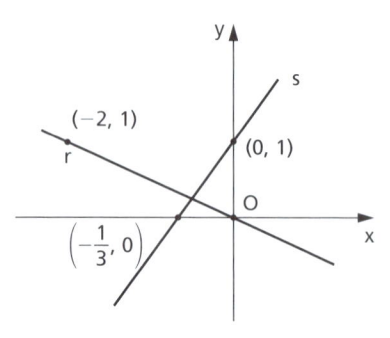

179. Já vimos nos itens 161, 162 e 163 que a equação

$Ax^2 + By^2 + Cxy + Dx + Ey + F = 0$

pode representar uma cônica (elipse, hipérbole ou parábola), mas não vimos ainda como fazer o reconhecimento dessa cônica nos casos em que $C \neq 0$.

Consideremos uma equação da forma acima e que não representa nem circunferência nem reunião de duas retas. Sejam:

$\alpha = \begin{vmatrix} 2A & C & D \\ C & 2B & E \\ D & E & 2F \end{vmatrix}$, $\beta = 4AB - C^2$ e $\gamma = A + B$

Usaremos, sem demonstração, o seguinte resultado:

$\alpha \neq 0$, $\beta > 0$ e $\alpha\gamma < 0$ $\Leftrightarrow$ a equação representa uma elipse

$\alpha \neq 0$, $\beta < 0$ $\Leftrightarrow$ a equação representa uma hipérbole

$\alpha \neq 0$, $\beta = 0$ $\Leftrightarrow$ a equação representa uma parábola

180. Exemplos:

1º) Qual é a cônica representada pela equação $xy = 5$?

Solução

Temos $A = B = D = E = 0$, $C = 1$, $F = -5$. Então:

$\alpha = \begin{vmatrix} 0 & 1 & 0 \\ 1 & 0 & 0 \\ 0 & 0 & -10 \end{vmatrix} = 10$ e $\beta = 4 \cdot 0 \cdot 0 - 1^2 = -1$,

portanto $\alpha > 0$ e $\beta < 0$.

Resposta: hipérbole.

2º) Qual é a cônica representada pela equação

$x^2 + 4y^2 - 4xy - 3x - y - 1 = 0$?

Solução

Temos A = 1, B = 4, C = −4, D = −3, E = −1, F = −1. Portanto,

$$\alpha = \begin{vmatrix} 2 & -4 & -3 \\ -4 & 8 & -1 \\ -3 & -1 & -2 \end{vmatrix} = -98 \text{ e } \beta = 4 \cdot 1 \cdot 4 - (-4)^2 = 0,$$

isto é: $\alpha < 0$ e $\beta = 0$.

Resposta: parábola.

3º) Qual é a cônica representada pela equação

$x^2 + 3y^2 + xy - 2x + 4y - 5 = 0$?

Solução

Temos A = 1, B = 3, C = 1, D = −2, E = 4, F = −5. Portanto,

$$\alpha = \begin{vmatrix} 2 & 1 & -2 \\ 1 & 6 & 4 \\ -2 & 4 & -10 \end{vmatrix} = -182, \beta = 4 \cdot 1 \cdot 3 - 1^2 = 11, \gamma = 1 + 3 = 4$$

isto é: $\alpha < 0$, $\beta > 0$ e $\alpha\gamma < 0$

Resposta: elipse.

181. Ainda de acordo com a notação do item 179, vamos aceitar o resultado:

$\alpha \neq 0$, $\beta > 0$ e $\alpha\gamma > 0$ $\Rightarrow$ a equação representa o conjunto vazio.

Assim, por exemplo, a equação $x^2 + 3y^2 - 2x - 6y + 9 = 0$ representa o conjunto vazio, pois:

$$\alpha = \begin{vmatrix} 2 & 0 & -2 \\ 0 & 6 & -6 \\ -2 & -6 & 18 \end{vmatrix} = 120, \beta = 4 \cdot 1 \cdot 3 - (-2)^2 = 8, \gamma = 1 + 3 = 4$$

Isso significa que nenhum ponto tem coordenadas que verificam a equação dada.

LUGARES GEOMÉTRICOS

182. Finalmente, a equação do 2º grau em x e y representa um ponto se for redutível à forma $k_1(x - x_0)^2 + k_2(y - y_0)^2 = 0$, com $k_1 > 0$ e $k_2 > 0$, pois só o ponto (x_0, y_0) verifica esta equação.

Assim, por exemplo, a equação $x^2 + y^2 = 0$ representa o ponto $(0, 0)$; a equação $(x - 1)^2 + (y - 2)^2 = 0$ representa o ponto $(1, 2)$ e a equação $2(x - 1)^2 + 3(y + 4)^2 = 0$ representa o ponto $(1, -4)$.

EXERCÍCIOS

450. Demonstre que a equação $x^2 - y^2 + x + y = 0$ representa duas retas concorrentes.

451. Mostre que a equação $y^2 - xy - 6x^2 = 0$ representa um par de retas concorrentes na origem de um sistema cartesiano ortogonal.

452. Esboce o gráfico cartesiano dos pontos $P(x, y)$ que verificam a condição $x^2 + 2xy + y^2 - 9 = 0$.

453. Prove que a equação $6x^2 - 6y^2 + 5xy - 6x + 4y = 0$ representa um par de retas perpendiculares.

454. Calcule o ângulo formado pelas retas representadas pela equação:
a) $x^2 - xy + 8x - 3y + 15 = 0$
b) $3x^2 - 3y^2 + 6x - 2y + 8xy = 0$
c) $25x^2 + y^2 - 10xy + 5x - y = 0$

455. Obtenha m de modo que a equação: $2x^2 + my^2 + 2xy + 10x + my + 4 = 0$ represente a reunião de duas retas.

456. Caracterize a cônica definida pela equação $xy = 2$.

457. Qual é a curva representada pela equação $x^2 - y^2 - 2xy = 0$?

458. Qual é o gráfico da relação $R = \{(x, y) \mid x^2 + 16y^2 + 2mxy - 1 = 0\}$?

459. Que curva representa a equação $\dfrac{x^2}{a^2} + \dfrac{y^2}{b^2} = c^2$, com abc ≠ 0 e a ≠ b?

460. A equação $y - 2x^2 - 7x + 8 = 0$ representa que curva?

461. Consideremos num plano cartesiano a cônica C de equação reduzida $\dfrac{x^2}{9} + \dfrac{y^2}{4+m} = 1$, em que m ≠ −4 é um número real. Determine m de modo que C seja uma hipérbole.

462. Que figura forma o conjunto de pontos (x, y) que satisfazem a equação $x^2 - y^2 + x + y = 0$?

463. Que figura do plano xy satisfaz a equação $x^2 - 6x + 8 = 0$?

464. Qual é a representação gráfica de $x^2 + 2xy + y^2 - 1 = 0$?

465. Qual é a representação gráfica de $x^2 - 3xy + 2y^2 = 0$?

466. Qual é o lugar geométrico dos pontos P(x, y) cujas coordenadas satisfazem a equação $4x^2 - 9y^2 = 0$?

467. Qual é o gráfico da equação $y^2 = 2xy - x^2$?

468. Se o conjunto dos pontos que satisfazem a equação $x^2 + y^2 + 2axy = 0$ é a reunião de duas retas, determine a.

469. As equações f(x, y) = 0 e g(x, y) = 0 representam dois subconjuntos A e B do plano cuja interseção A ∩ B é não vazia. Se f(x, y) − g(x, y) = ax + by + c, com a ≠ 0, que figura a equação f(x, y) = g(x, y) representa?

470. O que representa a equação $x^2 - 4x + y^2 + 4y + 11 = 0$?

471. Qual é a representação gráfica no plano cartesiano de $x^2 + y^2 - 2x - 6y + 10 = 0$?

APÊNDICE
Demonstração de teoremas de Geometria Plana

183. Pode-se demonstrar por métodos analíticos um grande número de teoremas de Geometria Plana. As demonstrações são feitas quase sempre nos passos seguintes:

1º) Faz-se a figura correspondente ao teorema.
2º) Escolhe-se um sistema cartesiano em posição conveniente.
3º) Fixam-se as coordenadas dos pontos da figura impondo as hipóteses.
4º) Faz-se a demonstração.

EXERCÍCIOS

472. Demonstre que a mediana relativa à hipotenusa de um triângulo retângulo é igual à metade da hipotenusa.

Solução
Coordenadas:
$A(0, 0)$, $B(a, 0)$, $C(0, b)$

Temos:

$$x_M = \frac{x_B + x_C}{2} = \frac{a}{2}$$

$$y_M = \frac{y_B + y_C}{2} = \frac{b}{2}$$

Demonstração

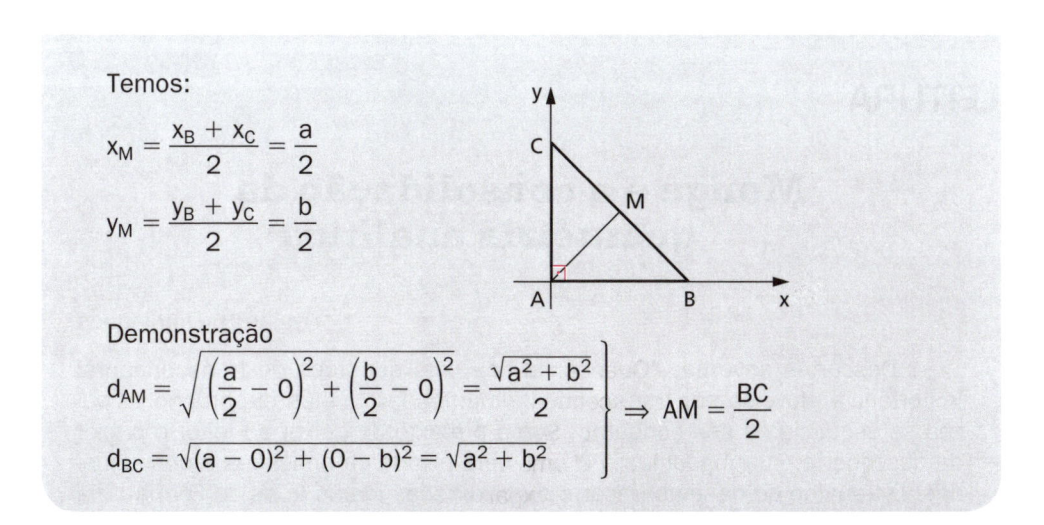

$$\left.\begin{array}{l} d_{AM} = \sqrt{\left(\frac{a}{2} - 0\right)^2 + \left(\frac{b}{2} - 0\right)^2} = \frac{\sqrt{a^2 + b^2}}{2} \\ d_{BC} = \sqrt{(a - 0)^2 + (0 - b)^2} = \sqrt{a^2 + b^2} \end{array}\right\} \Rightarrow AM = \frac{BC}{2}$$

473. Demonstre que as diagonais de um trapézio isósceles são iguais.

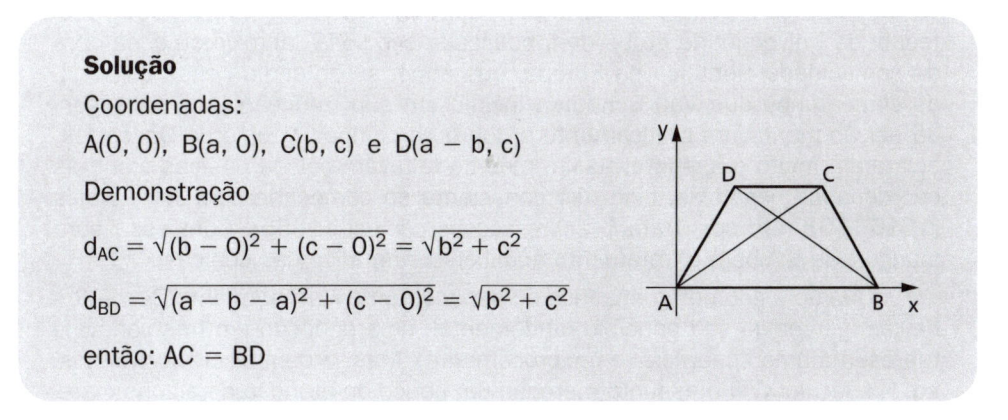

Solução

Coordenadas:

A(0, 0), B(a, 0), C(b, c) e D(a − b, c)

Demonstração

$$d_{AC} = \sqrt{(b - 0)^2 + (c - 0)^2} = \sqrt{b^2 + c^2}$$

$$d_{BD} = \sqrt{(a - b - a)^2 + (c - 0)^2} = \sqrt{b^2 + c^2}$$

então: AC = BD

474. Prove analiticamente que o segmento, cujas extremidades são os pontos médios dos lados de um triângulo, é paralelo ao terceiro lado e igual à metade deste.

475. Demonstre que, num trapézio, os pontos médios das bases, a interseção das diagonais e o ponto de interseção dos lados não paralelos são colineares.

476. Demonstre que, num quadrilátero ABCD, os pontos médios das diagonais e o ponto médio do segmento cujos extremos são os pontos de interseção de dois lados opostos são colineares.

477. Prove que as três alturas de um triângulo têm um ponto comum.

478. Prove que as três mediatrizes de um triângulo têm um ponto comum.

LEITURA

Monge e a consolidação da geometria analítica

Hygino H. Domingues

Descartes advertia: "Quando se lida com questões de transcendental importância, deve-se ser transcendentalmente claro". Mas ele próprio às vezes se esquecia de seu conselho. Sob o pretexto de deixar ao leitor o prazer da descoberta, sua *A geometria* é uma obra eivada de omissões e obscuridades. O trabalho de desembaraçar e expandir suas ideias (e as de Fermat) iria ocupar várias gerações de matemáticos.

E começou cedo, antes mesmo da morte de Descartes. Uma tradução para o latim de *A geometria*, feita por Frans van Schooten (1615-1660), professor da Universidade de Leyden, publicada em 1649, aproximou essa obra da comunidade científica da Europa, que afinal se entendia nessa língua. E os comentários que Van Schooten incluiu em sua tradução, que na segunda edição montavam praticamente o dobro do compacto texto de Descartes, aclararam muito o assunto. Assim mesmo faltavam coisas básicas como as coordenadas negativas, cujo uso consciente só começaria com John Wallis (1616-1703) em seu *Tratado sobre seções cônicas* (1655). Com essa obra inaugura-se também o tratamento analítico sistemático das cônicas.

Quanto à geometria analítica no espaço, tanto Fermat quanto Descartes haviam percebido seu princípio fundamental: uma equação em três variáveis representa uma superfície (e reciprocamente). Mas, a bem dizer, ficaram nisso. No século XVIII o assunto mereceu um pouco da atenção de alguns matemáticos importantes — como Euler, que identificou as quádricas (elipsoides e paraboloides, por exemplo) como uma família de superfícies. Mas só no século seguinte emergiria de vez, graças em grande parte ao talento geométrico e didático de Gaspard Monge (1746-1818).

Filho mais velho de um modesto artesão, o talento de Monge para o desenho e a geometria cedo chamou a atenção. Uma planta de Beaune (França), sua cidade natal, feita por ele com meios rudimentares, caiu nas mãos de um oficial de engenharia que tratou logo de conseguir-lhe autorização para assistir a alguns cursos na Escola Militar de Mézières. E já em 1768 Monge era guindado a professor de matemática da própria escola, iniciando assim a mais brilhante carreira no ensino de geometria desde os tempos de Euclides. Nomeado membro efetivo da Academia de Ciências em 1780, fixa-se em Paris, onde continua se dedicando ao ensino e à pesquisa.

Apesar de suas múltiplas contribuições à matemática, o nome de Monge costuma estar mais associado a uma de suas criações: a geometria descritiva, um método pelo qual se podem representar num plano curvas, superfícies e suas relações mútuas, mediante projeções ortogonais sobre um par de planos perpendiculares entre si (na versão original). A geometria descritiva foi idealizada por Monge ainda em Mézières para substituir os longos e penosos métodos aritméticos até então usados em projetos de fortificações. Dada a rivalidade entre as escolas militares, durante muito tempo foi segredo militar.

Monge estava entre os primeiros professores da Escola Politécnica e Escola Normal, criadas durante a Revolução Francesa. E foi através de um curso dado por ele na primeira dessas escolas que a geometria analítica no espaço começou a tomar forma definida. O programa do curso envolvia, além desse assunto, elementos de geometria diferencial. O material desse curso serviu de subsídio para as *Aplicações da análise à geometria* (1809), sua obra mais conhecida. Nela, entre outras coisas, Monge empreende um estudo sistemático da reta e do plano no espaço, sob o ponto de vista analítico, incluindo questões métricas como a fórmula da distância entre duas retas reversas.

Gaspard Monge (1746-1818).

Ao irromper a Revolução Francesa, Monge, já então um cientista consagrado, empolgou-se com as novas ideias. E teve participação ativa nos acontecimentos que se sucederam. Posteriormente ligou-se por amizade a Napoleão. Daí por que, com a Restauração, perdeu todos os seus cargos. Quando de sua morte, os alunos da Escola Politécnica não foram dispensados das aulas para acompanhar o seu enterro. Mas, na primeira folga, reuniram-se em torno de seu túmulo para o merecido preito final.

Respostas dos exercícios

Capítulo I

1. a) A, E, F, I, J, L
   b) D, E, H, I
   c) B, E, G, H
   d) C, E, F, G, K
   e) E, F, H
   f) E, G, I
   g) A, B, E, L
   h) C, D, E, K

2. triângulo isósceles obtusângulo

3. $\sqrt{13}$

4. 5

5. 10

6. 12

8. $x = -\dfrac{1}{3}$

10. $x = 2$

11. $P\left(\dfrac{29}{2}, 0\right)$

12. $P\left(-\dfrac{3}{2}, \dfrac{3}{2}\right)$

14. $P\left(\dfrac{a + a\sqrt{3}}{2}, \dfrac{a + a\sqrt{3}}{2}\right)$ ou $P\left(\dfrac{a - a\sqrt{3}}{2}, \dfrac{a - a\sqrt{3}}{2}\right)$

16. $C(3, -2)$ e $D(4, -3)$ ou $C(5, 0)$ e $D(6, -1)$

17. $B(5, 0)$ e $D(-1, -2)$

18. $-\dfrac{6}{5}$

19. 1

21. (6, 1); (9, 4) e (12, 7)

22. $D(-6, 1)$

24. $\dfrac{\sqrt{221}}{2}$

25. $C(0, 4)$ e $D(1, 3)$

27. $A(-1, 0)$; $B(3, 2)$ e $C(-3, 4)$

29. $C(5, 4)$

30. $A(2, 0)$
    $B(-1, 4)$
    $C(1, -3)$

32. $C(4, 3)$ ou $C(-12, 3)$

34. Não, pois as diagonais não se cortam ao meio.

35. Não.

37. k = 12

38. q = 10

39. Demonstração

41. m = −1

42. (−2, 0)

43. (0, 2)

44. (2, 2)

45. $\left(\dfrac{7}{3}, -\dfrac{7}{3}\right)$

47. $\left(\dfrac{1}{2}, \dfrac{3}{2}\right)$

49. $P\left(\dfrac{17}{5}, \dfrac{17}{5}\right)$ e $P\left(-\dfrac{17}{9}, \dfrac{17}{9}\right)$

50. A = 0, B = 2x + 3y, C = 12, D = 14, E = 0, F = −21, G = 0, H = 0

Capítulo II

51. 2x + y + 2 = 0

52. 3x + 4y − 11 = 0

54. 2x − 2y − 1 = 0

55. ab − 2b − 5a = 0

56. 7q − 3p = 0

57. Demonstração

59. x − 3y + 4 = 0

60. a)

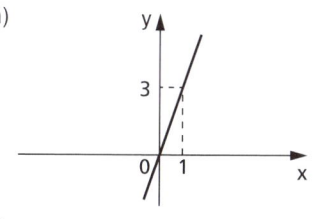

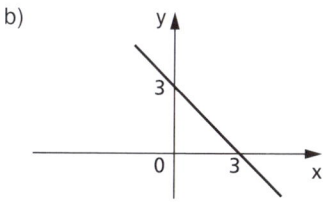

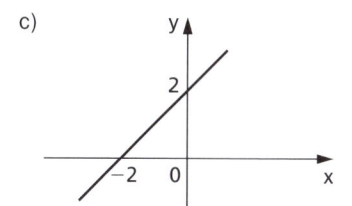

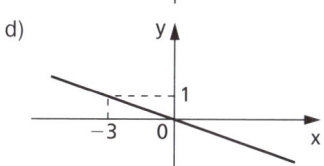

b)

c)

d)

61. (−1, −3)

62. $r \cap s = \left\{\left(\dfrac{4}{7}, \dfrac{12}{7}\right)\right\}$

63. a + b = 1

64. 0 ⩽ a ⩽ 1

66. $4(2 + \sqrt{2})$

69. a = 3 ou a = 0

70. Demonstração

71. m ∈ ℝ, m ≠ −15

73. P(1, 3) e Q(−5, 5)

74. 8x − y − 24 = 0

75. B(−4, 4)

76. B(8, 6)

78. $\sqrt{58} + 3\sqrt{2} + 2\sqrt{13}$

79. $-3 < y < -\dfrac{5}{3}$

80. paralelas distintas

81. paralelas e distintas r e t, s e v, t e z
coincidentes r e z
concorrentes r e s, r e u, r e v, s e t, s e u, s e z, t e u, t e v, u e v, u e z, v e z

84. m = 0 ⇒ ∄r
m = 2 ⇒ r ∥ s (distintas)
m ∈ ℝ*, m ≠ 2 ⇒ r × s
∄m ∈ ℝ t.q. r. = s

RESPOSTAS DOS EXERCÍCIOS

85. $m = \dfrac{2}{5} \Rightarrow r = s$

$m \in \mathbb{R}, m \neq \dfrac{2}{5} \Rightarrow r \times s$

86. -9 ou 9

87. $\forall a, b \in \mathbb{R}, a \neq 10 \Rightarrow r \times s$

$b \in \mathbb{R}, b \neq \dfrac{35}{2}$ e $a = 10 \Rightarrow r // s$ (distintas)

$a = 10$ e $b = \dfrac{35}{2} \Rightarrow r = s$

88. $A(5, 1)$ e $B(1, 3)$

89. uma família de retas concorrentes no ponto $(3, -2)$

90. $\left(-1, \dfrac{2}{3}\right)$

91. $7x + 3y = 0$

93. $x + 9y - 2 = 0$

94. $m = 1$ ou $m = -\dfrac{7}{8}$

96. Demonstração

97. Demonstração

98. a) sim, $(0, 1)$

b) sim, $m = \dfrac{1}{3}$

100. $2x - 7y + c = 0, c \in \mathbb{R}$

101. $7x + y - 3 = 0$

102. $3x - 4y - 11 = 0$ e $5x + 6y - 12 = 0$

103. Demonstração

104. um feixe de retas paralelas

105. $y = \dfrac{1}{2}x - \dfrac{1}{2}$

106. $y = \dfrac{2}{3}x + \dfrac{17}{3}$

107. $\dfrac{x}{-3} + \dfrac{y}{5} = 1$

108. $5x - y + 5 = 0$
$x - 3y - 3 = 0$
$8x + 5y + 20 = 0$

109. $\dfrac{x}{-2} + \dfrac{y}{\frac{3}{5}} = 1$

110. $(-2, 7)$

111. paralelas e distintas

114. Demonstração

Capítulo III

115. -1

116. $-\dfrac{5}{3}$

117. a) $\dfrac{1}{2}$ g) 0

b) 1 h) $\dfrac{4}{5}$

c) -4 i) $\dfrac{-2\mu - \lambda}{7\mu + \lambda}$

d) $\dfrac{4}{7}$ j) $-\sqrt{3}$

e) $-\dfrac{3}{5}$ k) -1

f) $\nexists$

118. 2

119. $4x + 5y + 17 = 0$

120. $x \cdot \text{tg}\,\theta - y - a \cdot \text{tg}\,\theta = 0$

121. a) $x - y + 6 = 0$
b) $\sqrt{3} \cdot x - y + 8 + \sqrt{3} = 0$
c) $x - 3 = 0$
d) $12x - 5y + 1 = 0$
e) $y + 1 = 0$
f) $3x - y - 8 = 0$

122. $y - 2 = m(x + 3)$ ou $x + 3 = 0$

123. $m = -\dfrac{3}{2}$

124. $r = 5s - 3$

125. $y = -2x + 3$

126. $7x - y = 0$

127. $x + y - 7 = 0$

129. $3x - 7y + 58 = 0$

130. (u) $3x - 2y - 7 = 0$

131. $Q(7, 4)$

132. $B(2, -1)$; $C(1, 1)$; $D(-4, 6)$

133. duas retas paralelas

134. Demonstração

135. $P = -7$

136. 0

137. nenhum

138. $-\dfrac{5}{2}$

139. $4x + 6y - 13 = 0$

140. $x + 2y - 4 = 0$

141. $4x + 5y = 0$

142. $x - 3 = 0$

143. $y - x - 1 = 0$

144. $7x + 7y - 6 = 0$

145. $2x + 3y - 13 = 0$

146. $3x - y - 1 = 0$

148. $(8, -4)$

150. $P'(6, -1)$

151. $P\left(\dfrac{8}{5}, \dfrac{4}{5}\right)$

153. $3x + 2y + 7 = 0$

154. a) $2x - 3y + 2 = 0$
b) $M\left(\dfrac{14}{13}, \dfrac{18}{13}\right)$
c) $Q\left(\dfrac{2}{13}, \dfrac{10}{13}\right)$
d) $t: 3x + 2y - 14 = 0$

155. a) $r': x + 6y + 12 = 0$
b) $r'': x + 6y - 12 = 0$
c) $r''': 6x - y - 33 = 0$

157. $H(9, 6)$

158. $\dfrac{8}{9}$

159. $t: 2x - y - 7 = 0$

161. $A(0, 3)$; $B(4, 0)$; $C(1, -4)$; $D(-3, -1)$

163. $2x + y - 4 = 0$

164. $t: 2ax - 2by + b^2(1 + m) - a^2(1 - m) = 0$

165. $(2x + y - 9 = 0$ e $x - 2y + 3 = 0)$ ou $(x + 2y - 9 = 0$ e $2x - y - 3 = 0)$

166. Demonstração

167. a) $\left(\dfrac{8}{5}, \dfrac{26}{5}\right)$; $\left(-\dfrac{48}{25}, \dfrac{114}{25}\right)$ e $\left(-\dfrac{3}{5}, \dfrac{24}{5}\right)$
b) Demonstração

168. a) $A(\cos \alpha, \operatorname{sen} \alpha)$, $B(\cos \beta, \operatorname{sen} \beta)$
$C(-\cos \alpha, \operatorname{sen} \alpha)$, $D(\cos \beta, -\operatorname{sen} \beta)$
b) $\cos \dfrac{\alpha + \beta}{2} \cdot x - \operatorname{sen} \dfrac{\alpha + \beta}{2} \cdot y - \cos \dfrac{\beta - \alpha}{2} \cdot \cos (\beta + \alpha) = 0$
c) Demonstração

169. Demonstração

170. 8

171. 4

172. $\left|\dfrac{a_1 b_2 - a_2 b_1}{a_1 a_2 + b_1 b_2}\right|$

173. 1º) $\theta = \operatorname{arctg} \dfrac{1}{8}$
2º) $\theta = \operatorname{arctg} \dfrac{11}{7}$
3º) $\theta = 30°$
4º) $\theta = \operatorname{arctg} \dfrac{2}{3}$

174. $k = 4$ ou $k = -\dfrac{9}{4}$

175. $\dfrac{3\pi}{4}$; $\dfrac{\pi}{6}$ e $\dfrac{\pi}{12}$

178. 1º) $x(2 + \sqrt{3}) + y - 2 - \sqrt{3} = 0$ ou $x(2 - \sqrt{3}) + y - 2 + \sqrt{3} = 0$
2º) $y - 1 = 0$ ou $4x + 3y - 3 = 0$
3º) $3x + y - 5 = 0$ ou $x - 3y - 5 = 0$

179. $\dfrac{\pi}{2} + \alpha$ e $\dfrac{\pi}{2} - \alpha$

181. $5x - 4y - 35 = 0$

183. $4x + 3y - 4 = 0$, $y - 8 = 0$, $4x + 7y - 20 = 0$

184. Demonstração

185. Demonstração

186. a) $\ell = \dfrac{x\sqrt{x^2 - 2x + 5}}{x - 1}$ b) $\operatorname{tg} \varphi = \dfrac{3}{4}$

Capítulo IV

187. $(2, 4)$

188. 2

190. $\dfrac{6\sqrt{5}}{5}$

191. a) $\dfrac{\sqrt{13}}{13}$ d) $\dfrac{17}{5}$
b) $\dfrac{2\sqrt{10}}{5}$ e) 2
c) $\dfrac{16}{5}$

193. $\dfrac{29\sqrt{2}}{10}$

194. 5

196. $\left| \dfrac{2c}{\sqrt{a^2 + b^2}} \right|$

197. $P(-1 - 2\sqrt{13};\ -1 - 4\sqrt{13})$ e $P(-1 + 2\sqrt{13};\ -1 + 4\sqrt{13})$

199. $x - y + 2 = 0$ ou $x - y - 2 = 0$

200. $4x - 3y - 28 = 0$ ou $4x - 3y + 12 = 0$

201. $\dfrac{5}{2}$

202. 8

203. 12

204. 9

206. 24

207. $(AD) 2x - y = 0$; área $= 5$

208. 17

210. $y = -11$ ou $y = 13$

212. $C(10, -8)$ ou $C(-6, 8)$

213. 4

214. $C(-27, -28)$ ou $C(-35, -44)$

215. $M\left(-\dfrac{4}{3}, -1\right)$ ou $M\left(-\dfrac{4}{5}, \dfrac{3}{5}\right)$

216. a) $G(1, 2)$ b) Demonstração

217. Demonstração

218. Demonstração

219. $3x + 2y - 10 = 0$ ou $3x + 2y + 10 = 0$

220. $x + y - 2 = 0$

221. a) $x + 2y - 7 = 0$ b) 5

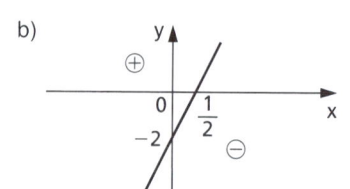

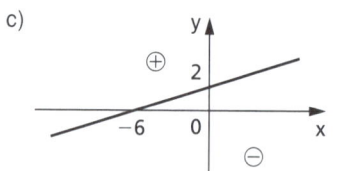

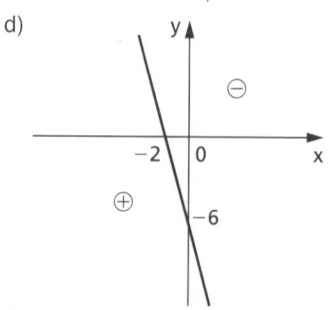

222. a) b) c) d)

e)

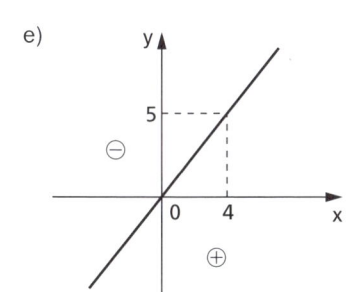

224. a)

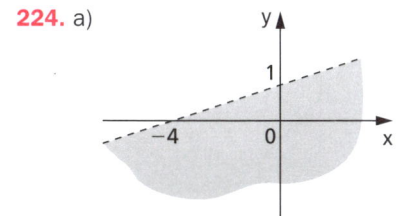

b)

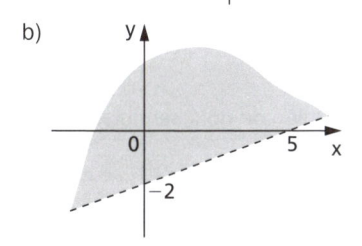

c)

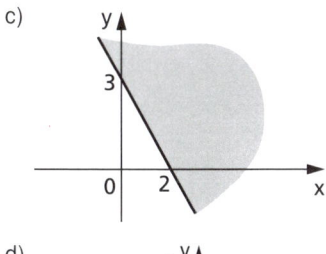

d)

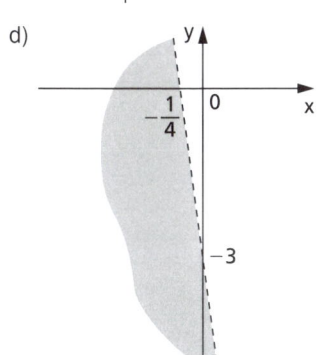

e)

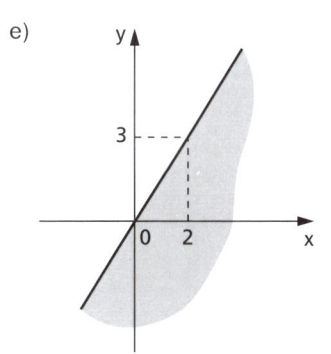

f)

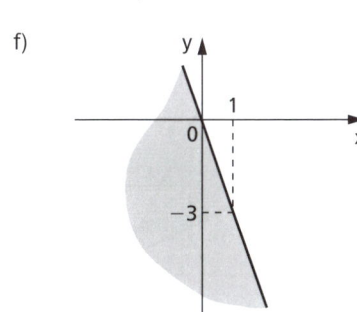

226. 1º caso

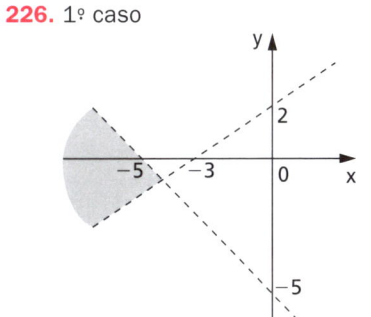

2º caso

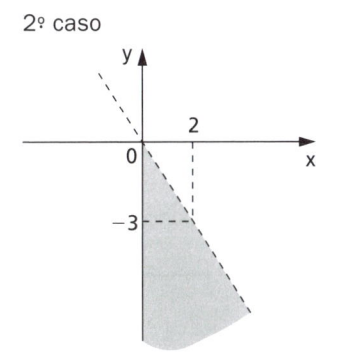

RESPOSTAS DOS EXERCÍCIOS

3º caso

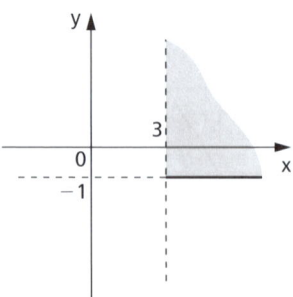

4º caso

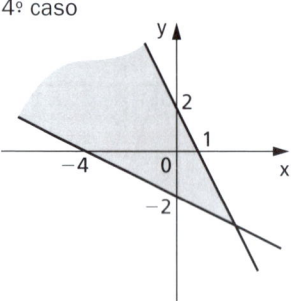

5º caso

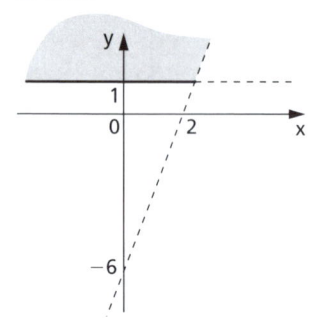

227.

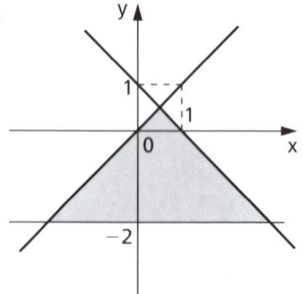

228.

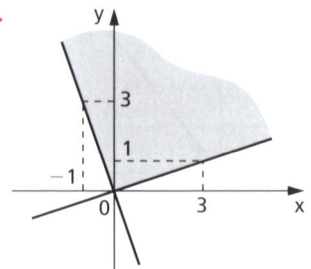

229.

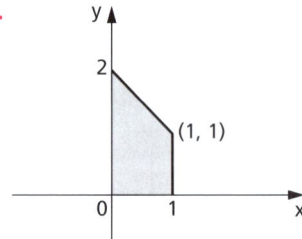

231. a reunião de dois semiplanos abertos

232. 1º caso

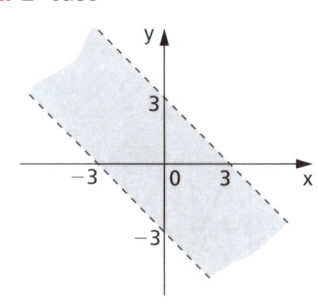

2º caso

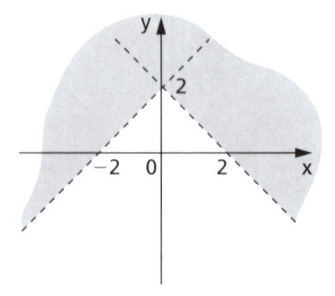

3º caso

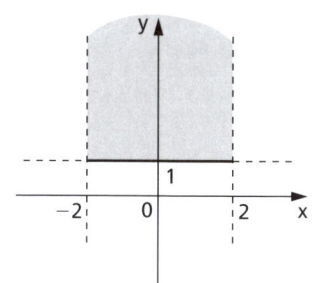

4º caso

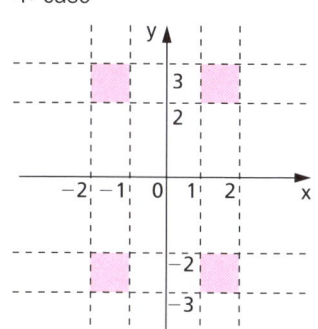

3º caso

4º caso

233. 1º caso

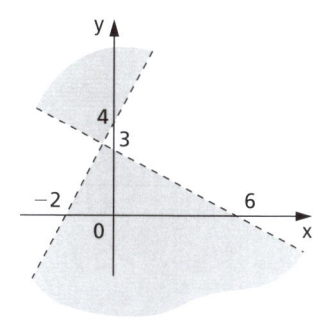

2º caso

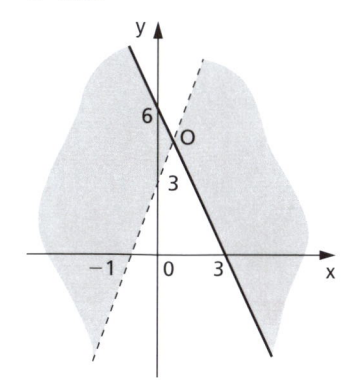

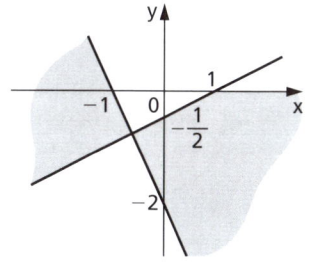

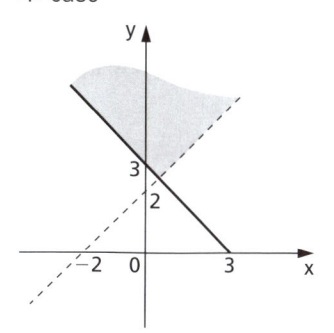

234.

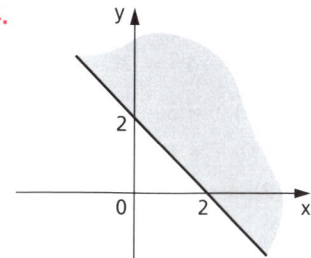

235. $\dfrac{4}{3}$

237. $8x + 1 = 0$ ou $8y - 7 = 0$

238. $8x + 14y - 57 = 0$ ou $7x - 4y + 72 = 0$

240. $14x + 14y + 1 = 0$

241. $4y + 1 = 0$

243. $(2\sqrt{41} - 5\sqrt{29})x - (5\sqrt{41} + 4\sqrt{29})y + (3\sqrt{41} + 9\sqrt{29}) = 0$

244. $\dfrac{7\sqrt{2}}{2}$

245. $(2, -1)$

247. $\dfrac{14\sqrt{221}}{15}$

Capítulo V

248. a) $x^2 + y^2 = 1$
b) $(x - 1)^2 + (y - 1)^2 = 1$
c) $(x - 2)^2 + (y - 1)^2 = 1$

249. 1º) $(x - 3)^2 + (y - 5)^2 = 49$
2º) $x^2 + y^2 = 81$
3º) $(x + 2)^2 + (y + 1)^2 = 25$
4º) $(x + 3)^2 + (y - 5)^2 = 1$
5º) $x^2 + (y - 2)^2 = 4$
6º) $\left(x - \dfrac{1}{3}\right)^2 + \left(y - \dfrac{2}{3}\right)^2 = 16$

250. $(x - 2)^2 + (y + 1)^2 = 17$

251. $(x + 2)^2 + (y - 5)^2 = 4$

252. $(x - 3)^2 + (y + 4)^2 = 25$

253. 1º) $C(2, -2)$, $r = 3$
2º) $C(-1, 0)$, $r = 4$
3º) $C(0, 3)$, $r = 1$
4º) $C(-2, -2)$, $r = 5$
5º) $C(-1, 2)$, $r = 7$

254. $(-2, 1)$

255. centro $O\left(-\dfrac{B}{2A}, -\dfrac{C}{2A}\right)$
raio $\mathbb{R} = \dfrac{\sqrt{B^2 + C^2 - 4AD}}{2A}$
com $B^2 + C^2 - 4AD > 0$

256. $x^2 + y^2 + 3x - 5y - 7 = 0$

257. $(-2, -4)$

258. $2x + 3y = 0$

259. $(4, -2)$

261. 1º) $m = 1$ e $k < 41$
2º) $m = 2$ e $k > -144$
3º) $m = 4$ e $k < \dfrac{1}{3}$

262. $a = 36$, $b = 0$ e $c < 5$

266. $|m| = |n| \neq 0$ e $m^2 = 4p$

267. $a = 2\sqrt{c}$, b qualquer e $c = \dfrac{a^2}{4}$

268. $(x - 4)^2 + (y - 3)^2 = 1$ ou $(x - 3)^2 + (y - 2)^2 = 1$

270. interior

271. 1º) exterior;
2º) interior;
3º) interior.

273. 1ª)

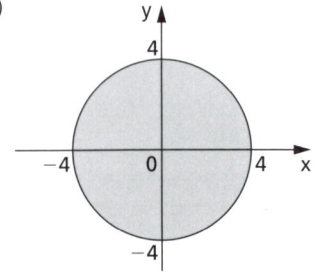

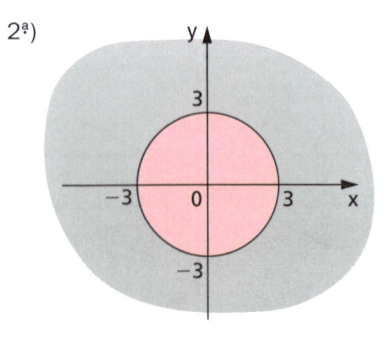

2ª)

RESPOSTAS DOS EXERCÍCIOS

3ª)

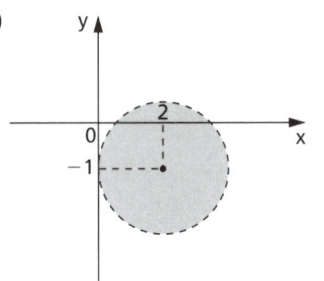

4ª)

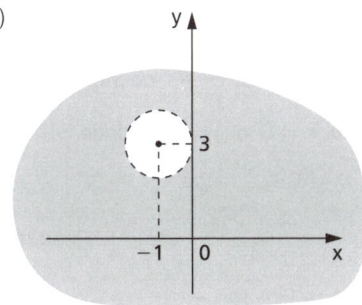

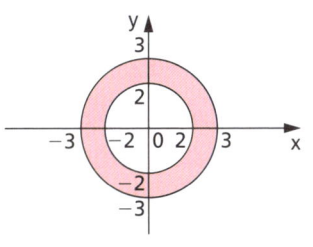

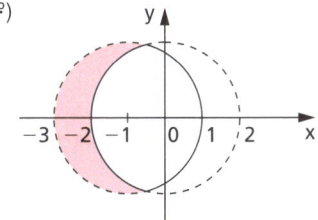

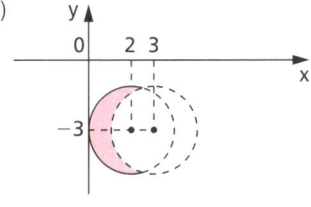

4º)

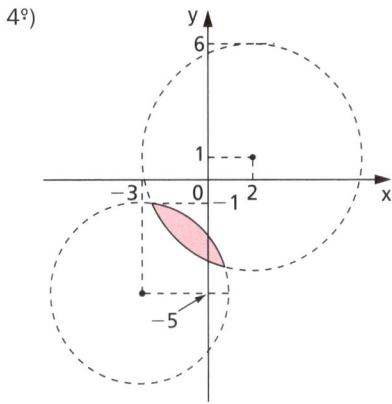

278. o plano todo

279.

274. 5π

277. 1º)

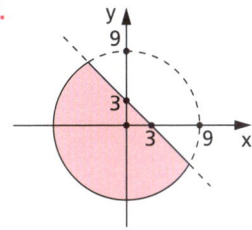

280. $k \geqslant 2\sqrt{2}$

281. a) $k \geqslant -4$
b) $k < -24$

282. $\dfrac{14}{13}$

2º)

284. tangente

285. a) secantes

b) $\left\{(-2, 6); \left(\dfrac{2}{5}, -\dfrac{6}{5}\right)\right\}$

286. $P(-3, 0)$

287. $P(1, -5)$ e $Q(-3, 1)$

3º)

288. $-2 < k < 8$

290. $c > 5\sqrt{2} - 1$ ou $c < -5\sqrt{2} - 1$

291. $12x - 5y + c = 0$ em que
$c < -39$ ou $c > 39$

292. $y = -5$ ou $y = 3$

293. $2x - y - 5 = 0$

294. $(x - 1)^2 + (y - 2)^2 = 9$

296. $6\sqrt{2}$

297. $4\sqrt{2}$

298. 128 e 32

299. $A(2, 1)$, $B(4, -3)$, $D(2, -3)$ ou $D(4, 1)$

300. 3

302. 1º) secantes
2º) concêntricas
3º) exteriores
4º) tangentes exteriormente
5º) tangentes interiormente

304. $(-1, 0)$ e $(1, 2)$

305. $2\sqrt{2}$

306. $(x - 2)^2 + (y + 1)^2 = (4\sqrt{2} - \sqrt{13})^2$ ou
$(x - 2)^2 + (y + 1)^2 = (4\sqrt{2} + \sqrt{13})^2$

307. $P(-2, 3)$

Capítulo VI

308. 1º) $x + y \pm 3\sqrt{2} = 0$
2º) $2x - y + 2\sqrt{10} - 2 = 0$ ou
$2x - y - 2\sqrt{10} - 2 = 0$
3º) $3x + 4y + 19 = 0$ ou
$3x + 4y - 31 = 0$

309. $x - y + 4\sqrt{2} + 1 = 0$ e
$x - y - 4\sqrt{2} + 1 = 0$

310. $x - y = 0$ ou $x - y - 4 = 0$

311. 1º) $3x - y + 4 \pm 6\sqrt{10} = 0$
2º) $2x + y + 1 \pm 5\sqrt{5} = 0$
3º) $3x + 5y \pm 7\sqrt{34} = 0$ ou
$5x - 3y \pm 7\sqrt{34} = 0$

312. $2x - y \pm 6\sqrt{5} = 0$

313. 1º) $3x - 4y + 50 = 0$
2º) $5x - 12y + 147 = 0$

3º) $y - 5 = \dfrac{-6 \pm \sqrt{21}}{6} \cdot (x + 5)$
4º) $3x - 4y + 11 = 0$ ou $x + 1 = 0$

314. $x_0 x + y_0 y - r^2 = 0$

315. a) $A\left(\dfrac{2a^2\lambda}{\lambda^2 + a^2}, \dfrac{-2a\lambda^2}{\lambda^2 + a^2}\right)$ e $B(0, 0)$

316. $3x - 4y - 3 = 0$ e $3x + 4y - 35 = 0$

317. $x - 2y + 10 = 0$ e $x + 2y - 2 = 0$

318. $15x - 8y + 9 = 0$ ou $x - 1 = 0$

319. $m < \dfrac{3 - \sqrt{21}}{6}$ ou $m > \dfrac{3 + \sqrt{21}}{6}$

320. $x = 0$ ou $y = mx$, onde
$m < \dfrac{-8 - \sqrt{19}}{3}$ ou
$\dfrac{-8 + \sqrt{19}}{3} < m < -\dfrac{3}{4}$ ou $m > 0$

321. $a = -14$

322. $2x - 9y = 0$ ou $9x - 2y = 0$

323. $3x + 4y - 10 = 0$ ou $x - 2 = 0$

324. $2x - y + 2 = 0$ e
$\left(x + \dfrac{13}{10}\right)^2 + \left(y - \dfrac{39}{10}\right)^2 = \dfrac{53}{10}$
ou
$2x - y + 2 = 0$ e
$\left(x + \dfrac{3}{10}\right)^2 + \left(y - \dfrac{9}{10}\right)^2 = \dfrac{13}{10}$

325. $3x - 2y - 13 = 0$

326. 25

327. $3x - 4y - 40 = 0$ ou $3x + 4y - 40 = 0$

328. $C(-1, -1)$ e $r = \sqrt{2}$

329. $(x + 4)^2 + (y + 1)^2 = 25$

330. $(x + 7)^2 + (y + 7)^2 = 16$ ou
$\left(x - \dfrac{55}{7}\right)^2 + \left(y - \dfrac{55}{7}\right)^2 = 16$

331. $(x - 1)^2 + (y - 1)^2 = 1$ ou
$(x - 3)^2 + (y + 3)^2 = 9$

RESPOSTAS DOS EXERCÍCIOS

332. $(x - 2)^2 + y^2 = \dfrac{9}{13}$

333. $(x - 8)^2 + (y - 9)^2 = 25$ ou
$(x - 2)^2 + (y - 1)^2 = 25$

334. $R^2 = 8$

335. $(x - 2)^2 + (y + 2)^2 = 8$ ou
$(x + 14)^2 + (y + 2)^2 = 200$

336. $(x + 3)^2 + (y + 3)^2 = 9$ ou
$\left(x - \dfrac{3}{2}\right)^2 + \left(y + \dfrac{3}{2}\right)^2 = \dfrac{9}{4}$

337. $(x - 3)^2 + (y - 4)^2 = 25$ ou
$(x - 3)^2 + \left(y - \dfrac{7}{8}\right)^2 = \dfrac{625}{64}$

338. $(x + 5)^2 + (y - 5)^2 = 25$

339. $(x - 4)^2 + (y + 4)^2 = 32$

340. $(x - 5)^2 + (y - 4)^2 = 25$ ou
$\left(x - \dfrac{205}{49}\right)^2 + \left(y + \dfrac{12}{7}\right)^2 = \left(\dfrac{205}{49}\right)^2$

341. $(x + 10)^2 + (y - 6)^2 = 100$

342. $(x - 4 + 2\sqrt{2})^2 + (y - 4 + 2\sqrt{2})^2 = (4 - 2\sqrt{2})^2$

343. a) $s: 3x + 4y - 11 = 0$
b) $t: 3x + 4y + 39 = 0$
c) $(x - 6)^2 + (y + 8)^2 = 25$ ou
$\left(x + \dfrac{7}{3}\right)^2 + \left(y + \dfrac{7}{4}\right)^2 = 25$

344. $\left(x - \dfrac{9}{5}\right)^2 + \left(y + \dfrac{12}{5}\right)^2 = 4$ ou
$\left(x - \dfrac{21}{5}\right)^2 + \left(y + \dfrac{28}{5}\right)^2 = 4$

345. $(x + 8)^2 + (y - 6)^2 = 16$ ou
$(x + 8)^2 + (y - 6)^2 = 256$

346. $\left(x + \dfrac{48}{5}\right)^2 + \left(y - \dfrac{64}{5}\right)^2 = 1$ ou
$\left(x + \dfrac{42}{5}\right)^2 + \left(y - \dfrac{56}{5}\right)^2 = 1$

347. $(x - 5)^2 + (y - 12)^2 = 25$

348. $\left(x - \dfrac{29}{8}\right)^2 + y^2 = \dfrac{441}{64}$

349. centros $\left(\dfrac{36}{5}, \dfrac{48}{5}\right)$ ou $\left(\dfrac{36}{5}, -\dfrac{48}{5}\right)$

contatos $\left(\dfrac{84}{5}, \dfrac{12}{5}\right)$ ou $\left(\dfrac{84}{5}, -\dfrac{12}{5}\right)$

350. $x^2 + (y + 17)^2 = 320$

351. Demonstração

Capítulo VII

352. a) $\dfrac{x^2}{25} + \dfrac{y^2}{9} = 1$

b) $\dfrac{x^2}{169} + \dfrac{y^2}{25} = 1$

c) $\dfrac{x^2}{9} + \dfrac{y^2}{25} = 1$

d) $\dfrac{(x - 10)^2}{100} + \dfrac{y^2}{36} = 1$

e) $\dfrac{(x - 6)^2}{25} + \dfrac{(y - 7)^2}{9} = 1$

f) $\dfrac{(x + 9)^2}{25} + \dfrac{(y - 14)^2}{169} = 1$

353. a) $F_1(-4, 0)$ e $F_2(4, 0)$
b) $F_1(-12, 0)$ e $F_2(12, 0)$
c) $F_1(0, -4)$ e $F_2(0, 4)$
d) $F_1(2, 0)$ e $F_2(18, 0)$
e) $F_1(2, 7)$ e $F_2(10, 7)$
f) $F_1(-9, 2)$ e $F_2(-9, 26)$

354. $\dfrac{(x - 4)^2}{16} + \dfrac{(y - 3)^2}{9} = 1$

355. $\dfrac{(x - 6)^2}{9} + \dfrac{(y + 3)^2}{25} = 1$

356. $x^2 + 4y^2 = 4$

357. $2c = 16$; $e = \dfrac{4}{5}$

358. $x^2 + \dfrac{y^2}{\frac{1}{3}} = 1 \Rightarrow x^2 + 3y^2 = 1$

RESPOSTAS DOS EXERCÍCIOS

359. $(4, 0)$ e $(-4, 0)$

360. $F_1(0, -12)$
$F_2(0, 12)$

361. $F_1(-1, 2)$ e $F_2(7, 2)$

362. $C(2, 3)$, $a = 4$, $b = 2$

363. $F_1(-5, 2)$ e $F_2(11, 2)$

364. $\dfrac{x^2}{256} + \dfrac{(y-25)^2}{1156} = 1$

365. 36

366. a) $\dfrac{x^2}{9} - \dfrac{y^2}{16} = 1$

b) $\dfrac{y^2}{9} - \dfrac{x^2}{27} = 1$

c) $\dfrac{(x-4)^2}{1} - \dfrac{y^2}{15} = 1$

d) $\dfrac{(x-5)^2}{4} - \dfrac{(y-4)^2}{12} = 1$

367. $2c = 10$

368. $e = \dfrac{\sqrt{85}}{7}$

369. Não são coincidentes.

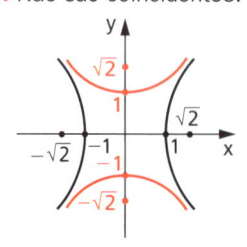

370. $F_1(0, -13)$; $F_2(0, 13)$

371. $F_1(-2, 2)$; $F_2(6, 2)$

372. $16x^2 + 25y^2 = 625$

373. $F_1(-4, 0)$; $x = 4$

374. $F(6, 5)$; $V(3, 5)$

375. $y + \dfrac{1}{4} = 0$

376. a) $y^2 = 12x$
b) $x^2 = 8y$
c) $x^2 = -12y$
d) $(y - 4)^2 = 4(x - 4)$
e) $(x - 7)^2 = 8(y - 5)$
f) $(x - 2)^2 = -12(y - 3)$

377. $V(-1, 2)$

378. $2x^2 - 3x = 3y$

379. $(y - 1)^2 = 8(x - 2)$

380. $x^2 = -6y + 9$

381. $\dfrac{3\sqrt{2}}{2}$

382. $x^2 + 4y = 0$

383. $3x - y - 6 = 0$

384. $V(2, -5)$

393. a) elipse; $a = 5$; $b = 3$; $C(2, -1)$
b) parábola; $p = 2$; $V(1, 3)$; $F(2, 3)$
c) hipérbole; $a = \sqrt{5}$; $b = 2$; $C(-3, 2)$
d) parábola; $p = 6$; $V(2, -3)$; $F(2, 0)$
e) elipse; $a = 17$; $b = 8$; $C(-1, 4)$

394. elipse; $a = 3$; $b = \sqrt{5}$
centro: $(-3, 3)$;
eixo maior vertical;
$F_1(-3, 5)$; $F_2(-3, 1)$; $e = \dfrac{2}{3}$.

396. $S = \{(1, 1), (1, -1)\}$

397. Duas; $(0, 0)$ e $(1, 1)$

398. Duas; $\left(\dfrac{45}{17}, \dfrac{27}{17}\right)$ e $(1, -5)$

399. Quatro; $(2\sqrt{2}, 1)$, $(2\sqrt{2}, -1)$, $(-2\sqrt{2}, 1)$, $(-2\sqrt{2}, -1)$

400. Três; $(0, 1)$; $\left(-\dfrac{\sqrt{5}}{3}, \dfrac{8}{3}\right)$; $\left(\dfrac{\sqrt{5}}{3}, \dfrac{8}{3}\right)$

401. $\dfrac{30\sqrt{17}}{17}$

402. $\sqrt{2}$

403. $-\sqrt{5} \leq m \leq \sqrt{5}$

404. $m \leq \dfrac{1}{2}$

405. 1

406. $(0, c)$

407. a) $P(x', y') = P(1, 3)$
b) $y = x$

408. $\dfrac{343}{8}$

412. $x - y + 4 = 0$ e $T(1, 5)$

413. $3x - y \pm \dfrac{\sqrt{2}}{2} = 0$

416. $y = \pm \dfrac{\sqrt{3}}{2} x$

417. $y = \pm \dfrac{\sqrt{5}}{2} x + 2$

418. $y = \pm \dfrac{\sqrt{6}}{12}(x - 3)$

419. $y = \pm \dfrac{3}{2} x$

420. $y = 2x$

421. $\left(\dfrac{ab}{\sqrt{a^2 + b^2}}, \dfrac{ab}{\sqrt{a^2 + b^2}} \right)$
$\left(\dfrac{-ab}{\sqrt{a^2 + b^2}}, \dfrac{-ab}{\sqrt{a^2 + b^2}} \right)$
$\left(\dfrac{-ab}{\sqrt{a^2 + b^2}}, \dfrac{ab}{\sqrt{a^2 + b^2}} \right)$
$\left(\dfrac{ab}{\sqrt{a^2 + b^2}}, \dfrac{-ab}{\sqrt{a^2 + b^2}} \right)$

422. a) $S_{ABX} = \left| \dfrac{(b - a)(x - a)(x - b)}{2} \right|$

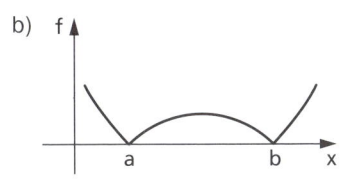

b)

c) $x = \dfrac{b + a}{2}$

Capítulo VIII

424. $2(c - a)x + 2(d - b)y + (a^2 + b^2 - c^2 - d^2) = 0$

425. $2ax + 2by + (c + c') = 0$

426. $y^2 = 4x^2 \Rightarrow y = \pm 2x$

427. $(5x - 10y + 19)(11x - 2y + 13) = 0$

428. $9x^2 + 16y^2 + 24xy - 16x + 12y - 4 = 0$

430. $\begin{cases} x^2 + y^2 + 6y - 9 = 0, \text{ se } y \leq 0 \\ x^2 + y^2 - 6y - 9 = 0, \text{ se } y \geq 0 \end{cases}$

431. $\begin{cases} 3x^2 + 3y^2 - 30x - 10\sqrt{3}y = 0, \text{ se } y \geq 0 \\ 3x^2 + 3y^2 - 30x + 10\sqrt{3}y = 0, \text{ se } y \leq 0 \end{cases}$

432. $x + y + 1 = 0$

433. $x^2 + 4x - 2y = 0$

435. $(x + y)(x - y - 2) = 0$

436. $x^2 + y^2 + (d - 2y_0)y + y_0(y_0 - d) = 0$

437. $2x^2 + 2y^2 - 9x + 9 = 0$

439. $4x^2 + y^2 + 4x - 2y - 7 = 0$

440. $x^2 + y^2 = 5$

441. $-x + y + 1 = 0, 0 \leq x \leq 1$ e $-1 \leq y \leq 0$

442. elipse: $x^2 + 4y^2 = 4a^2$

443. $x^2 + y^2 = r^2$

444. $xy = 2$

445. $x^2 - 2y^2 + 4y - 4 = 0$

446. pontos da hipérbole $rh = \dfrac{k}{2\pi}$

RESPOSTAS DOS EXERCÍCIOS

447. a) $(x - R)^2 + (y - \sqrt{R^2 - 1})^2 = R^2$
b) $a^2 - b^2 = 1$

448. $x^2 + (y - 2)^2 = 4$

449. $x^2 + y^2 - 4x = 0$

450. Demonstração

451. Demonstração

452.

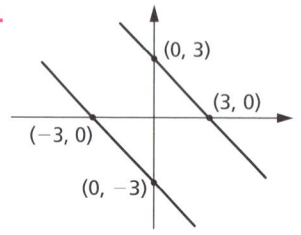

(0, 3)
(3, 0)
(−3, 0)
(0, −3)

453. Demonstração

454. a) $\dfrac{\pi}{4}$ b) $\dfrac{\pi}{2}$ c) 0

455. $m = -12 \pm 2\sqrt{34}$

456. hipérbole

457. reunião de duas retas

458. se $-4 < m < 4$, elipse;
se $m > 4$ ou $m < -4$, hipérbole;
se $m = 4$ ou $m = -4$, duas retas.

459. elipse

460. parábola

461. $m < -4$

462. duas retas perpendiculares

463. duas retas paralelas ao eixo Oy

464. duas retas paralelas

465. duas retas concorrentes na origem

466. duas retas concorrentes na origem

467. a reta b_{13}, ou seja, bissetriz dos quadrantes ímpares

468. $|a| > 1$

469. uma reta que contém todos os pontos de $A \cap B$

470. o conjunto vazio

471. o ponto P(1, 3)

Apêndice

474. Demonstração

475. Demonstração

476. Demonstração

477. Demonstração

478. Demonstração

Questões de vestibulares

Coordenadas cartesianas no plano

1. (UFF-RJ) A palavra "perímetro" vem da combinação de dois elementos gregos: o primeiro, *peri*, significa "em torno de", e o segundo, *metron*, significa "medida".
   O perímetro do trapézio cujos vértices têm coordenadas $(-1, 0)$, $(9, 0)$, $(8, 5)$ e $(1, 5)$ é:
   a) $10 + \sqrt{29} + \sqrt{26}$
   b) $16 + \sqrt{29} + \sqrt{26}$
   c) $22 + \sqrt{26}$
   d) $17 + 2\sqrt{26}$
   e) $17 + \sqrt{29} + \sqrt{26}$

2. (UF-ES) João saiu de um ponto A, andou 5 m para leste, 3 m para o norte, 1 m para oeste e 5 m para o sul, chegando a um ponto B. A distância, em metros, entre os pontos A e B é:
   a) $2\sqrt{5}$
   b) $3\sqrt{3}$
   c) $3\sqrt{5}$
   d) $4\sqrt{3}$
   e) $4\sqrt{5}$

3. (UF-PR) Durante um passeio, uma pessoa fez o seguinte trajeto: partindo de um certo ponto, caminhou 3 km no sentido norte, em seguida 4 km para o oeste, depois 1 km no sentido norte novamente, e então caminhou 2 km no sentido oeste. Após esse percurso, a que distância a pessoa se encontra do ponto de onde iniciou o trajeto?

4. (Mackenzie-SP) Em relação a um sistema cartesiano ortogonal, com os eixos graduados em quilômetros, uma lancha sai do ponto $(-6, -4)$, navega 7 km para leste, 6 km para o norte e 3 km para oeste, encontrando um porto. Depois continua a navegação, indo 3 km para norte e 4 km para leste, encontrando um outro porto. A distância, em quilômetros, entre os portos é:
   a) 7
   b) $3\sqrt{5}$
   c) $2\sqrt{3}$
   d) $\sqrt{7}$
   e) 5

QUESTÕES DE VESTIBULARES

5. (PUC-SP) Dois navios navegavam pelo Oceano Atlântico, supostamente plano: x, à velocidade constante de 16 milhas por hora, e y à velocidade constante de 12 milhas por hora. Sabe-se que às 15 horas de certo dia y estava exatamente 72 milhas ao sul de x e que, a partir de então, y navegou em linha reta para o leste, enquanto que x navegou em linha reta para o sul, cada qual mantendo suas respectivas velocidades. Nessas condições, às 17 horas e 15 minutos do mesmo dia, a distância entre x e y, em milhas, era:

a) 45　　　　b) 48　　　　c) 50　　　　d) 55　　　　e) 58

6. (Unesp-SP) Em um experimento sobre orientação e navegação de pombos, considerou-se o pombal como a origem O de um sistema de coordenadas cartesianas e os eixos orientados Sul-Norte (SN) e Oeste-Leste (WL). Algumas aves foram libertadas num ponto P que fica 52 km ao leste do eixo SN e a 30 km ao sul do eixo WL. O ângulo azimutal de P é o ângulo, em graus, medido no sentido horário a partir da semirreta ON até a semirreta OP. No experimento descrito, a distância do pombal até o ponto de liberação das aves, em km, e o ângulo azimutal, em graus, desse ponto são, respectivamente:

Dado: $\sqrt{3\,604} \cong 60$

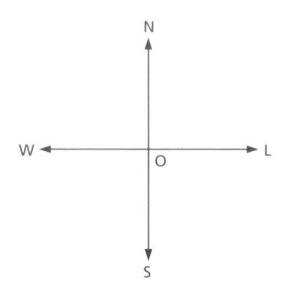

a) 42,5 e 30　　　c) 60 e 30　　　e) 60 e 150
b) 42,5 e 120　　d) 60 e 120

7. (Enem-MEC) A figura a seguir é a representação de uma região por meio de curvas de nível, que são curvas fechadas representando a altitude da região, com relação ao nível do mar. As coordenadas estão expressas em graus de acordo com a longitude, no eixo horizontal, e a latitude, no eixo vertical. A escala em tons de cinza desenhada à direita está associada à altitude da região.

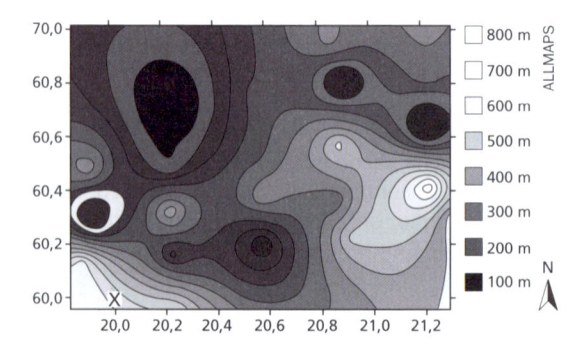

Um pequeno helicóptero usado para reconhecimento sobrevoa a região a partir do ponto x = (20; 60). O helicóptero segue o percurso:

0,8° L → 0,5° N → 0,2° O → 0,1° S → 0,4° N → 0,3° L

Ao final, desce verticalmente até pousar no solo.

De acordo com as orientações, o helicóptero pousou em um local cuja altitude é:
a) menor ou igual a 200 m
b) maior que 200 m e menor ou igual a 400 m
c) maior que 400 m e menor ou igual a 600 m
d) maior que 600 m e menor ou igual a 800 m
e) maior que 800 m

8. (UFF-RJ) O sistema de posicionamento global (GPS) funciona utilizando-se uma rede de satélites distribuídos em torno da Terra. Ao receber os sinais dos satélites, o aparelho receptor GPS calcula sua posição P = (a, b, c) com relação a um certo sistema ortogonal de coordenadas cartesianas em $\mathbb{R}^3$ e depois converte essas coordenadas cartesianas para coordenadas geográficas: latitude ϕ, longitude λ e elevação ρ. Se a > 0, b > 0 e c > 0, então ϕ é o ângulo entre os vetores (a, b, c) e (a, b, 0), λ é o ângulo entre os vetores (a, b, 0) e (a, 0, 0) e ρ é a distância da origem do sistema de coordenadas ao ponto P, conforme a figura ao lado:

Para a > 0, b > 0 e c > 0, assinale a alternativa correta.
a) $a = \rho \cdot \cos(\phi) \cdot \cos(\lambda)$, $b = \rho \cdot \text{sen}(\phi) \cdot \cos(\lambda)$, $c = \rho \cdot \text{sen}(\lambda)$
b) $a = \rho \cdot \text{sen}(\phi) \cdot \cos(\lambda)$, $b = \rho \cdot \text{sen}(\phi) \cdot \text{sen}(\lambda)$, $c = \rho \cdot \cos(\phi)$
c) $a = \rho \cdot \cos(\phi) \cdot \text{sen}(\lambda)$, $b = \rho \cdot \cos(\phi) \cdot \cos(\lambda)$, $c = \rho \cdot \text{sen}(\phi)$
d) $a = \rho \cdot \text{sen}(\phi) \cdot \text{sen}(\lambda)$, $b = \rho \cdot \text{sen}(\phi) \cdot \cos(\lambda)$, $c = \rho \cdot \cos(\phi)$
e) $a = \rho \cdot \cos(\phi) \cdot \cos(\lambda)$, $b = \rho \cdot \cos(\phi) \cdot \text{sen}(\lambda)$, $c = \rho \cdot \text{sen}(\phi)$

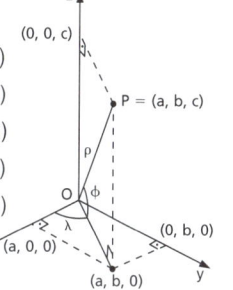

9. (UF-RS) Observe a figura abaixo, onde o ponto inicial da poligonal representada é a origem do sistema de coordenadas. Os comprimentos dos lados dessa poligonal formam a sequência 1, 1, 2, 2, 3, 3, 4, 4, 5, 5.

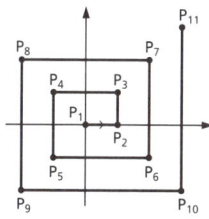

Considerando-se que a poligonal continue evoluindo de acordo com o padrão acima representado, o primeiro ponto do 50º lado é:
a) (−13, −13)
b) (−13, 13)
c) (12, −12)
d) (13, −12)
e) (13, −13)

QUESTÕES DE VESTIBULARES

10. (UE-CE) Animações gráficas computacionais usam matrizes para produzir os movimentos de objetos. Rotações são realizadas pelas multiplicações por matrizes ortogonais; e translações, por somas de vetores. Por exemplo, para girar um ponto de coordenadas (x, y) cerca de 53,13° em torno da origem, no sentido anti-horário, e em seguida transladá-lo por um vetor (5, 1) basta efetuarmos as seguintes operações:

$$\begin{bmatrix} \frac{3}{5} & -\frac{4}{5} \\ \frac{4}{5} & \frac{3}{5} \end{bmatrix} \cdot \begin{bmatrix} x \\ y \end{bmatrix} + \begin{bmatrix} 5 \\ 1 \end{bmatrix}$$

A figura abaixo mostra a rotação e a translação descritas acima aplicadas na imagem de um rosto. Observe que o ponto (10, 5) é transformado no ponto (7, 12).

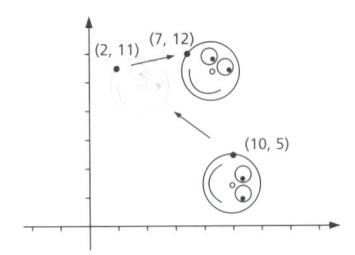

Considere que o animador gráfico necessita colocar nessa animação a figura de uma abelha que, após a rotação e a translação, apareça no ponto (16, 10). Para isso, o animador precisa saber onde deveria se situar a abelha antes da transformação, para que ela, ao fim, se localize no ponto (16, 10).

Com base nessas informações, é correto afirmar que o ponto que será transformado em (16, 10) é:

a) (13,8, −3,4)
b) (8,2, −4,3)
c) (10,5, −7,5)
d) (20,4, −2,6)
e) (23,6, −5,4)

11. (UF-BA) Considerando-se a matriz $M = k\begin{pmatrix} 0 & -1 \\ 1 & 0 \end{pmatrix}$, sendo k um número real, é correto afirmar:

(01) M é uma matriz simétrica, para qualquer k.

(02) M é uma matriz inversível se e somente se $k \neq 0$ e, nesse caso, $M^{-1} = \frac{1}{k}\begin{pmatrix} 0 & 1 \\ -1 & 0 \end{pmatrix}$.

(04) Para algum valor de k, M é a matriz identidade de ordem 2.

(08) Identificando-se um ponto genérico (x, y) do plano cartesiano com a matriz-linha (xy) de ordem 1 × 2, se $k = 1$ e $(x, y) \neq (0, 0)$, então os pontos identificados por (0, 0), (xy) e (xy)M são vértices de um triângulo retângulo isósceles.

(16) Dados dois números reais a e b, se $k \neq 0$, então o sistema de equações $M\begin{pmatrix} x \\ y \end{pmatrix} = \begin{pmatrix} a \\ b \end{pmatrix}$ tem uma única solução $x = \frac{b}{k}, y = -\frac{a}{k}$.

12. (Unesp-SP) Sejam P = (a, b), Q = (1, 3) e R = (−1, −1) pontos do plano. Seja a + b = 7, determine P de modo que P, Q e R sejam colineares.

Equação da reta

13. (FGV-SP) No plano cartesiano, M (3, 3), N (7, 3) e P (4, 0) são os pontos médios respectivamente dos lados $\overline{AB}$, $\overline{BC}$ e $\overline{AC}$ de um triângulo ABC. A abscissa do vértice C é:

a) 6 b) 7 c) 8 d) 9 e) 0

14. (FGV-SP) O gráfico de uma função polinomial do primeiro grau passa pelos pontos de coordenadas (x, y) dados ao lado:

Podemos concluir que o valor de k + m é:

a) 15,5
b) 16,5
c) 17,5
d) 18,5
e) 19,5

x	y
0	5
m	8
6	14
7	k

15. (UF-RJ) Um ponto P desloca-se sobre uma reta numerada, e sua posição (em metros) em relação à origem é dada, em função do tempo t (em segundos), por P(t) = 2(1 − t) + 8t.

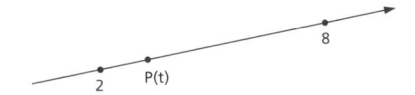

a) Determine a posição do ponto P no instante inicial (t = 0).
b) Determine a medida do segmento de reta correspondente ao conjunto dos pontos obtidos pela variação de t no intervalo $\left[0, \dfrac{3}{2}\right]$.

16. (UF-PA) Em um jornal de circulação nacional foi publicada uma pesquisa, realizada no Brasil, com os percentuais, em função do ano, de famílias compostas por pai, mãe e filhos, chamadas famílias nucleares, e de famílias resultantes de processos de separação ou divórcio, chamadas novas famílias. Sabendo-se que os gráficos abaixo representam, a partir de 1987, a variação percentual desses dois tipos de família, com suas respectivas projeções para anos futuros é correto afirmar:

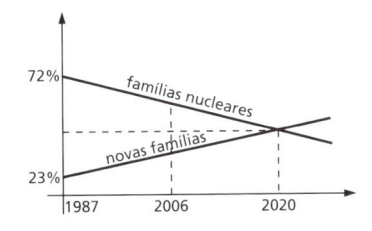

a) No ano 2030, o número de novas famílias será igual ao de famílias nucleares.

b) No ano 2030, o número de novas famílias será menor do que o de famílias nucleares.

c) No ano 2030, o número de novas famílias será maior do que o de famílias nucleares.

d) No ano de 2015, o número de novas famílias será igual ao de famílias nucleares.

e) No ano 2012, o número de famílias nucleares será menor do que a de novas famílias.

17. (UFF-RJ) A adição do biodiesel ao óleo diesel promove pequenas modificações nas propriedades do combustível as quais, apesar de causarem redução na quantidade de energia fornecida ao motor, promovem um aumento na eficiência com que esta energia é convertida em potência de saída.

O gráfico a seguir, representado por um segmento de reta que une o ponto (30, −8) à origem (0, 0), apresenta a variação V da energia fornecida ao motor com relação ao padrão diesel (em %) como função da proporção P de adição de biodiesel na mistura (em %).

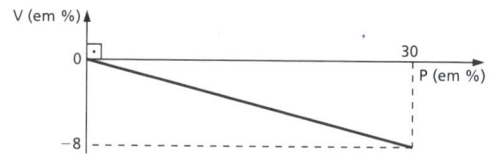

Fonte: Adaptado de Scientific American, Ano 5, nº 53, out. 2006.

Assinale a única opção correta:

a) $V(2^2) = [V(2)]^2$

b) $V(2) > V(8)$

c) $V(8) = 4V(2)$

d) $\dfrac{V(8) - V(2)}{8 - 2} = -\dfrac{15}{4}$

e) $V(8) = V(2) \cdot V(4)$

18. (UFF-RJ) Embora não compreendam plenamente as bases físicas da vida, os cientistas são capazes de fazer previsões surpreendentes. Freemen J. Dyson, por exemplo, concluiu que a vida eterna é de fato possível. Afirma que, no entanto, para que tal fato se concretize o organismo inteligente precisaria reduzir a sua temperatura interna e a sua velocidade de processamento de informações. Considerando-se v a velocidade cognitiva (em pensamento por segundo) e T a temperatura do organismo (em graus Kelvin), Dyson explicitou a relação entre as variáveis $x = \log_{10} T$ e $y = \log_{10} V$ por meio do gráfico abaixo:

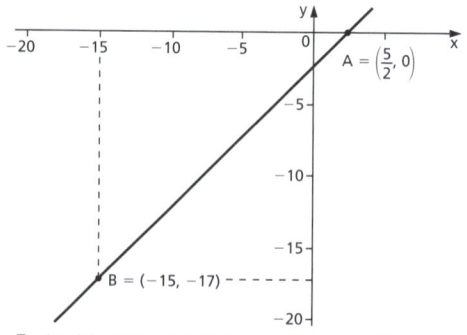

$A = \left(\dfrac{5}{2}, 0\right)$

$B = (-15, -17)$

Fonte: Adaptado de O Destino da Vida, Scientific American Brasil, nº 19, dez. 2003.

Sabendo-se que o gráfico da figura está contido em uma reta que passa pelos pontos $A = \left(\dfrac{5}{2}, 0\right)$ e $B = (-15, -17)$, assinale a alternativa que contém a equação que descreve a relação entre x e y.

a) $y = \dfrac{34}{35}x - \dfrac{17}{7}$
c) $y = \dfrac{34}{35}x - \dfrac{17}{5}$
e) $y = \dfrac{34}{35}x + \dfrac{5}{2}$

b) $y = x - \dfrac{5}{2}$
d) $y = \dfrac{5}{2}x - \dfrac{17}{5}$

19. (UF-PR) Na figura abaixo estão representados, em um sistema cartesiano de coordenadas, um quadrado cinza de área 4 unidades, um quadrado hachurado de área 9 unidades e a reta r que passa por um vértice de cada quadrado. Nessas condições, a equação da reta r é:

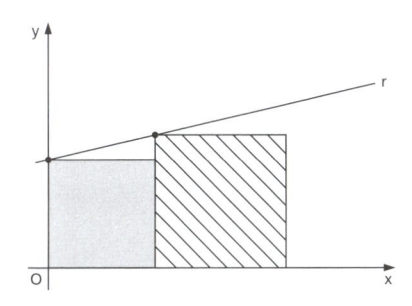

a) $x - 2y = -4$
c) $2x + 3y = -1$
e) $2x - y = 3$

b) $4x - 9y = 0$
d) $x + y = 3$

20. (FEI-SP) Num sistema cartesiano ortogonal (O, x, y), a reta que passa pelos pontos $A = (3, 5)$ e $B = (9, 2)$ intercepta o eixo x no ponto de abscissa igual a:

a) -13
b) $\dfrac{13}{2}$
c) 0
d) 13
e) $-\dfrac{13}{2}$

21. (UF-RN) A cada equação do tipo $ax + by = c$, com a, b e c reais, sendo a ou b não nulos, corresponde uma única reta no plano xy.

Se o sistema $\begin{cases} a_1x + b_1y = c_1 \\ a_2x + b_2y = c_2 \end{cases}$, com a_i, b_i e c_i, nas condições acima, tiver uma única solução, as respectivas retas:

a) se interceptarão em um só ponto.
c) não se interceptarão.

b) se interceptarão em dois pontos.
d) serão coincidentes.

22. (PUC-RJ) Quais os vértices do triângulo cujos lados são as retas $x + y = 0$, $y = x$ e $y = 3$?

a) (2, 2), (2, −2) e (3, 3)
c) (3, 3), (0, 0) e (−3, 3)
e) (0, 0), (3, 3) e (3, 0)

b) (1, 1), (2, 2) e (3, −3)
d) (3, 3), (−1, −1) e (2, 2)

QUESTÕES DE VESTIBULARES

23. (UE-RJ) Em uma folha de fórmica retangular ABCD, com 15 dm de comprimento $\overline{AB}$ por 10 dm de largura $\overline{AD}$, um marceneiro traça dois segmentos de reta, $\overline{AE}$ e $\overline{BD}$. No ponto F, onde o marceneiro pretende fixar um prego, ocorre a interseção desses segmentos.

A figura abaixo representa a folha de fórmica no primeiro quadrante de um sistema de eixos coordenados.

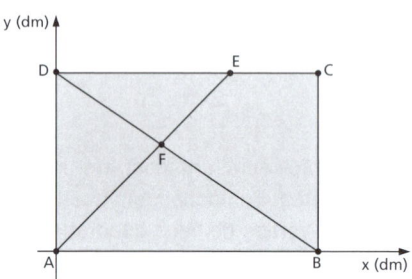

Considerando a medida do segmento $\overline{EC}$ igual a 5 dm, determine as coordenadas do ponto F.

24. (Mackenzie-SP) As retas $y = \frac{1}{2}x$, $y = \frac{3}{4}$ e $x = 0$ definem um triângulo, cuja raiz quadrada da área é:

a) $\frac{3}{4}$
b) $\frac{\sqrt{2}}{6}$
c) $\frac{\sqrt{3}}{4}$
d) $\frac{3}{8}$
e) $\frac{3}{5}$

25. (Mackenzie-SP) Os gráficos de $y = x + 2$ e $x + y = 6$ definem, com os eixos, no primeiro quadrante, um quadrilátero de área:

a) 12
b) 16
c) 10
d) 8
e) 14

26. (ITA-SP) A área do quadrilátero definido pelos eixos coordenados e as retas r: $x - 3y + 3 = 0$ e s: $3x + y - 21 = 0$, em unidades de área, é igual a:

a) $\frac{19}{2}$
b) 10
c) $\frac{25}{2}$
d) $\frac{27}{2}$
e) $\frac{29}{2}$

27. (UF-RJ) Os lados do quadrilátero da figura abaixo são segmentos das retas $y = x + 2$, $y = -x - 2$, $y = -2x + 2$ e $y = 2x - 2$.

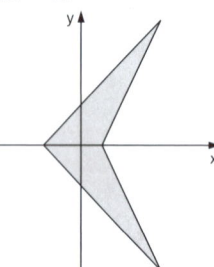

A área desse quadrilátero é:

a) 18
b) 19
c) 20
d) 21
e) 22

28. (PUC-RJ) Considere o triângulo de vértices (0, 0), (3, 0) e (0, 7). Alguns pontos de coordenadas inteiras estão nos lados do triângulo como, por exemplo, (2, 0); alguns estão no interior como, por exemplo, o ponto (1, 1). Quantos pontos de coordenadas inteiras estão no interior do triângulo?

a) 6   b) 7   c) 10   d) 12   e) 21

29. (UE-CE) As funções do primeiro grau $f(x) = mx + n$ e $g(x) = px + q$ são funções de $\mathbb{R}$ em $\mathbb{R}$ tais que o gráfico de f passa pela origem do sistema de coordenadas e intercepta o gráfico de g no ponto de abscissa igual a 3. Se o gráfico de g intercepta os eixos x e y, respectivamente, nos pontos (7, 0) e (0, 5), então o valor de $m + n + p + q$ é um número localizado entre:

a) 5,20 e 5,25   b) 5,25 e 5,30   c) 5,30 e 5,35   d) 5,35 e 5,40

30. (UF-PR) Sabe-se que a reta r passa pelos pontos $A = (-2, 0)$ e $P = (0, 1)$ e que a reta s é paralela ao eixo das ordenadas e passa pelo ponto $Q = (4, 2)$. Se B é o ponto em que a reta s intercepta o eixo das abscissas e C é o ponto de interseção das retas r e s, então o perímetro do triângulo ABC é:

a) $3(3 + \sqrt{5})$
b) $3(5 + \sqrt{3})$
c) $5(3 + \sqrt{5})$
d) $3(3 + \sqrt{3})$
e) $5(5 + \sqrt{3})$

31. (Enem-MEC) Um bairro de uma cidade foi planejado em uma região plana, com ruas paralelas e perpendiculares, delimitando quadras de mesmo tamanho. No plano de coordenadas cartesianas seguinte, esse bairro localiza-se no segundo quadrante, e as distâncias nos eixos são dadas em quilômetros.

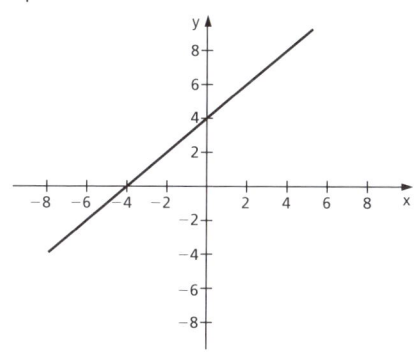

A reta de equação $y = x + 4$ representa o planejamento do percurso da linha do metrô subterrâneo que atravessará o bairro e outras regiões da cidade. No ponto $P = (-5, 5)$, localiza-se um hospital público. A comunidade solicitou ao comitê de planejamento que fosse prevista uma estação do metrô de modo que sua distância ao hospital, medida em linha reta, não fosse maior que 5 km.

Atendendo ao pedido da comunidade, o comitê argumentou corretamente que isso seria automaticamente satisfeito, pois já estava prevista a construção de uma estação no ponto:

a) (-5, 0)   b) (-3, 1)   c) (-2, 1)   d) (0, 4)   e) (2, 6)

QUESTÕES DE VESTIBULARES

32. (Unesp-SP) Num sistema cartesiano ortogonal Oxy, considere o triângulo ABC de vértices A = (3, 5), B = (1, 1) e C = (5, −9) e seja M o ponto médio do lado AB. A equação da reta suporte da mediana CM é:

a) 2x + y − 1 = 0
b) 5x + 2y − 7 = 0
c) 4x + 2y − 2 = 0
d) 4x + y − 11 = 0
e) 2x − y − 19 = 0

33. (UF-MG) Os pontos A = (0, 3), B = (4, 0) e C = (a, b) são vértices de um triângulo equilátero no plano cartesiano.

Considerando-se essa situação, é correto afirmar que:

a) $b = \frac{4}{3}a$
b) $b = \frac{4}{3}a - \frac{7}{6}$
c) $b = \frac{4}{3}a + 3$
d) $b = \frac{4}{3}a - \frac{3}{2}$

34. (PUC-RS) Para completar a viagem, nosso amigo foi para a Grécia conhecer um pouco mais do famoso Tales de Mileto. Foi-lhe proposto o seguinte problema:

Duas retas de equações y = x e y = 2x − 4 são interceptadas por duas transversais paralelas, conforme a figura. O valor de c é:

a) $4\sqrt{5}$
b) $2\sqrt{5}$
c) $\sqrt{5}$
d) $\frac{\sqrt{5}}{2}$
e) $\frac{\sqrt{26}}{2}$

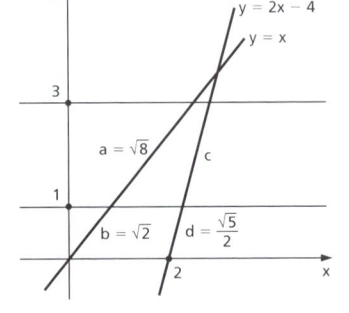

35. (UF-GO) Duas empresas A e B comercializam o mesmo produto. A relação entre o patrimônio (y) e o tempo de atividade em anos (x) de cada empresa é representada, respectivamente, por:

A: x − 2y + 6 = 0 e B: x − 3y + 15 = 0

Considerando essas relações, o patrimônio da empresa A será superior ao patrimônio da empresa B a partir de quantos anos?

a) 3
b) 5
c) 9
d) 12
e) 15

36. (UF-MT) No gráfico abaixo, o ponto A tem coordenada (3, 0), os pontos B e C estão, respectivamente, sobre a reta y = 2 e y = 4 e o ponto A pertence à reta que passa por B e C.

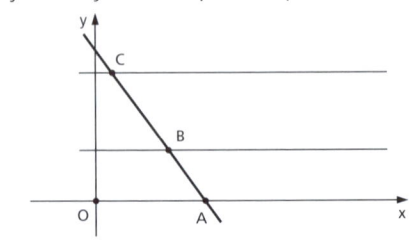

A partir dessas informações, pode-se afirmar que as coordenadas dos pontos B e C, tais que a soma dos quadrados das medidas dos segmentos OB e BC seja mínima, são, respectivamente:

a) $\left(-\dfrac{3}{2}, 2\right)$ e $(-1, 4)$ c) $\left(\dfrac{3}{2}, 2\right)$ e $(0, 4)$ e) $(1, 2)$ e $(-1, 4)$

b) $\left(\dfrac{2}{3}, 2\right)$ e $(0, 4)$ d) $(2, 2)$ e $(1, 4)$

37. (UF-BA) Considerem-se em um sistema de coordenadas cartesianas — tendo o metro como unidade de medida para os eixos O_x e O_y — duas partículas P_1 e P_2.

Sabendo que, no instante $t = 0$, a partícula P_1 parte da origem, na direção positiva do eixo O_y, com velocidade constante de 2 m/s, e a partícula P_2 parte do ponto $(10, 0)$ em direção à origem dos eixos com velocidade constante de 1 m/s, escreva uma equação da reta que passa pelos pontos que determinam a posição das duas partículas no instante em que o quadrado da distância entre elas é mínimo.

38. (UF-GO) Considere no plano cartesiano duas retas, r e s, cujas equações são, respectivamente, dadas por $y = x - 5$ e $y = 2x + 12$. Encontre a equação da reta que passa pelo ponto $P(1, 3)$ e intersecta r e s nos pontos A e B, com $A \in r$ e $B \in s$, de modo que o ponto P seja o ponto médio do segmento AB.

39. (UF-GO) No plano cartesiano, as retas r e s, de equações $2x - 3y + 3 = 0$ e $x + 3y - 1 = 0$, respectivamente, se intersectam em um ponto C. Considerando o ponto $P(0, -4)$, determine as coordenadas de dois pontos, $A \in r$ e $B \in s$, de modo que o segmento CP seja uma mediana do triângulo ABC.

40. (Fuvest-SP) Na figura abaixo, a reta r tem equação $y = 2\sqrt{2}x + 1$ no plano cartesiano O_{xy}. Além disso, os pontos B_0, B_1, B_2, B_3 estão na reta r, sendo $B_0 = (0, 1)$. Os pontos A_0, A_1, A_2, A_3 estão no eixo O_x, com $A_0 = O = (0, 0)$. O ponto D_i pertence ao segmento $\overline{A_iB_i}$, para $1 \leq i \leq 3$. Os segmentos $\overline{A_1B_1}, \overline{A_2B_2}, \overline{A_3B_3}$ são paralelos ao eixo O_y, os segmentos $\overline{B_0D_1}, \overline{B_1D_2}, \overline{B_2D_3}$ são paralelos ao eixo O_x, e a distância entre B_i e B_{i+1} é igual a 9, para $0 \leq i \leq 2$.

Nessas condições:

a) Determine as abscissas de A_1, A_2, A_3.

b) Sendo R_i o retângulo de base $A_i A_{i+1}$ e altura $A_{i+1}D_{i+1}$, para $0 \leq i \leq 2$, calcule a soma das áreas dos retângulos R_0, R_1 e R_2.

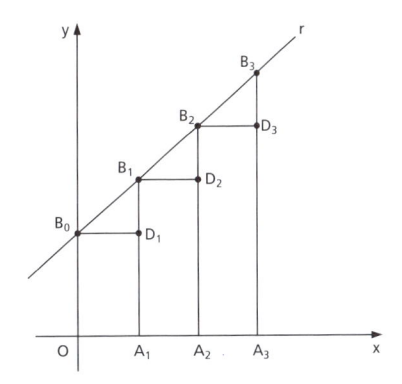

QUESTÕES DE VESTIBULARES

41. (Unifesp-SP) Dadas as retas: r: 5x − 12y = 42, s: 5x + 16y = 56 e t: 5x + 20y = m, o valor de m para que as três retas sejam concorrentes num mesmo ponto é:
a) 14   b) 28   c) 36   d) 48   e) 58

42. (UE-CE) Para valores reais de k, as equações (k − 4)x + 5y − 5k = 0 representam no plano cartesiano uma família de retas que passam pelo ponto fixo P(m, n). O valor de m + n é:
a) 9   b) 11   c) 13   d) 14

43. (FGV-SP) A quantidade mensal vendida x de um produto relaciona-se com seu preço de venda p por meio da equação: p = 100 − 0,02x. A receita mensal será maior ou igual a 80 000, se e somente se:
a) $3\,000 \leq x \leq 6\,000$ c) $2\,000 \leq x \leq 5\,000$ e) $1\,000 \leq x \leq 4\,000$
b) $x \geq 2\,500$ d) $x \geq 3\,500$

44. (FGV-SP) Dionísio possui R$ 600,00, que é o máximo que pode gastar consumindo dois produtos A e B em quantidades x e y respectivamente.

O preço por unidade de A é R$ 20,00 e o de B é R$ 30,00. Admite-se que as quantidades x e y sejam representadas por números reais não negativos e sabe-se que ele pretende gastar no máximo R$ 300,00 com o produto A. Nessas condições, o conjunto dos pares (x, y) possíveis, representados no plano cartesiano, determinam uma região cuja área é:
a) 195   b) 205   c) 215   d) 225   e) 235

45. (UE-GO) Em uma chácara há um pasto que é utilizado para criar vacas e bezerros. Esse pasto tem área de dois hectares, sendo que cada um corresponde a um quadrado de 100 metros de lado. Observações técnicas indicam que cada vaca deverá ocupar uma área de, no mínimo, 1 000 m² e cada bezerro de, no mínimo, 400 m².

a) De acordo com as observações técnicas, esse pasto comportará 15 vacas e 15 bezerros? Justifique sua resposta.

b) Represente algébrica e graficamente as condições dessa situação, respeitando as observações técnicas.

46. (UE-CE) Sobre o conjunto M dos pontos de interseção dos gráficos das funções definidas por f(x) = |2^x − 1| e g(x) = x + 1 é possível afirmar, corretamente, que M:
a) é o único conjunto vazio.   c) possui dois elementos.
b) é um conjunto unitário.   d) possui três elementos.

47. (FGV-SP) O polígono do plano cartesiano determinado pela relação |3x| + |4y| = 12 tem área igual a:

a) 6   b) 12   c) 16   d) 24   e) 25

48. (FGV-SP)

Ano	IDH do Brasil
2004	0,790
2005	0,792

Nível de desenvolvimento humano	IDH
Baixo	Até 0,490
Médio	De 0,500 até 0,799
Alto	Maior ou igual a 0,800

Fonte: (Programa Nacional das Nações Unidas para o Desenvolvimento – PNUD)

Ajustando um modelo linear afim aos dados tabelados do IDH brasileiro, de acordo com esse modelo, uma vez atingido o nível alto de desenvolvimento humano, o Brasil só igualará o IDH atual da Argentina (0,863) após:

a) 35,5 anos
b) 34,5 anos
c) 33, 5 anos
d) 32,5 anos
e) 31,5 anos

49. (FGV-SP)

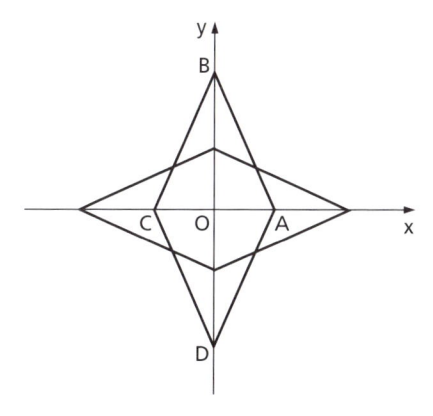

a) Calcule a área do losango ABCD cujos vértices são os afixos dos números complexos: 3, 6i, −3 e −6i, respectivamente.
b) Quais são as coordenadas dos vértices do losango A'B'C'D' que se obtém girando 90° o losango ABCD, em torno da origem do plano cartesiano, no sentido anti-horário?
c) Por qual número devemos multiplicar o número complexo cujo afixo é o ponto B para obter o número complexo cujo afixo é o ponto B'?

QUESTÕES DE VESTIBULARES

50. (FGV-SP) No plano cartesiano, os pontos (x, y) que satisfazem a equação $|x| + |y| = 2$ determinam um polígono cujo perímetro é:

a) $2\sqrt{2}$ b) $4 + 2\sqrt{2}$ c) $4\sqrt{2}$ d) $8 + 4\sqrt{2}$ e) $8\sqrt{2}$

51. (Unifesp-SP)

a) Num sistema cartesiano ortogonal, considere as retas de equações r: $y = \dfrac{x}{6}$ e s: $y = \dfrac{3x}{2}$ e o ponto M(2, 1).

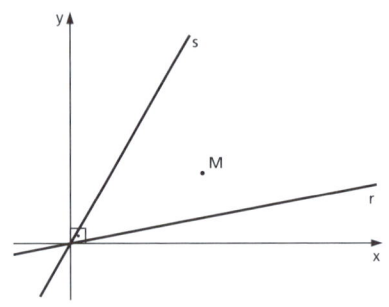

Determine as coordenadas do ponto A, de r, e do ponto B, de s, tais que M seja o ponto médio do segmento de reta AB.

b) Considere, agora no plano euclidiano desprovido de um sistema de coordenadas, as retas r e s e os pontos O, M e P, conforme a figura,

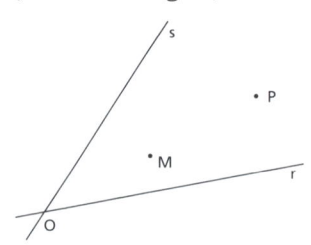

com M o ponto médio do segmento OP. A partir de P, determine os pontos A, de r, e B, de s, tais que M seja o ponto médio do segmento de reta AB.

52. (UF-RJ) Uma partícula parte do ponto A(2, 0), movimentando-se para cima (C) ou para a direita (D), com velocidade de uma unidade de comprimento por segundo no plano cartesiano.

O gráfico ao lado exemplifica uma trajetória dessa partícula, durante 11 segundos, que pode ser descrita pela sequência de movimentos CDCDCCDDDCC.

Admita que a partícula faça outra trajetória composta somente pela sequência de movimentos CDD, que se repete durante 5 minutos, partindo de A.

Determine a equação da reta que passa pela origem O(0, 0) e pelo último ponto dessa nova trajetória.

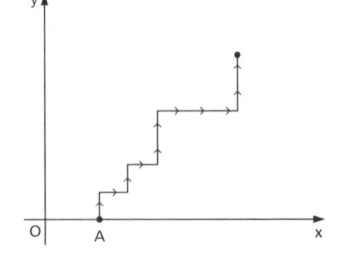

Teoria angular

53. (FEI-SP) A figura representa a reta *r* que intercepta o eixo *y* no ponto P = (0, 3), formando com esse eixo um ângulo de 30°.

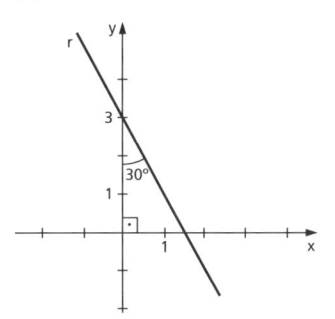

A equação de *r* é dada por:

a) $y = \sqrt{3}x + 3$

b) $y = -\sqrt{3}x - 3$

c) $y = -\sqrt{3}x + 3$

d) $y = \dfrac{\sqrt{3}}{3}x + 3$

e) $y = -\dfrac{\sqrt{3}}{3}x + 3$

54. (UF-PB) A figura abaixo mostra, no plano cartesiano, a vista superior de um museu que possui a forma de um quadrado.

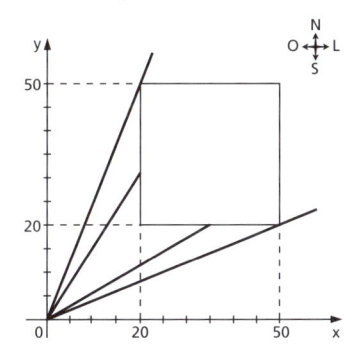

Como parte do sistema de segurança desse museu, há, localizado no ponto (0, 0), um emissor de raios retilíneos o qual detecta a presença de pessoas. Os raios emitidos são paralelos ao plano do piso e descrevem trajetórias paralelas às semirretas y = λx, com x ⩾ 0, onde λ é um parâmetro que ajusta a direção dos raios, de acordo com o ponto que se deseja proteger. No museu, só existem entradas nos lados oeste e sul, os quais devem ficar totalmente protegidos pelo sistema de segurança.

De acordo com essas informações, o parâmetro λ deve variar, pelo menos, no intervalo:

a) $\left[\dfrac{2}{7}, 2\right]$

b) $\left[\dfrac{2}{5}, \dfrac{5}{2}\right]$

c) $\left[3, \dfrac{7}{2}\right]$

d) [8, 10]

e) [11, 13]

QUESTÕES DE VESTIBULARES

55. (UF-CE) Um losango do plano cartesiano O_{xy} tem vértices A(0, 0), B(3, 0), C(4, 3) e D(1, 3).
   a) Determine a equação da reta que contém a diagonal AC.
   b) Determine a equação da reta que contém a diagonal BD.
   c) Encontre as coordenadas do ponto de interseção das diagonais AC e BD.

56. (Mackenzie-SP) No triângulo da figura, se AC = BC, a equação da reta suporte da mediana $\overline{CM}$ é:
   a) $12x - 25y + 20 = 0$
   b) $6x - 10y + 5 = 0$
   c) $14x - 25y + 15 = 0$
   d) $2x - 4y + 3 = 0$
   e) $7x - 9y + 5 = 0$

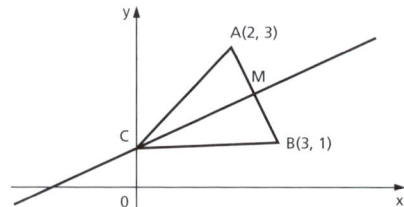

57. (FGV-SP) A condição necessária e suficiente para que a representação gráfica no plano cartesiano das equações do sistema linear $\begin{cases}(m + 1)x - y = 2 \\ 3x + 3y = 2n\end{cases}$ nas incógnitas x e y seja um par de retas paralelas coincidentes é:
   a) m ≠ −2 e n ≠ −3
   b) m ≠ −2 e n = −3
   c) m = −2
   d) m = −2 e n ≠ −3
   e) m = −2 e n = −3

58. (FGV-SP) A reta t passa pela interseção das retas $2x - y = -2$ e $x + y = 11$ e é paralela à reta que passa pelos pontos A(1, 1) e B(2, −2). A interseção da reta t com o eixo y é o ponto:
   a) (0, 17)   b) (0, 18)   c) (0, 14)   d) (0, 15)   e) (0, 16)

59. (UE-CE) A reta r tem declividade 1 e contém o ponto de coordenadas (2, 3). A reta s contém os pontos de coordenadas (1, 1) e (3, 5). O ponto de interseção das retas r e s tem coordenadas:
   a) (1, 1)   b) (2, 3)   c) (3, 5)   d) (3, 4)   e) (1, 2)

60. (UF-MS) Um paralelogramo é ABCD, nessa ordem, cujos vértices têm coordenadas não negativas, é tal que o ponto B = (0, 2), e os segmentos AD e CD estão sob as retas y = x e y = 8 − x, respectivamente. A partir dos dados fornecidos, assinale a(s) afirmação(ões) correta(s):
   (001) A = (1, 1)
   (002) C = (3, 5)
   (004) D = (4, 4)
   (008) A equação da reta que contém o lado AB do paralelogramo é y = 2 − x.
   (016) O paralelogramo é um losango.

QUESTÕES DE VESTIBULARES

61. (UF-MS) Sabendo-se que um quadrado tem um de seus vértices na origem do sistema cartesiano e que as equações das retas suportes de dois de seus lados são $3x - y = 0$ e $3x - y + 10 = 0$, então a medida de sua diagonal é igual a:
a) $2\sqrt{5}$
b) $2\sqrt{2}$
c) $5\sqrt{5}$
d) $5\sqrt{2}$
e) $\sqrt{2}$

62. (UF-MG) No plano cartesiano, o ponto $A = (1, 11)$ é vértice do quadrado ABCD, cuja diagonal BD está sobre a reta de equação $y = \frac{1}{2}x + 3$.
Considerando essas informações:
a) Determine as coordenadas do centro M do quadrado ABCD.
b) Determine as coordenadas do vértice C.
c) Determine as coordenadas dos vértices B e D.

63. (Mackenzie-SP) Na figura, as retas r e s são paralelas. Se (x, y) é um ponto de s, então $x - y$ vale:
a) 2
b) $\sqrt{2}$
c) 4
d) $2\sqrt{2}$
e) $4\sqrt{2}$

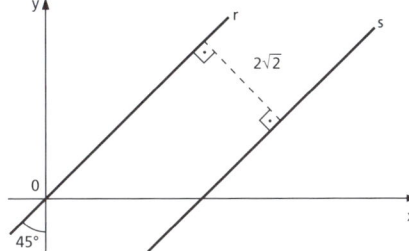

64. (UF-CE) Os vértices do quadrado ABCD no plano cartesiano são $A(-1, 3)$, $B(1, 1)$, $C(3, 3)$ e $D(x, y)$. Então, os valores de x e y são:
a) $x = 1$ e $y = 5$
b) $x = 5$ e $y = 1$
c) $x = 1 + \sqrt{5}$ e $y = 1 + \sqrt{5}$
d) $x = 1 - \sqrt{5}$ e $y = 1$
e) $x = 1$ e $y = 1 - \sqrt{5}$

65. (Unemat-MT) Dada a equação de reta (s): $2x - y + 1 = 0$, a equação de reta paralela a s pelo ponto $P(1, 1)$ será:
a) $2x - y = 0$
b) $2x + y + 1 = 0$
c) $2x + y - 1 = 0$
d) $2x - y - 1 = 0$
e) $2x - y + 2 = 0$

66. (Fatec-SP) No plano cartesiano representado a seguir, o coeficiente angular da reta $\overleftrightarrow{OA}$ é 1, e a área do losango ABCO é $8\sqrt{2}$. Portanto, o valor de p é:
a) 2
b) 4
c) 6
d) 8
e) 10

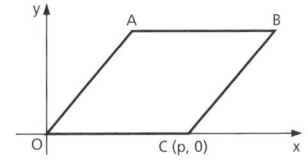

QUESTÕES DE VESTIBULARES

67. (Unesp-SP) Determine a equação da reta que é paralela à reta $3x + 2y + 6 = 0$ e que passa pelos pontos $(x_1, y_1) = (0, b)$ e $(x_2, y_2) = (-2, 4b)$ com $b \in \mathbb{R}$.

68. (FGV-SP) Dados $A(-5, 4)$, $B(-1, 1)$ e $C(-3, 7)$, sabe-se que o triângulo A'B'C' é simétrico ao triângulo ABC em relação ao eixo x, com A, B e C sendo vértices simétricos a A', B' e C', respectivamente. Assim, a equação da reta suporte da altura do triângulo A'B'C' relativa ao lado A'B' é:
a) $4x - 3y + 44 = 0$
b) $4x - 3y - 33 = 0$
c) $4x + 3y + 33 = 0$
d) $3x + 4y + 33 = 0$
e) $3x + 4y - 44 = 0$

69. (FEI-SP) Em relação ao sistema de coordenadas cartesianas $S = (O, x, y)$, são dados os pontos $A = (1, 3)$ e $B = (-3, -5)$. A equação da reta mediatriz do segmento AB é dada por:
a) $x + 2y + 1 = 0$
b) $2x - y + 1 = 0$
c) $x + 2y - 3 = 0$
d) $2x + y + 1 = 0$
e) $x + 2y + 3 = 0$

70. (UF-RN) Três amigos — André (A), Bernardo (B) e Carlos (C) — saíram para caminhar, seguindo trilhas diferentes. Cada um levou um GPS — instrumento que permite à pessoa determinar suas coordenadas. Em dado momento, os amigos entraram em contato uns com os outros, para informar em suas respectivas posições e combinaram que se encontrariam no ponto equidistante das posições informadas.
As posições informadas foram: $A(1, \sqrt{5})$, $B(6, 0)$ e $C(3, -3)$.
Com base nesses dados, conclui-se que os três amigos se encontrariam no ponto:
a) $(1, -3)$
b) $(3, 0)$
c) $(3, \sqrt{5})$
d) $(-6, 0)$

71. (UE-CE) Considere um terreno que tenha a forma de um paralelogramo. Sabendo-se que as coordenadas de três vértices desse paralelogramo são $A(2, 3)$, $B(8, 9)$ e $C(6, 5)$, é correto afirmar que o quarto vértice é um dos pontos de coordenadas:
a) $(12, 11)$, $(4, 7)$ e $(0, 1)$
b) $(12, 10)$, $(4, 7)$ e $(0, -1)$
c) $(12, 10)$, $(3, 7)$ e $(0, -1)$
d) $(12, 11)$, $(4, 7)$ e $(0, -1)$
e) $(12, 10)$, $(3, 7)$ e $(0, 1)$

72. (UE-CE) Considere os pontos $P = (0, 0)$, $Q = (a, 0)$ e $S = (b, c)$, com $c \neq 0$. Sabendo que os segmentos PQ e PS são lados de um paralelogramo PQRS, é correto afirmar que a interseção das diagonais deste mesmo paralelogramo é o ponto:
a) (a, c)
b) $(b - a, c - a)$
c) $(a - b, c)$
d) $\left(\dfrac{b - a}{2}, \dfrac{c}{2}\right)$
e) $\left(\dfrac{a + b}{2}, \dfrac{c}{2}\right)$

73. (Mackenzie-SP) Na figura, se r e s são retas perpendiculares, a abscissa de P é:

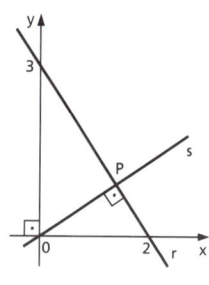

a) 4
b) $\frac{6}{13}$
c) $\frac{18}{13}$
d) $\frac{2}{7}$
e) $\frac{6}{7}$

74. (UF-MG) Nesta figura, está representado um quadrado de vértices ABCD:

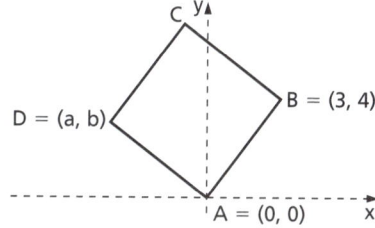

Sabe-se que as coordenadas cartesianas dos pontos A e B são A = (0, 0) e B = (3, 4). Então, é correto afirmar que o resultado da soma das coordenadas do vértice D é:

a) −2
b) −1
c) $-\frac{1}{2}$
d) $-\frac{3}{2}$

75. (U.F. São Carlos-SP) Considere P um ponto pertencente à reta (r) de equação 3x + 5y − 10 = 0 e equidistante dos eixos coordenados. A equação da reta que passa por P e é perpendicular a (r) é:

a) 10x − 6y − 5 = 0
b) 6x − 10y + 5 = 0
c) 15x − 9y − 16 = 0
d) 5x + 3y − 10 = 0
e) 15x − 3y − 4 = 0

76. (UF-PE) Seja (a, b) o ortocentro do triângulo com vértices nos pontos com coordenadas (5, 1), (7, 2) e (1, 3). Assinale 4a − 2b.

77. (UE-CE) No sistema usual de coordenadas ortogonais, as equações x + y = k e x − y = t representam famílias de retas perpendiculares. Existem quatro destas retas que limitam a superfície de um quadrado cujo centro é a origem do sistema e a área é 6 u.a. (unidade de área). O produto dos valores de k e de t, que determinam estas retas, é:

a) 9
b) 8
c) 6
d) 4

78. (U.F. São Carlos-SP) Seja Q a projeção ortogonal do ponto P(1, 0) sobre a reta da equação x − y + 2 = 0 no plano cartesiano. A soma das coordenadas de Q vale:

a) $\frac{1}{2}$
b) 1
c) $\frac{3}{2}$
d) 2
e) $\frac{5}{2}$

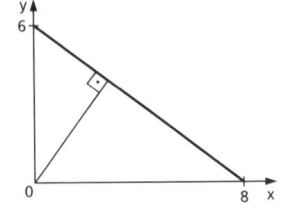

QUESTÕES DE VESTIBULARES

79. (UF-BA) Considere os pontos A(−1, 2), B(1, 4) e C(−2, 5) do plano cartesiano. Sendo D o ponto simétrico de C em relação à reta que passa por A e é perpendicular ao segmento AB, determine a área do quadrilátero ABCD.

80. (UF-BA) No plano cartesiano, considere a reta r que passa pelos pontos P(24, 0) e Q(0, 18) e a reta s, perpendicular a r, que passa pelo ponto médio de P e Q.

Assim sendo, determine a hipotenusa do triângulo cujos vértices são o ponto Q e os pontos de interseção da reta s com a reta r e com o eixo Oy.

81. (Unicamp-SP) Seja dada a reta $x - 3y + 6 = 0$ no plano xy.

a) Se P é um ponto qualquer desse plano, quantas retas do plano passam por P e formam um ângulo de 45° com a reta dada acima?

b) Para o ponto P com coordenadas (2, 5), determine as equações das retas mencionadas no item (a).

82. (Fuvest-SP)

a) Sendo i a unidade imaginária, determine as partes real e imaginária do número complexo

$$z_0 = \frac{1}{1+i} - \frac{1}{2i} + i$$

b) Determine um polinômio de grau 2, com coeficientes inteiros, que tenha z_0 como raiz.

c) Determine os números complexos w tais que $z_0 \cdot w$ tenha módulo igual a $5\sqrt{2}$ e tais que as partes real e imaginária de $z_0 \cdot w$ sejam iguais.

d) No plano complexo, determine o número complexo z_1 que é o simétrico de z_2 com relação à reta de equação $y - x = 0$.

Distância de ponto a reta

83. (UF-BA) Considere, no plano cartesiano, os pontos A(0, 2), B(−2, 4), C(0, 6), A'(0, 0), B'$(6\sqrt{2}, 0)$ e um ponto C' que tem coordenadas positivas.

Sabendo que $\widehat{BAC} = \widehat{B'A'C'}$ e $\widehat{ACB} = \widehat{A'C'B'}$, determine o produto das coordenadas do ponto C'.

84. (UF-PE) Qual a menor distância possível entre um ponto da reta com equação $y = -\frac{3x}{4} + 6$, esboçada ao lado, e a origem do sistema cartesiano?

a) 4,4
b) 4,5
c) 4,6
d) 4,7
e) 4,8

85. (UF-AM) A distância entre a reta y = x e o ponto (3, 10) é igual a:

a) $\dfrac{7\sqrt{2}}{2}$
b) $\dfrac{7\sqrt{3}}{3}$
c) $\dfrac{7\sqrt{109}}{109}$
d) $\dfrac{5\sqrt{109}}{109}$
e) $\dfrac{5\sqrt{2}}{2}$

86. (UF-AM) Sejam A = (2, 4), B = (1, 1) e C = (6, 1) vértices de um triângulo. A medida da altura referente à base BC deste triângulo é:

a) 5,0 unidades
b) 4,5 unidades
c) 4,0 unidades
d) 3,5 unidades
e) 3,0 unidades

87. (FGV-SP) Considere um ponto P do plano cartesiano, situado no 1º quadrante, pertencente à reta de equação y = 2x, e cuja distância à reta y = x é igual a $\sqrt{2}$. A soma das coordenadas de P é:

a) 6
b) 5
c) 4
d) 3
e) 2

88. (UE-CE) O ponto (2, 1) é o centro de um quadrado no qual um dos vértices é o ponto (5, 5). A soma das coordenadas dos outros 3 vértices deste quadrado é:

a) 12
b) 8
c) 4
d) 2

89. (Unesp-SP) Determine as equações das retas que formam um ângulo de 135° com o eixo de x e estão à distância $\sqrt{2}$ do ponto (−4, 3).

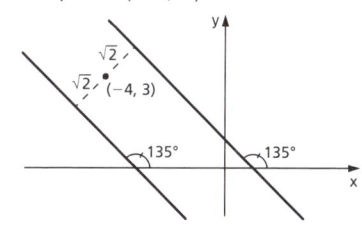

90. (UF-PR) Um balão de ar quente foi lançado de uma rampa inclinada. Utilizando o plano cartesiano, a figura abaixo descreve a situação de maneira simplificada.

Ao ser lançado, o balão esticou uma corda presa aos pontos P e Q, mantendo-se fixo no ar. As coordenadas do ponto P, indicado na figura, são, então:

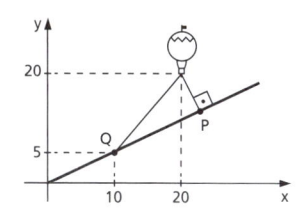

a) (21, 7)
b) (22, 8)
c) (24, 12)
d) (25, 13)
e) (26, 15)

QUESTÕES DE VESTIBULARES

91. (UF-PE) Qual a área do triângulo com vértices nos pontos com coordenadas (0, 0), (1, 5) e (2, 3)?

a) 3,1 b) 3,2 c) 3,3 d) 3,4 e) 3,5

92. (PUC-RS) Em uma aula de Geometria Analítica, o professor salientava a importância do estudo do triângulo em Engenharia, e propôs a seguinte questão:

O triângulo determinado pelos pontos A(0, 0), B(5, 4) e C(3, 8) do plano cartesiano tem área igual a _____.

Feitos os cálculos, os alunos concluíram que a resposta correta era:

a) 2 b) 4 c) 6 d) 14 e) 28

93. (FEI-SP) A área do triângulo de vértices A(0, 1), B(4, 3) e C(7, −2) e o comprimento da mediana relativa ao lado BC do triângulo ABC são, respectivamente:

a) 26 e $\sqrt{30}$ b) 26 e $\dfrac{11}{2}$ c) 13 e $\sqrt{30}$ d) 13 e $\sqrt{\dfrac{61}{2}}$ e) 13 e $\dfrac{11}{2}$

94. (Unicamp-SP) A área do triângulo OAB esboçado na figura abaixo é:

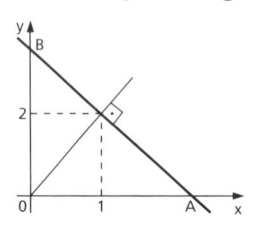

a) $\dfrac{21}{4}$ b) $\dfrac{23}{4}$ c) $\dfrac{25}{4}$ d) $\dfrac{27}{4}$

95. (FGV-SP) As interseções de $y = x$, $y = -x$ e $y = 6$ são vértices de um triângulo de área:

a) 36 b) $24\sqrt{2}$ c) 24 d) $12\sqrt{2}$ e) 12

96. (PUC-RJ) Considere o triângulo cujos lados estão sobre as retas $y = 0$, $x + 2y = 6$ e $x - y = 2$.

Qual é a área do triângulo?

a) $\dfrac{1}{3}$ b) 1 c) $\dfrac{8}{3}$ d) 3 e) $\dfrac{10}{3}$

97. (PUC-MG) A medida da área do triângulo limitado pelas retas $4x + 5y - 20 = 0$, $y = 0$ e $x = 0$, é:

a) 4 b) 5 c) 10 d) 16

98. (ITA-SP) Considere no plano cartesiano xy o triângulo delimitado pelas retas $2x = y$, $x = 2y$ e $x = -2y + 10$. A área desse triângulo mede:

a) $\dfrac{15}{2}$ b) $\dfrac{13}{4}$ c) $\dfrac{11}{6}$ d) $\dfrac{9}{4}$ e) $\dfrac{7}{2}$

99. (UF-MG) Considere as retas r, s e t de equações, respectivamente, $y = 2x - 4$, $y = -x + 11$ e $y = \dfrac{x + 7}{5}$.

a) Trace, no plano cartesiano abaixo, os gráficos dessas três retas.

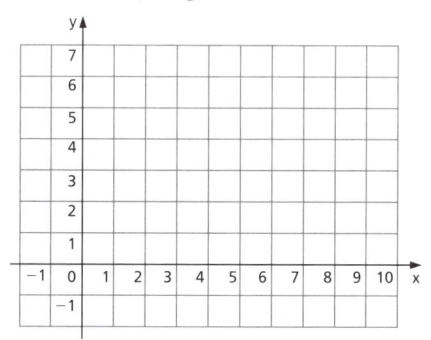

b) Calcule as coordenadas dos pontos de interseção $A = r \cap s$, $B = r \cap t$ e $C = s \cap t$.

c) Determine a área do triângulo ABC.

100. (Unesp-SP) Um triângulo tem vértices $P = (2, 1)$, $Q = (2, 5)$ e $R = (x_0, 4)$, com $x_0 > 0$. Sabendo-se que a área do triângulo é 20, a abscissa x_0 do ponto R é:

a) 8 b) 9 c) 10 d) 11 e) 12

101. (FEI-SP) No sistema de coordenadas cartesianas ortogonais $_xO_y$, considere o triângulo ABC, cujos vértices são $A = (-5, 0)$, $B = (15, 0)$ e $C = (-1, a)$, com $a > 0$. Sabendo que o lado BC mede 20, a área do triângulo ABC, em unidades de área é:

a) $4\sqrt{10}$ b) 180 c) $4\sqrt{10} + 40$ d) 200 e) 120

102. (UF-PI) De acordo com a figura ao lado, a área da região limitada pelos eixos coordenados e pela reta r vale 4 unidades de área. Se o ponto $A = (-1, 2)$ pertence à reta r, pode-se afirmar que a equação da reta r é:

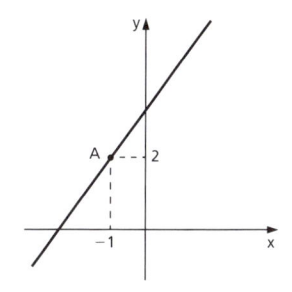

a) $x - 2y = -5$
b) $2x - y = -4$
c) $x - y = -3$
d) $x + 2y = 3$
d) $2x - y = 2$

QUESTÕES DE VESTIBULARES

103. (UF-PR) Calcule a área do quadrilátero $P_1P_2P_3P_4$, cujas coordenadas cartesianas são dadas na figura ao lado.

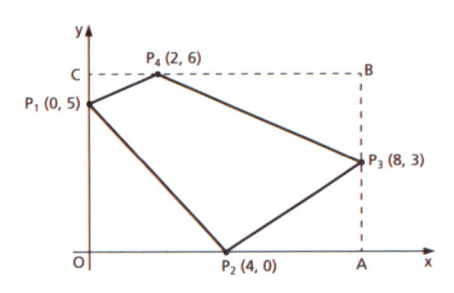

104. (Unifesp-SP) Num sistema cartesiano ortogonal, considerados os pontos e a reta exibidos na figura, o valor de t para o qual a área do polígono OABC é igual a quatro vezes a área do polígono ADEB é:

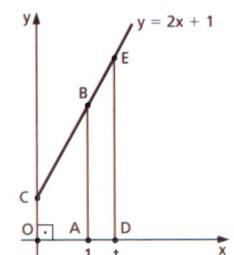

a) $-1 + \sqrt{30}$

b) $1 + \sqrt{5}$

c) $\sqrt{10}$

d) 3

e) $\dfrac{-1 + \sqrt{11}}{2}$

105. (UF-PB) Em certo jogo de computador, dois jogadores, A e B, disputam uma partida da seguinte maneira:

Inicialmente, cada jogador escolhe dois pontos do plano cartesiano, diferentes de (0, 0), de modo que um dos pontos pertença à reta $y = 2x$ e o outro ponto, à reta $y = 4x$.

Em seguida, cada jogador fornece seus pontos ao computador, que calcula a área do triângulo cujos vértices são os pontos por ele escolhidos e o ponto (0, 0).

O ganhador será aquele que escolher os pontos que forneçam o triângulo com maior área.

Caso os jogadores escolham pontos que forneçam triângulos com a mesma área, haverá empate.

Nesse contexto, identifique as afirmativas corretas:

I. Se o jogador A escolher os pontos (2, 4) e (2, 8) e o jogador B escolher os pontos (3, 6) e (1, 4), ganhará o jogador B.

II. Se o jogador A escolher seus pontos, de modo que eles pertençam à reta $x = 20$ e o jogador B escolher seus pontos, de modo que eles pertençam à reta $y = 20$, ganhará o jogador A.

III. Se o jogador A escolher seus pontos, de modo que eles pertençam à reta $x = 10$ e o jogador B escolher seus pontos, de modo que eles pertençam à reta $x = -10$, haverá empate.

IV. Se os jogadores A e B escolherem um mesmo ponto da reta $y = 2x$ e pontos distintos da reta $y = 4x$ e equidistantes da origem, haverá empate.

V. Se o jogador A escolher seus pontos, de modo que eles pertençam à reta $y = 12$ e o jogador B escolher seus pontos, de modo que eles pertençam à reta $y = 16$, ganhará o jogador B.

QUESTÕES DE VESTIBULARES

106. (UF-PE) As retas com equações $y = -\dfrac{4x}{5} + 4$ e $y = -\dfrac{3x}{4} + 6$ têm parte de seus gráficos esboçados a seguir.

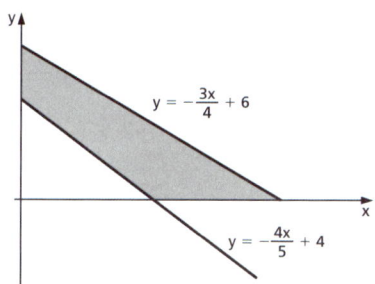

Qual a área da região colorida na figura, que está no primeiro quadrante e é limitada pelos eixos coordenados e pelas duas retas?

a) 12   b) 13   c) 14   d) 15   e) 16

107. (FGV-SP) Uma reta vertical divide o triângulo de vértices (0, 0), (1, 1) e (9, 1), definido no plano ortogonal (x, y), em duas regiões de mesma área. A equação dessa reta é:

a) $x - \dfrac{5}{2} = 0$ b) $x - 3 = 0$ c) $x - \dfrac{7}{2} = 0$ d) $x - 4 = 0$ e) $x + \dfrac{5}{2} = 0$

108. (Mackenzie-SP) Considerando o esboço do gráfico da função $f(x) = \cos x$, entre 0 e 2π, a reta que passa pelos pontos P e Q define com os eixos coordenados um triângulo de área:

a) $\dfrac{\pi}{2}$

b) $\dfrac{\pi}{4}$

c) π

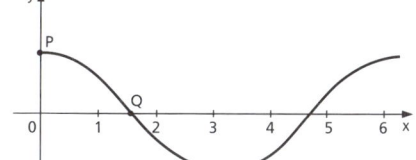

d) $\dfrac{\pi}{8}$

e) $\dfrac{\pi}{6}$

109. (Unicamp-SP) As retas de equações $y = ax + b$ e $y = cx$ são ilustradas na figura abaixo. Sabendo que o coeficiente b é igual à média aritmética dos coeficientes a e c.

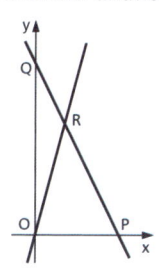

a) Expresse as coordenadas dos pontos P, Q e R em termos dos coeficientes a e b;

b) Determine a, b e c sabendo que a área do triângulo POR é o dobro da área do triângulo ORQ e que o triângulo OPQ tem área 1.

QUESTÕES DE VESTIBULARES

110. (Unifesp-SP) Num sistema cartesiano ortogonal, são dados os pontos A(1, 1), B(5, 1), C(6, 3) e D(2, 3), vértices de um paralelogramo, e a reta r, de equação r: $3x - 5y - 11 = 0$.

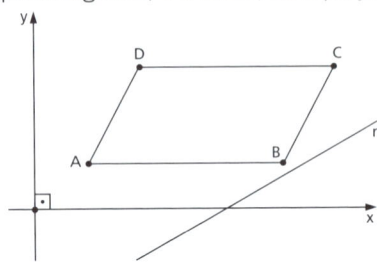

A reta s, paralela à reta r, que divide o paralelogramo ABCD em dois polígonos de mesma área terá por equação:

a) $3x - 5y - 5 = 0$
b) $3x - 5y = 0$
c) $6x - 10y - 1 = 0$
d) $9x - 15y - 2 = 0$
e) $12x - 20y - 1 = 0$

111. (Mackenzie-SP) Considere os triângulos, nos quais um dos vértices é sempre o ponto (0, 2) e os outros dois pertencem à reta r, como mostra a figura. Para $x = 1, 2, 3, ..., n$, a soma das áreas dos n triângulos é:

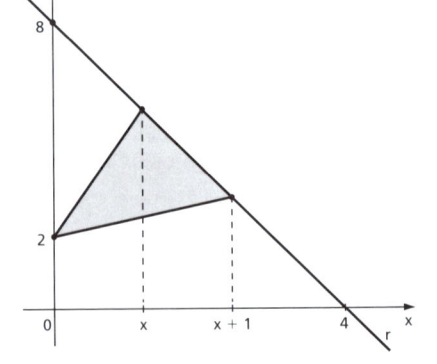

a) $\dfrac{n^2}{2}$
b) $3n$
c) $6n$
d) $\dfrac{n\sqrt{3}}{2}$
e) $\dfrac{n(n+1)}{2}$

112. (PUC-SP) Em um sistema cartesiano ortogonal, em que a unidade de medida nos eixos é o centímetro, considere:

A reta r, traçada pelo ponto (2, 3) e paralela à bissetriz dos quadrantes ímpares;

A reta s, traçada pelo ponto (2, 5) e perpendicular a r;

O segmento $\overline{OA}$ em que O é a origem do sistema e A é a interseção de r e s.

Um ponto M é tomado sobre o segmento $\overline{OA}$ de modo que OM e MA correspondam às medidas da hipotenusa e de um dos catetos de um triângulo retângulo $\triangle$. Se o outro cateto do $\triangle$ mede 3 cm, a área de sua superfície, em centímetro quadrados, é:

a) 1,8
b) 2,4
c) 3,5
d) 4,2
e) 5,1

113. (UF-CE) Em um sistema cartesiano de origem O, seja P o ponto de coordenadas (1, 2) e r uma reta que passa por P e intersecta os semieixos positivos das abscissas e ordenadas, respectivamente, nos pontos A e B. Calcule o menor valor possível para a área do triângulo AOB.

114. (FGV-SP) No plano cartesiano, considere a reta (r) da equação $3x + 4y - 7 = 0$ e a reta (s) dada na forma paramétrica:
$$\begin{cases} x = t - 5 \\ y = 2t \end{cases} t \in \mathbb{R}$$
Podemos afirmar que:

a) r e s são perpendiculares.

b) r e s determinam, com o eixo das abscissas, um triângulo de área $\frac{44}{3}$.

c) r e s se interceptam num ponto do eixo das abscissas.

d) r e s se interceptam num ponto do eixo das ordenadas.

e) r e s são paralelas.

115. (Fuvest-SP) Na figura ao lado, os pontos A_1, A_2, A_3, A_4, A_5, A_6 são vértices de um hexágono regular de lado 3 com centro na origem O de um sistema de coordenadas no plano. Os vértices A_1 e A_4 pertencem ao eixo x. São dados também os pontos B = (2, 0) e C = (0, 1).

Considere a reta que passa pela origem O e intersecta o segmento $\overline{BC}$ no ponto P, de modo que os triângulos OPB e OPC tenham a mesma área. Nessas condições, determine:

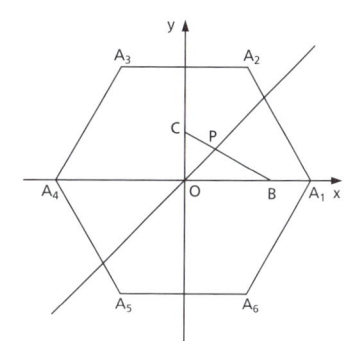

a) A equação da reta $\overleftrightarrow{OP}$.

b) Os pontos de interseção da reta $\overleftrightarrow{OP}$ com o hexágono.

116. (UF-MS) Sejam r, s e t três retas num plano. Sabe-se que:
- a reta r é paralela à reta s e perpendicular à reta t;
- a equação de interseção da reta t com o eixo x é (6, 0);
- o ponto de interseção da reta s com a reta t é (2, 4).

A partir dos dados fornecidos, assinale a(s) afirmação(ões) correta(s):

(001) O ponto de interseção das retas r e t tem abscissa nula.

(002) O coeficiente linear da reta s é igual a 2.

(004) O ponto (1, 3) pertence à reta t.

(008) O ângulo que a reta t faz com o eixo positivo x é de 120°.

(016) A área do triângulo, delimitado pelas retas s e t e pelo eixo y, é igual a 4.

117. (UF-PE) Sejam (a, b), com a e b positivos, as coordenadas de um ponto no plano cartesiano, e r a reta com inclinação m < 0, que passa pelo ponto (a, b). A reta r intercepta o eixo das abscissas no ponto P e o eixo das ordenadas no ponto Q, definindo desta maneira um triângulo OPQ, com O sendo a origem do sistema de coordenadas, como ilustrado a seguir.

QUESTÕES DE VESTIBULARES

Avalie a veracidade das afirmações a seguir, referentes a esta configuração.

(0 − 0) A equação de r é y = mx + b − ma.

(1 − 1) $P = \left(a + \dfrac{b}{m}, 0\right)$ e Q = (0, b − ma)

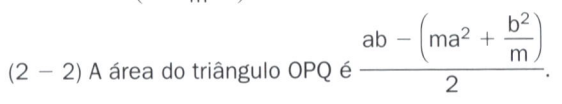

(2 − 2) A área do triângulo OPQ é $\dfrac{ab - \left(ma^2 + \dfrac{b^2}{m}\right)}{2}$.

(3 − 3) A área de OPQ é sempre ⩾ 2ab.

(4 − 4) Para o triângulo OPQ ter a menor área possível, a reta r deve interceptar os eixos coordenados nos pontos P = (2a, 0) e Q = (0, 2b).

118. (FEI-SP) Considere os pontos A(2, 3) e B(0, 4) dados em relação ao sistema cartesiano ortogonal xOy. Seja a reta que passa pelos pontos A e B. Podemos afirmar que:

a) sua equação é dada por x − 2y − 8 = 0.

b) o seu coeficiente angular é positivo.

c) o ponto $C = \left(1, -\dfrac{5}{2}\right)$ pertence a esta reta.

d) o triângulo formado por esta reta e os eixos coordenados no primeiro quadrante tem área igual a 32 u.a.

e) esta reta intercepta o eixo das abscissas no ponto (8, 0).

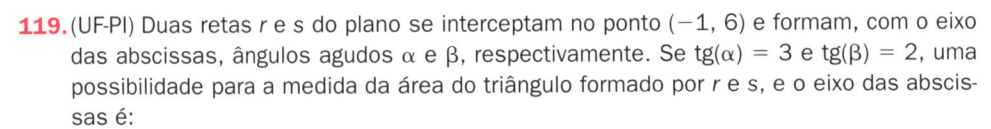

119. (UF-PI) Duas retas r e s do plano se interceptam no ponto (−1, 6) e formam, com o eixo das abscissas, ângulos agudos α e β, respectivamente. Se tg(α) = 3 e tg(β) = 2, uma possibilidade para a medida da área do triângulo formado por r e s, e o eixo das abscissas é:

a) 11 unidades de área

b) 12 unidades de área

c) 13 unidades de área

d) 14 unidades de área

e) 15 unidades de área

120. (UFF-RJ) A Segunda Guerra Mundial motivou o estudo de vários problemas logísticos relacionados com o transporte e a distribuição de recursos. Muitos destes problemas podem ser modelados como um programa linear. Como um exemplo de programa linear, considere o problema de encontrar o par ordenado (x, y) que satisfaz simultaneamente as condições

−2x + y ⩾ 0, x ⩾ 0, x − y ⩾ −2,

e cuja soma das coordenadas x + y é máxima.

Se (x_0, y_0) é a solução deste programa linear, é correto afirmar que:

a) $x_0 + y_0 = 7$

b) $x_0 + y_0 = 6$

c) $x_0 + y_0 = 8$

d) $x_0 + y_0 = 2$

e) $x_0 + y_0 = 0$

121. (Unesp-SP) Uma fábrica utiliza dois tipos de processos, P_1 e P_2, para produzir dois tipos de chocolates, C_1 e C_2. Para produzir 1 000 unidades de C_1 são exigidas 3 horas de trabalho no processo P_1 e 3 horas em P_2. Para produzir 1 000 unidades de C_2 são necessárias 1 hora de trabalho no processo P_1 e 6 horas em P_2. Representando por x a quantidade diária de lotes de 1 000 unidades de chocolates produzidas pelo processo P_1 e por y a quantidade diária de lotes de 1 000 unidades de chocolates produzidas pelo processo P_2, sabe-se que o número de horas trabalhadas em um dia no processo P_1 é $3x + y$, e que o número de horas trabalhadas em um dia no processo P_2 é $3x + 6y$.

Dado que no processo P_1 pode-se trabalhar no máximo 9 horas por dia e no processo P_2 pode-se trabalhar no máximo 24 horas por dia, a representação no plano cartesiano do conjunto dos pontos (x, y) que satisfazem, simultaneamente, às duas restrições de número de horas possíveis de serem trabalhadas nos processos P_1 e P_2, em um dia, é:

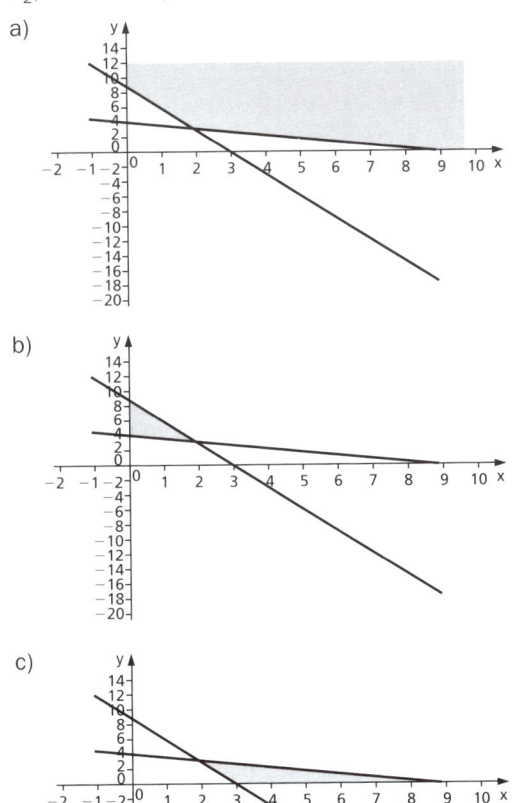

d)

e)

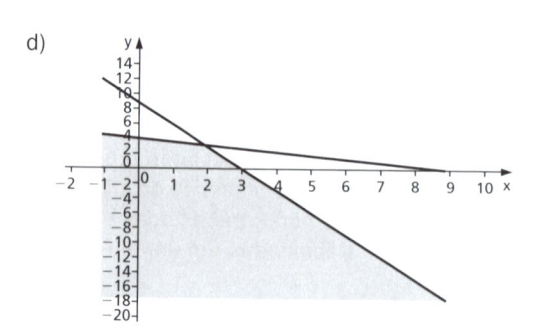

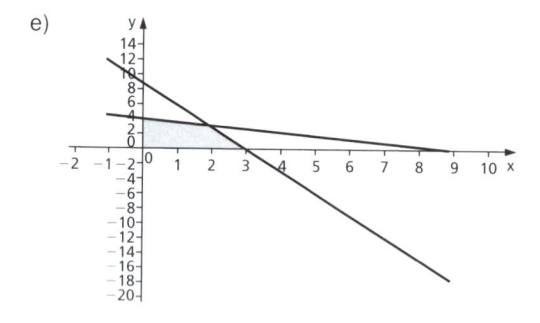

122. (UE-CE) A equação da reta bissetriz do menor ângulo formado pelas retas $x - 2y = 0$ e $2x - y = 0$ é dada por:

a) $x + y = 0$ b) $x - y = 2$ c) $x + y = 2$ d) $x - y = 0$

123. (U.F. São Carlos-SP) As coordenadas dos vértices do triângulo ABC num plano cartesiano são $A(-4, 0)$, $B(5, 0)$ e $C(\text{sen }\theta, \cos \theta)$. Sendo θ um arco do primeiro quadrante da circunferência trigonométrica, e sendo a área do triângulo ABC maior que $\dfrac{9}{4}$, o domínio de validade de θ é o conjunto:

a) $\left]\dfrac{\pi}{3}, \dfrac{\pi}{2}\right[$ c) $\left[0, \dfrac{\pi}{6}\right[$ e) $\left[0, \dfrac{\pi}{3}\right[$

b) $\left]\dfrac{\pi}{6}, \dfrac{\pi}{3}\right[$ d) $\left[0, \dfrac{\pi}{4}\right[$

124. (FGV-RJ)

a) Considere os números complexos $z_1 = 1 + i$, $z_2 = 2(1 + i)$, em que i é o número complexo tal que $i^2 = -1$.

Represente, no plano cartesiano, o triângulo cujos vértices são os afixos dos números complexos $z_1 + z_2$, $z_2 - z_1$ e $z_1 z_2$. Calcule a sua área.

b) A razão de semelhança entre um novo triângulo, semelhante ao triângulo original, e o triângulo original, é igual a 3. Qual é a área desse novo triângulo?

Circunferências

125. (Unesp-SP) A distância do centro da circunferência $x^2 + 2x + y^2 - 4y + 2 = 0$ à origem é:

a) 3　　b) $\sqrt{5}$　　c) $\sqrt{3}$　　d) $\sqrt{2}$　　e) 1

126. (PUC-RS) O comprimento da curva de equação $(x - 1)^2 + (y + 1)^2 - 9 = 0$ é:

a) -1　　b) 3　　c) π　　d) 3π　　e) 6π

127. (Uneb-BA) Se (m, n) são as coordenadas do centro da circunferência $x^2 + 2\sqrt{3}x + y^2 - 6y + 7 = 0$, então $(-3 + \sqrt{3n})$ é igual a:

a) $6\sqrt{3}$　　b) 1　　c) 0　　d) $-\sqrt{3}$　　d) -3

128. (FGV-SP) Dada a circunferência de equação $x^2 + y^2 - 6x - 10y + 30 = 0$, seja P seu ponto de ordenada máxima. A soma das coordenadas de P é:

a) 10　　b) 10,5　　c) 11　　d) 11,5　　e) 1

129. (FEI-SP) Considere os pontos A(3, 4) e B(−1, 6) dados em relação ao sistema cartesiano ortogonal xOy. A equação da circunferência com centro no ponto médio do segmento AB e raio 2 é:

a) $(x + 1)^2 + (y + 5)^2 = 2$
b) $(x + 1)^2 + (y + 5)^4 = 4$
c) $x^2 + y^2 - 2x - 10y + 22 = 0$
d) $x^2 + y^2 - 2x - 10y + 24 = 0$
e) $(x - 1)^2 + (y - 5)^2 = 2$

130. (FEI-SP) Os pontos $A = (-2, 3)$ e $B = (4, 5)$, dados em relação ao sistema de coordenadas cartesianas $S = (O, x, y)$, são as extremidades de um dos diâmetros de uma circunferência. A equação geral dessa circunferência é dada por:

a) $x^2 + y^2 - 4x - 2y + 10 = 0$
b) $x^2 + y^2 - 2x - 6y + 12 = 0$
c) $x^2 + y^2 - 3x - 8y + 10 = 0$
d) $x^2 + y^2 - 2x - 8y + 7 = 0$
e) $x^2 + y^2 - 4x - 10y + 8 = 0$

131. (UF-PR) São dados os pontos $A = (0, 0)$ e $B = (6, 8)$ no plano cartesiano Oxy.

a) Escreva a equação reduzida da circunferência *a* que tem centro no ponto médio do segmento AB e contém os pontos A e B.

b) Encontre as coordenadas do ponto P, distinto de A, no qual a circunferência *a* intercepta o eixo y.

132. (FGV-SP) No plano cartesiano, o ponto C(2, 3) é o centro de uma circunferência que passa pelo ponto médio do segmento $\overline{CP}$, em que P é o ponto de coordenadas (5, 7). A equação da circunferência é:

a) $x^2 + y^2 - 4x - 6y + 7 = 0$
b) $4x^2 + 4y^2 - 16x - 24y + 29 = 0$
c) $x^2 + y^2 - 4x - 6y + 8 = 0$
d) $4x^2 + 4y^2 - 16x - 24y + 31 = 0$
e) $4x^2 + 4y^2 - 16x - 24y + 27 = 0$

QUESTÕES DE VESTIBULARES

133. (FGV-SP) Dada a equação $x^2 + y^2 = 14x + 6y + 6$, se p é o maior valor possível de x, e q é o maior valor possível de y, então, $3p + 4q$ é igual a:

a) 73　　b) 76　　c) 85　　d) 89　　e) 92

134. (Cefet-SC) Dada a figura ao lado cujas medidas estão expressas em centímetros, e as proposições:

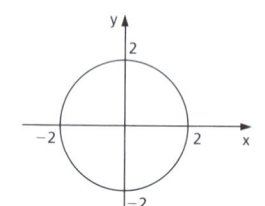

I. é uma circunferência de diâmetro 2 cm.

II. é uma circunferência de área 4π cm^2.

III. é uma circunferência de equação $x^2 + y^2 = 4$.

Considerando as proposições apresentadas, assinale a alternativa correta:

a) Apenas as proposições I e III são verdadeiras.
b) Apenas as proposições I e II são verdadeiras.
c) Apenas a proposição III é verdadeira.
d) Apenas as proposições II e III são verdadeiras.
e) Apenas a proposição II é verdadeira.

135. (UF-RS) Os pontos de interseção do círculo de equação $(x - 4)^2 + (y - 3)^2 = 25$ com os eixos coordenados são vértices de um triângulo. A área desse triângulo é:

a) 22　　b) 24　　c) 25　　d) 26　　e) 28

136. (Fuvest-SP) No plano cartesiano Oxy, a circunferência C é tangente ao eixo Ox no ponto de abscissa 5 e contém o ponto (1, 2). Nessas condições, o raio de C vale:

a) $\sqrt{5}$　　b) $2\sqrt{5}$　　c) 5　　d) $3\sqrt{5}$　　e) 10

137. (FGV-SP) No plano cartesiano, uma circunferência, cujo centro se encontra no segundo quadrante, tangencia os eixos x e y.

Se a distância da origem ao centro da circunferência é igual a 4, a equação da circunferência é:

a) $x^2 + y^2 + (2\sqrt{10})x - (2\sqrt{10})y + 10 = 0$
b) $x^2 + y^2 + (2\sqrt{8})x - (2\sqrt{8})y + 8 = 0$
c) $x^2 + y^2 - (2\sqrt{10})x + (2\sqrt{10})y + 10 = 0$
d) $x^2 + y^2 - (2\sqrt{8})x + (2\sqrt{8})y + 8 = 0$
e) $x^2 + y^2 - 4x + 4y + 4 = 0$

138. (UF-PR) São dados os pontos $A = (1, 3)$, $B = (4, 1)$ e $C = (6, 4)$ no plano cartesiano Oxy.

a) Usando coeficiente angulares, mostre que a reta r, que contém os pontos A e B é perpendicular à reta s, que contém os pontos B e C.

b) Sabendo que A, B, C e D são os vértices de um quadrado, encontre as coordenadas do ponto D.

c) Escreva a equação da circunferência que contém os pontos A, B, C e D.

139. (ITA-SP) Determine uma equação da circunferência inscrita no triângulo cujos vértices são A = (1, 1), B = (1, 7) e C = (5, 4) no plano xOy.

140. (UE-CE) Uma companhia de telefonia celular deseja instalar três torres de transmissão de sinal para delimitar uma região triangular com 600 km² de área, de tal modo que a primeira torre se localize a 32 km a leste e 60 km ao norte da central de distribuição mais próxima, e a segunda torre se localiza a 70 km a leste e 100 km ao norte da mesma central de distribuição.

Sabendo-se que a terceira torre deve localizar-se a 20 km ao norte desta central de distribuição, é correto afirmar que a posição a leste da terceira torre é:

a) 131 km
b) 65 km
c) 102 km
d) 24 km
e) 35 km

141. (U.F. Santa Maria-RS) A massa utilizada para fazer pasteis folheados, depois de esticada, é recortada em círculos (discos) de igual tamanho. Sabendo que a equação matemática da circunferência que limita o círculo é $x^2 + y^2 - 4x - 6y - 36 = 0$ e adotando $\pi = 3{,}14$, o diâmetro de cada disco e a área da massa utilizada para confeccionar cada pastel são, respectivamente:

a) 7 e 113,04
b) 7 e 153,86
c) 12 e 113,04
d) 14 e 113,04
e) 14 e 153,86

142. (UF-PI) Se $\bar{z} = x - yi$ é conjugado do número complexo $z = x + yi$, então a equação $z\bar{z} + z + \bar{z} = 0$ representa:

a) uma reta paralela ao eixo imaginário
b) uma circunferência com centro na origem
c) a semirreta bissetriz do primeiro quadrante
d) um segmento de reta de comprimento quatro
e) uma circunferência com centro no ponto $(-1, 0)$

143. (Ibmec-RJ) O conjunto imagem de todos os números complexos da forma $z = a + bi$ que satisfazem a equação $z \cdot w + z + w = 0$, onde w é o conjugado de z, é dado por:

a) uma circunferência
b) uma elipse
c) uma hipérbole
d) uma parábola
e) o semiplano $x \leq 0$

144. (UF-PE) A representação geométrica dos números complexos z que satisfazem a igualdade $2|z - i| = |z - 2|$ formam uma circunferência com raio r e centro no ponto com coordenadas (a, b). Calcule r, a e b.

QUESTÕES DE VESTIBULARES

145. (Fuvest-SP) No sistema ortogonal de coordenadas cartesianas Oxy da figura, estão representados a circunferência de centro na origem e raio 3, bem como o gráfico da função

$$y = \frac{\sqrt{8}}{|x|}$$

Nessas condições, determine:

a) as coordenadas dos pontos A, B, C e D de interseção da circunferência com o gráfico da função.

b) a área do pentágono OABCD.

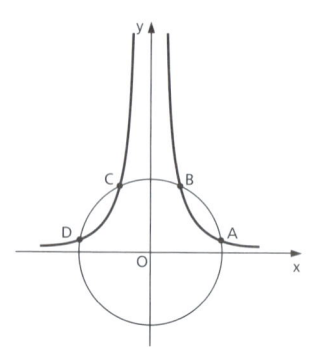

146. (FGV-SP) Dado um triângulo de vértices (0, 12), (0, 0) e (5, 0) no plano cartesiano ortogonal, a distância entre os centros das circunferências inscrita e circunscrita a esse triângulo é:

a) $\dfrac{3\sqrt{5}}{2}$ b) $\dfrac{7}{2}$ c) $\sqrt{15}$ d) $\dfrac{\sqrt{65}}{2}$ d) $\dfrac{9}{2}$

147. (Unifesp-SP) Em um plano cartesiano, seja T o triângulo que delimita a região definida pelas inequações $y \leq 2$, $x \geq 0$ e $x - y \leq 2$.

a) Obtenha as equações de todas as retas que são equidistantes dos três vértices do triângulo T.

b) Obtenha a equação da circunferência circunscrita ao triângulo T, destacando o centro e o raio.

148. (ITA-SP) Sejam m e n inteiros tais que $\dfrac{m}{n} = -\dfrac{2}{3}$ e a equação $36x^2 + 36y^2 + mx + ny - 23 = 0$ representa uma circunferência de raio = 1 cm e centro C localizado no segundo quadrante. Se A e B são os pontos onde a circunferência cruza o eixo O_y, a área do triângulo ABC, em cm², é igual a:

a) $\dfrac{8\sqrt{2}}{3}$ b) $\dfrac{4\sqrt{2}}{3}$ c) $\dfrac{2\sqrt{2}}{3}$ d) $\dfrac{2\sqrt{2}}{9}$ e) $\dfrac{\sqrt{2}}{9}$

149. (ITA-SP) Sejam C uma circunferência de raio $R > 4$ e centro (0, 0) e $\overline{AB}$ uma corda de C. Sabendo que (1, 3) é ponto médio de $\overline{AB}$, então uma equação da reta que contém $\overline{AB}$ é:

a) $y + 3x - 6 = 0$ c) $2y + x - 7 = 0$ e) $2y + 3x - 9 = 0$
b) $3y + x - 10 = 0$ d) $y + x - 4 = 0$

150. (UE-CE) No sistema usual de coordenadas cartesianas, a equação da circunferência inscrita no quadrado representado pela equação $|x| + |y| = 1$ é:

a) $2x^2 + 2y^2 + 1 = 0$ c) $2x^2 + 2y^2 - 1 = 0$
b) $x^2 + y^2 - 1 = 0$ d) $x^2 + y^2 - 2 = 0$

151. (UE-CE) Se c é um número real positivo, a equação $|x| + |y| = c\sqrt{2}$ é representada no sistema cartesiano usual por um quadrado Q. Se Q é circunscrito à circunferência $x^2 + y^2 = r^2$, então a relação $\dfrac{c}{r}$ é igual a:

a) 0,5 b) 2,0 c) 1,5 d) 1,0

152. (Fuvest-SP) A circunferência dada pela equação $x^2 + y^2 - 4x - 4y + 4 = 0$ é tangente aos eixos coordenados x e y nos pontos A e B, conforme a figura. O segmento MN é paralelo aos segmento AB e contém o centro C da circunferência. É correto afirmar que a área da região hachurada vale:

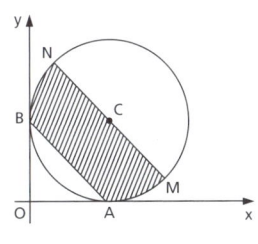

a) $\pi - 2$ b) $\pi + 2$ c) $\pi + 4$ d) $\pi + 6$ e) $\pi + 8$

153. (U.E. Ponta Grossa-PR) Sabendo que os pontos $A(-3, -1)$, $B(-2, 6)$ e $C(5, 5)$ são vértices de um quadrado ABCD, assinale o que for correto:

01) A área do quadrado vale 50 u.a.
02) O vértice D tem coordenadas $(4, -2)$.
04) A circunferência que circunscreve o quadrado tem raio igual a 5 u.c.
08) A reta suporte da diagonal BD tem equação $4x + 3y = 0$.
16) As diagonais do quadrado se interceptam no ponto $(1, 2)$.

154. (Fatec-SP) Considerando que o triângulo equilátero ABC está inscrito na circunferência de equação $(x + 3)^2 + (y - 2)^2 = 27$, então a medida do segmento $\overline{AB}$ é:

a) 3 b) 6 c) 9 d) 12 e) 15

155. (Fatec-SP) A área do quadrilátero determinado pelos pontos de interseção da circunferência de equação

$(x + 3)^2 + (y - 3)^2 = 10$

com os eixos coordenados, em unidade de área, é igual a:

a) 4 b) 6 c) 8 d) 10 e) 12

156. (FGV-SP) Seja (x, y) um par ordenado de números reais que satisfaz a equação $(x - 3)^2 + (y - 3)^2 = 6$. O maior valor possível de $\dfrac{y}{x}$ é:

a) $2 + \sqrt{3}$ b) $3\sqrt{3}$ c) $3 + 2\sqrt{2}$ d) 6 e) $6 + 2\sqrt{3}$

QUESTÕES DE VESTIBULARES

157. (UF-PR) No plano cartesiano, considere os pontos A = (0, 1), B = (2, 3) e C = (3, 5) e a reta r definida pela equação 3x + 4y = 12. Sabendo que a reta r divide o plano cartesiano em duas regiões, chamadas semiplanos, considere as afirmativas a seguir:

1. Os pontos A e B estão no mesmo semiplano determinado pela reta r.
2. A reta determinada por A e C é perpendicular à reta r.
3. A circunferência que passa pelos pontos A, B e C intercepta a reta r em dois pontos distintos.
4. Os pontos do semiplano que contém o ponto C satisfazem a desigualdade 3x + 4y ≤ 12.

Assinale a alternativa correta:
a) Somente as afirmativas 3 e 4 são verdadeiras.
b) Somente as afirmativas 1 e 2 são verdadeiras.
c) Somente as afirmativas 2 e 4 são verdadeiras.
d) Somente as afirmativas 1 e 3 são verdadeiras.
e) Somente as afirmativas 2 e 3 são verdadeiras.

158. (FEI-SP) Num sistema cartesiano ortogonal (O, x, y), a equação da reta perpendicular ao eixo das ordenadas, que passa pelo ponto médio do segmento AB, sendo A = (4, 3) e B o centro da circunferência de equação $x^2 + y^2 - 8x - 12y + 48 = 0$, é:

a) $y = \frac{3}{2}$ b) $y = 4$ c) $y = 2$ d) $y = \frac{9}{2}$ e) $y = 3$

159. (Unicamp-SP) Suponha um trecho retilíneo de estrada, com um posto rodoviário no quilômetro zero. Suponha, também, que uma estação da guarda florestal esteja localizada a 40 km do posto rodoviário, em linha reta, e a 24 km de distância da estrada, conforme a figura ao lado.

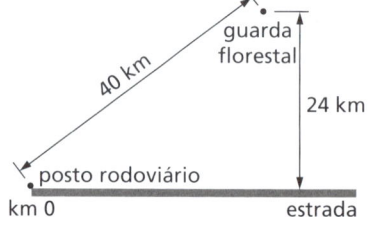

a) Duas antenas de rádio atendem a região. A área de cobertura da primeira antena, localizada na estação da guarda florestal, corresponde a um círculo que tangencia a estrada. O alcance da segunda, instalada no posto rodoviário, atinge, sem ultrapassar, o ponto da estrada que está mais próximo da estação da guarda florestal. Explicite as duas desigualdades que definem as regiões circulares cobertas por essas antenas, e esboce essas regiões no gráfico ao lado, identificando a área coberta simultaneamente pelas duas antenas.

b) Pretende-se substituir as antenas atuais por uma única antena, mais potente, a ser instalada em um ponto da estrada, de modo que as distâncias dessa antena ao posto rodoviário e à estação da guarda florestal sejam iguais. Determine em que quilômetro da estrada essa antena deve ser instalada.

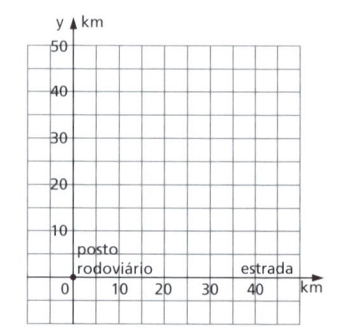

QUESTÕES DE VESTIBULARES

160. (Fatec-SP) No plano cartesiano da figura, estão representados a circunferência trigonométrica e o triângulo OPQ tal que:
- os pontos P e Q pertencem à circunferência trigonométrica e são simétricos em relação ao eixo Oy, e
- P é a extremidade do arco de medida 75°.

Nessas condições, a área do triângulo POQ é:

a) 2

b) $\sqrt{6} - \sqrt{2}$

c) $\dfrac{\sqrt{6} + \sqrt{2}}{4}$

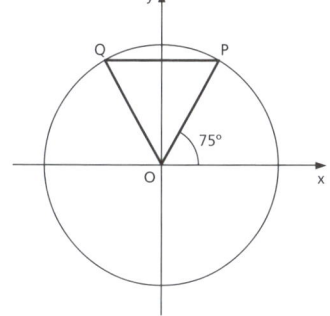

d) $\dfrac{1}{2}$

e) $\dfrac{1}{4}$

161. (Unemat-MT) Dada uma circunferência de centro C(3, 1) e raio r = 5 e seja o ponto P(0, a), com $a \in \mathbb{R}$, é correto afirmar:
a) Se $-3 < a < 5$, então P é externo à circunferência.
b) Se $-3 < a < 5$, então P pertence à circunferência.
c) Se $a = 5$ ou $a = -3$, então P é interno à circunferência.
d) Se $a < -3$ ou $a > 5$, então P é externo à circunferência.
e) Se $a < -3$ ou $a > 5$, então P é interno à circunferência.

162. (Mackenzie-SP) Os pontos (x, y) do plano tais que $x^2 + y^2 \leq 36$, com $x + y \geq 6$, definem uma região de área:
a) $6(\pi - 2)$ b) $9 - \pi$ c) $9(\pi - 2)$ d) $6 - \pi$ e) $18(\pi - 2)$

163. (PUC-RS) A figura abaixo representa as curvas $y = x$ e $x^2 + y^2 = 4$. A área da região assinalada é:

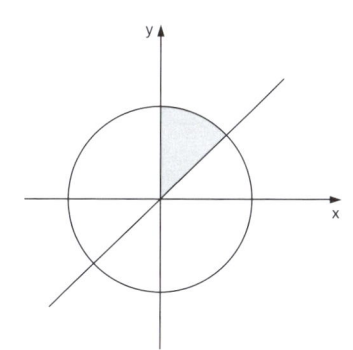

a) $\dfrac{\pi}{8}$ b) $\dfrac{\pi}{4}$ c) $\dfrac{\pi}{2}$ d) 2π e) 4π

7 | Fundamentos de Matemática Elementar

QUESTÕES DE VESTIBULARES

164. (UF-GO) Observe a figura abaixo:

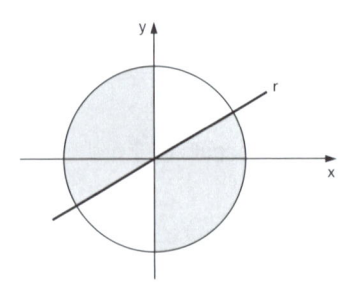

Para que, na figura apresentada, a área da região sombreada seja o dobro da área da região não sombreada, a equação cartesiana da reta r deve ser:

a) $y = \dfrac{\sqrt{3}}{3}x$ b) $y = \dfrac{\sqrt{2}}{2}x$ c) $y = \dfrac{1}{2}x$ d) $y = \dfrac{\sqrt{3}}{2}x$ e) $y = \dfrac{1}{3}x$

165. (UF-TO) Considere as equações das circunferências:

C_1: $x^2 - 2x + y^2 - 2y = 0$
C_2: $x^2 - 4x + y^2 - 4y = 0$

cujos gráficos estão representados ao lado:

A área da região hachurada é:

a) 3π unidades de área
b) π unidades de área
c) 5π unidades de área
d) 6π unidades de área
e) $\dfrac{\pi}{2}$ unidades de área

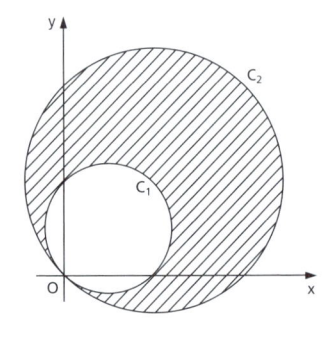

166. (PUC-RS)

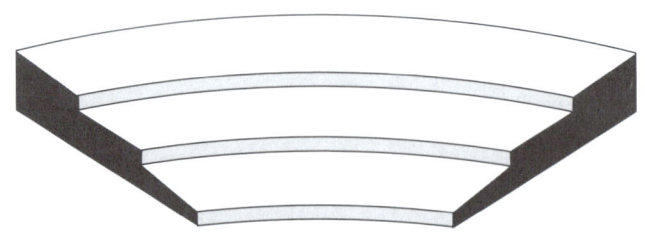

O estrado utilizado pela Orquestra tem uma base em forma de arco, correspondente à região limitada pelas circunferências de equações $x^2 + y^2 = a^2$ e $x^2 + y^2 = b^2$, com $a > b$, e pelas retas definidas por $y = x$ e $y = -x$. A área R desta região é dada pela fórmula:

a) $R = \dfrac{\pi(a^2 - b^2)}{4}$ c) $R = \dfrac{\pi(a - b)^2}{4}$ e) $R = \dfrac{\pi(b^2 - a^2)}{2}$

b) $R = \dfrac{\pi(b^2 - a^2)}{4}$ d) $R = \dfrac{\pi(a^2 - b^2)}{2}$

QUESTÕES DE VESTIBULARES

167. (UF-PB) O para-raios, inventado por Benjamin Franklin, consiste de uma haste metálica pontiaguda, colocada a certa altura do chão e ligada com cabos elétricos a outra haste metálica, aterrada ao chão. A região, em terra plana, protegida por esse tipo de para-raios tem formato circular.

Admita que uma região plana seja representada pelo plano cartesiano e que as circunferências cujas equações são $x^2 + y^2 + 4x - 21 = 0$ e $x^2 + y^2 - 12x = 0$ delimitam as regiões circulares R_1 e R_2, áreas protegidas pelos para-raios P_1 e P_2, respectivamente.

Considerando as regiões de proteção de cada um dos para-raios, identifique as afirmativas corretas:

I. Uma pessoa localizada no ponto $A_1 = (-3, 2)$ está protegida pelo para-raio P_1.
II. Uma pessoa localizada no ponto $A_2 = (3, 3)$ está protegida pelo para-raio P_2.
III. Uma pessoa localizada no ponto $A_3 = (1, 5)$ não está protegida pelos dois para-raios.
IV. Uma pessoa localizada no ponto $A_4 = (2, 2)$ não está protegida por nenhum dos dois para-raios.
V. A área da região protegida pelo para-raios P_2 é maior do que a área da região protegida pelo para-raios P_1.

168. (Unesp-SP) Dentre as regiões sombreadas, aquela que representa no plano cartesiano o conjunto $U = \{(x, y) \in \mathbb{R}^2 \mid y \geq 2x + 1 \text{ e } x^2 + y^2 \leq 4\}$ é:

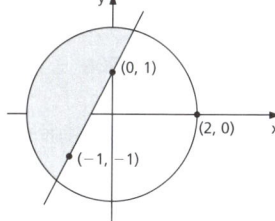

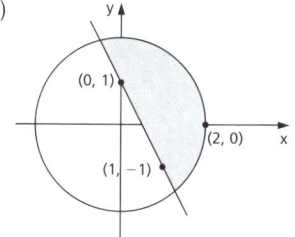

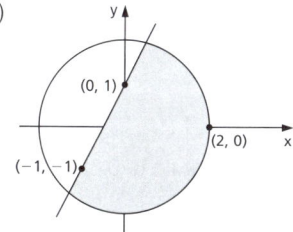

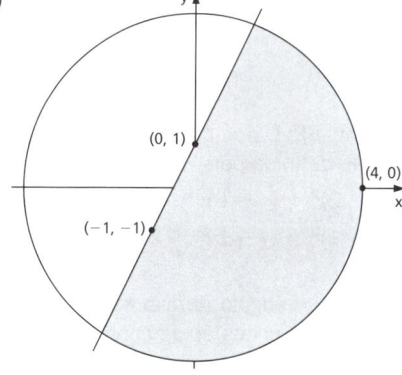

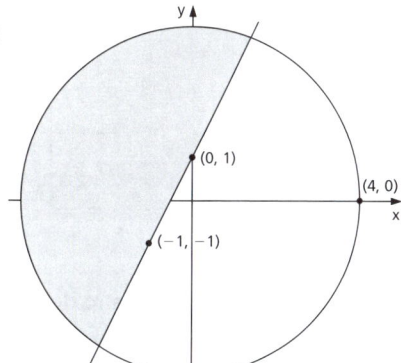

QUESTÕES DE VESTIBULARES

169. (Unicamp-SP) A figura abaixo apresenta parte do mapa de uma cidade, no qual estão identificadas a catedral, a prefeitura e a câmara de vereadores. Observe que o quadriculado não representa os quarteirões da cidade, servindo apenas para a localização dos pontos e retas no plano cartesiano.

Nessa cidade, a avenida Brasil é formada pelos pontos equidistantes da catedral e da prefeitura, enquanto a Avenida Juscelino Kubitschek (não mostrada no mapa) é formada pelos pontos equidistantes da prefeitura e da câmara de vereadores.

Sabendo que a distância real entre a catedral e a prefeitura é de 500 m, podemos concluir que a distância real, em linha reta, entre a catedral e a câmara de vereadores é de:

a) $1\,500$ m
b) $500\sqrt{5}$ m
c) $1\,000\sqrt{2}$ m
d) $500 + 500\sqrt{2}$ m

170. (Unicamp-SP) O ponto de interseção das avenidas Brasil e Juscelino Kubitschek pertence à região definida por:

a) $(x - 2)^2 + (y - 6)^2 \leq 1$
b) $(x - 1)^2 + (y - 5)^2 \leq 2$
c) $x \in\,]1, 3[,\ y \in\,]4, 6[$
d) $x = 2,\ y \in [5, 7]$

171. (UF-PR) O retângulo abaixo está inscrito em uma circunferência de raio $r = 1$, com os lados paralelos aos eixos coordenados.

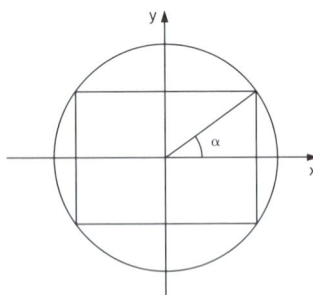

a) Encontre a área e o perímetro do retângulo em função do ângulo $\alpha\left(0 \leq \alpha \leq \dfrac{\pi}{2}\right)$.
b) Determine α para que a área do retângulo seja máxima.
c) Determine α para que o perímetro do retângulo seja máximo.

172. (UE-CE) Catástrofes naturais como furacões, terremotos, inundações e incêndios afetam milhões de pessoas, causando enormes prejuízos. Recentemente, o mundo voltou sua atenção para o terremoto ocorrido no Haiti, cujo epicentro (centro de propagação inicial do terremoto) foi localizado geograficamente em 18,457° N de latitude e 72,533° W de longitude.

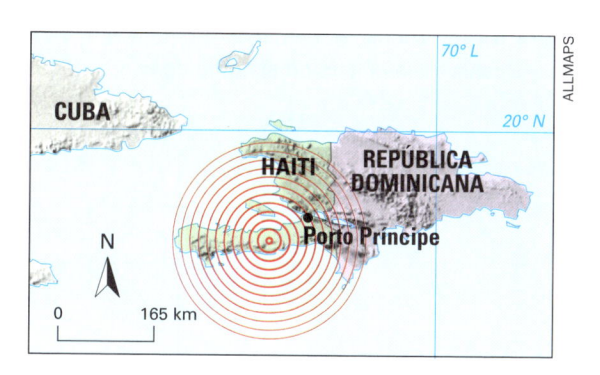

Sabe-se que o estudo de fenômenos naturais, como os terremotos, envolve levantamentos de dados e cálculos matemáticos para análise de casos ocorridos e previsão de acidentes futuros. Determinar os epicentros de terremotos, por exemplo, exige análise geométrica e resoluções de equações.

Suponha, então, que uma onda de choque se propague de forma circular, a partir de seu epicentro situado em um ponto (p, q), de modo que, após t segundos, o raio da circunferência da onda seja igual a 5t.

Suponha ainda que, 1 segundo a partir do início da onda, um sismógrafo situado no ponto (0, 8) detecte a chegada da onda e que, 3 segundos após o seu início, a referida onda esteja passando por outro sismógrafo localizado no ponto (12, 0). Sabendo ainda que o epicentro se localizou "ao norte" dos dois sismógrafos (e portanto q > 8), é correto afirmar que o epicentro do fenômeno foi o ponto:

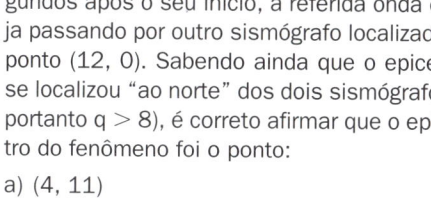

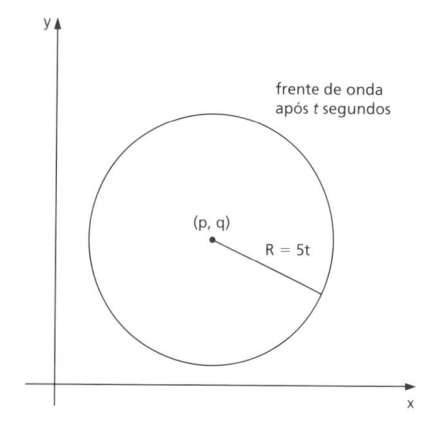

a) (4, 11)
b) (−4, 11)
c) $(2\sqrt{6}, 9)$
d) (−3, 12)
e) (3, 12)

173. (ITA-SP) Um triângulo equilátero tem os vértices nos pontos A, B e C do plano xOy, sendo B = (2, 1) e C = (5, 5). Das seguintes afirmações:

I. A se encontra sobre a reta $y = -\frac{3}{4}x + \frac{11}{2}$,

II. A está na interseção da reta $y = -\frac{3}{4}x + \frac{45}{8}$ com a circunferência $(x-2)^2 + (y-1)^2 = 25$,

III. A pertence às circunferências $(x-5)^2 + (y-5)^2 = 25$ e $\left(x - \frac{7}{2}\right)^2 + (y-3)^2 = \frac{75}{4}$, é (são) verdadeira(s) apenas:

a) I
b) II
c) III
d) I e II
e) II e III

QUESTÕES DE VESTIBULARES

174. (UF-BA) Na figura, considere os pontos A(4, 0), B(4, 2), C(4, 3) e D(3, 3) e a reta *r* que passa pela origem do sistema de coordenadas e pelo ponto B.

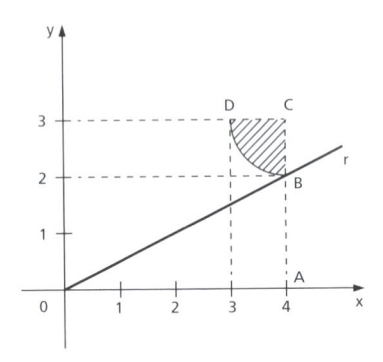

Com base nessa informação, pode-se afirmar:

(01) O triângulo BCD é equilátero.

(02) A área do setor circular hachurado é igual a $\frac{\pi}{4}$ u.a.

(04) A equação $y = \frac{x}{2}$ representa a reta *r*.

(08) O ângulo entre o eixo Ox, no sentido positivo, e a reta *r* mede 30°.

(16) A imagem do ponto C pela reflexão em relação à reta *r* é o ponto de coordenadas (4, 1).

(32) A imagem do triângulo OAB pela homotetia de razão $\frac{1}{3}$ é um triângulo de área $\frac{4}{3}$ u.a.

(64) A imagem do ponto D pela rotação de 45 em torno da origem do sistema, no sentido positivo, é o ponto de coordenadas (0, 3).

175. (UF-PR) Considere o hexágono retangular inscrito na circunferência de raio 2 centrada na origem do sistema de coordenadas cartesianas, conforme representado na figura ao lado. Nessas condições, é incorreto afirmar:

a) A equação da circunferência é $x^2 + y^2 = 4$.

b) O triângulo com vértices nos pontos B, D e F é equilátero.

c) A distância entre os pontos A e D é 4.

d) A equação da reta que passa pelos pontos A e C pode ser escrita na forma $px + qy = r$, com $r = 0$.

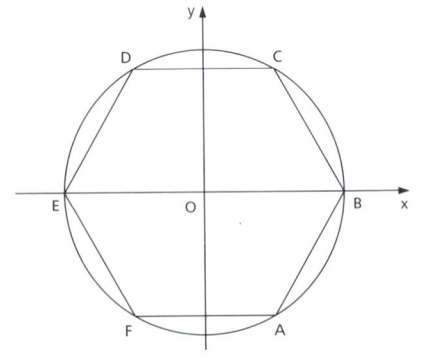

e) A equação da reta que passa pelos pontos B e D pode ser escrita na forma $y = px + q$, com $p < 0$ e $0 < q < 2$.

QUESTÕES DE VESTIBULARES

176. (UF-PR) Para cada valor positivo de R, a equação $(x - 2)^2 + (y + 2)^2 = R^2$ representa uma circunferência no plano cartesiano. Acerca disso, considere as afirmativas a seguir:

1. Quando R = 2, a circunferência tangencia os eixos coordenados.
2. Se a origem pertence à circunferência, então $R = 2\sqrt{2}$.
3. A reta de equação $4y + 3x = 0$ intersecta a circunferência, qualquer que seja o valor atribuído a R.

Assinale a alternativa correta.

a) Somente a afirmativa 3 é verdadeira.
b) Somente as afirmativas 2 e 3 são verdadeiras.
c) Somente as afirmativas 1 e 2 são verdadeiras.
d) Somente a afirmativa 1 é verdadeira.
e) Somente a afirmativa 2 é verdadeira.

177. (Unicamp-SP) A circunferência de centro em (2, 0) e tangente ao eixo y é interceptada pela circunferência C, definida pela equação $x^2 + y^2 = 4$, e pela semirreta que parte da origem e faz ângulo de 30° com o eixo x, conforme a figura abaixo:

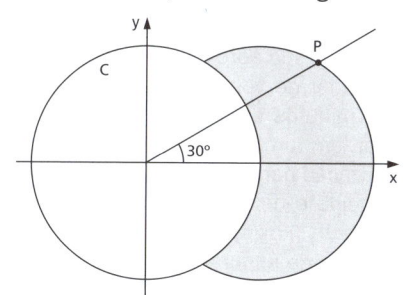

a) Determine as coordenadas do ponto P.
b) Calcule a área da região sombreada.

178. (Unifesp-SP) Considere a_1, a_2, a_3, b_1, b_2, b_3 números reais estritamente positivos, tais que os pontos (a_1, b_1), (a_2, b_2) e (a_3, b_3) pertençam à reta $y = 2x$.

a) Sabendo-se que $\dfrac{a_1 x^2 + a_2 x + a_3}{b_1 x^2 + b_2 x + b_3}$ (com $b_1 x^2 + b_2 x + b_3 \neq 0$) independe de x, pede-se determinar seu valor.

b) Na figura, se os pontos A, B e C são vértices de um triângulo isósceles e o segmento $\overline{AC}$ é um dos diâmetros da circunferência convenientemente centrada na origem do sistema ortogonal, pede-se determinar a medida do segmento $\overline{AB}$ em função de a_1.

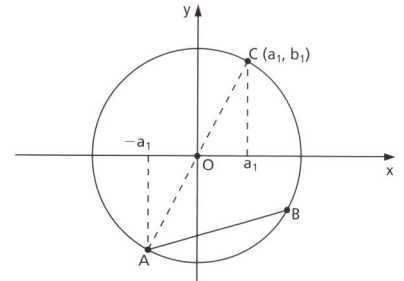

QUESTÕES DE VESTIBULARES

179. (UF-BA) Considere os conjuntos:
$A = \{(x, y) \in \mathbb{R}^2; x^2 + y^2 \leq 16 \text{ e } y \leq x^2 - 4\}$ e $D = \{x \in \mathbb{R}; (x, 0) \in A\}$

Sendo $f: D \to \mathbb{R}$ a função tal que $f(x) = \begin{cases} \cos\left(\dfrac{\pi x}{4}\right), \text{ se } x < 0 \\ x^2 - 5x, \text{ se } x > 0 \end{cases}$, determine a imagem da função f.

180. (Unifesp-SP) Considere, num sistema ortogonal, conforme a figura, a reta de equação $r: y = kx$ ($k > 0$ um número real), os pontos $A(x_0, 0)$ e $B(x_0, kx_0)$ (com $x_0 > 0$) e o semicírculo de diâmetro AB.

a) Calcule a razão entre a área S, do semicírculo, e a área T, do triângulo OAB, sendo O a origem do sistema de coordenadas.

b) Calcule, se existir, o valor de k que acarrete a igualdade $S = T$, para todo $x_0 > 0$.

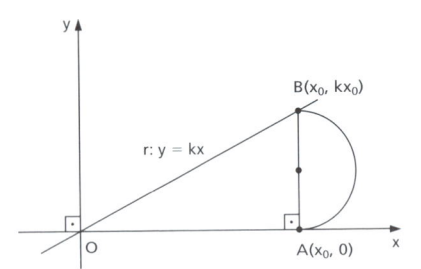

181. (Unesp-SP) Uma aeronave faz sua aproximação final do destino, quando seu comandante é informado pelo controlador de voo que, devido ao intenso tráfego aéreo, haverá um tempo de espera de 15 minutos para que o pouso seja autorizado e que ele deve permanecer em rota circular, em torno da torre de controle do aeroporto, a 1 500 metros de altitude, até que a autorização para o pouso seja dada. O comandante, cônscio do tempo de espera a ser despendido e de que, nessas condições, a aeronave que pilota voa a uma velocidade constante V_c (km/h), decide realizar uma única volta em torno da torre de controle durante o tempo de espera para aterrissar.

Sabendo que o aeroporto encontra-se numa planície e tomando sua torre de controle como sendo o ponto de origem de um sistema de coordenadas cartesianas, determine a equação da projeção ortogonal, sobre o solo, da circunferência que a aeronave descreverá na altitude especificada.

a) $x^2 + y^2 = \left(\dfrac{15V_c}{2\pi}\right)^2$

b) $x^2 + y^2 = \left(\dfrac{2V_c}{\pi}\right)^2$

c) $x^2 + y^2 = \left(\dfrac{V_c}{2\pi}\right)^2$

d) $x^2 + y^2 = \left(\dfrac{V_c}{8\pi}\right)^2$

e) $x^2 + y^2 = \left(\dfrac{V_c}{32\pi}\right)^2$

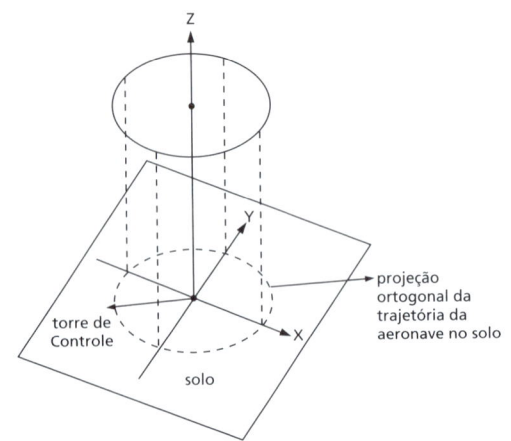

QUESTÕES DE VESTIBULARES

182. (UF-BA) Considere
- a curva C obtida da circunferência de equação $x^2 + y^2 + 2x - 4y - 4 = 0$ por uma rotação, no sentido anti-horário, em torno da origem do sistema cartesiano, segundo um ângulo de $\frac{\pi}{2}$ radianos;
- a reta r que passa pelo centro de C e faz, com o eixo coordenado O_x, um ângulo α tal que $\alpha \in \left[\frac{\pi}{2}, \pi\right[$ e $\operatorname{tg}\left(2\alpha + \frac{\pi}{3}\right) = 0$.

Determine uma equação de r.

183. (UF-BA) Considerem-se, no plano cartesiano, os subconjuntos $A = \{(x, y) \in \mathbb{R}^2; x^2 + y^2 \leq 4\}$, $B = \{(x, y) \in \mathbb{R}^2; y \leq \sqrt{3}|x|\}$ e $C = \{(x, y) \in \mathbb{R}^2; y \geq -\sqrt{2}\}$.

Calcule a área da região definida por $A \cap B \cap C$.

184. (UF-CE) O número de pontos na interseção dos subconjuntos do plano cartesiano $r = \{(x, y) \in \mathbb{R}^2; -x + y + 1 = 0\}$ e $c = \{(x, y) \in \mathbb{R}^2; x^2 + y^2 + 2x - 4y + 1 = 0\}$ é:
a) 0   b) 1   c) 2   d) 3   e) 4

185. (UF-PR) Qual das seguintes retas passa pelo centro da circunferência $x^2 + y^2 + 4y - 3 = 0$?
a) $x + 2y = 4$
b) $5x - y = 2$
c) $x + y = 0$
d) $x - 5y = -2$
e) $2x + y = 7$

186. (Uneb-BA) A reta $3x + 4y - 6 = 0$ determina na circunferência $x^2 + y^2 - 2x - 4y + 1 = 0$ uma corda de MN de comprimento igual, em u.c., a:
a) 6   b) $2\sqrt{3}$ c) 3   d) $2\sqrt{2}$ e) $\sqrt{3}$

187. (UF-PR) A figura abaixo mostra uma circunferência tangente ao eixo y, com centro C sobre o eixo x e diâmetro de 10 unidades.

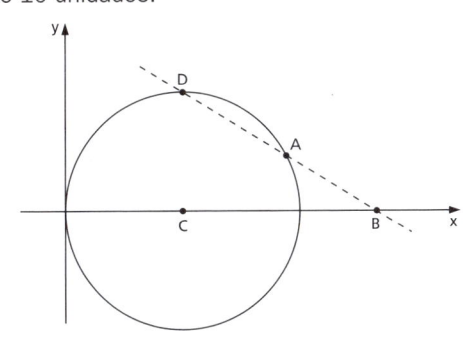

a) Sabendo que $A = (8, 4)$ e que $r: 3y + x = 20$ é a reta que passa por A e B, calcule a área do triângulo CAB.

b) Encontre as coordenadas do ponto D, indicado na figura acima, no qual a reta r intercepta a circunferência.

QUESTÕES DE VESTIBULARES

188. (UF-PR) A projeção estereográfica é um método de projetar pontos de um círculo sobre uma reta que pode ser utilizado na confecção de mapas (situação em que os círculos são os meridianos do globo terrestre). Suponha que y é o círculo de raio 1 centrado na origem do plano xy, $N = (0, 1)$ é um ponto fixado e $P = (a, b)$ é um ponto qualquer do círculo y distinto de N. A projeção estereográfica do ponto P é a interseção da reta r determinada por N e P com o eixo x, representada pelo ponto Q na figura abaixo. Nessas condições:

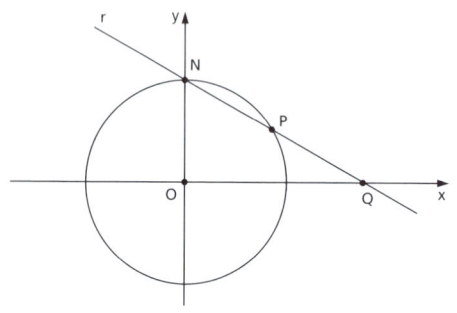

a) Encontre a projeção Q do ponto $P = \left(\dfrac{\sqrt{2}}{2}, \dfrac{\sqrt{2}}{2}\right)$.

b) Encontre as coordenadas do ponto P, pertencente ao círculo y, cuja projeção é o ponto $Q = (3, 0)$.

189. (UF-PE) Em um sistema de coordenadas ortogonais xOy, um triângulo tem vértices nos pontos de interseção das retas com equações $y = x$, $y = -x + 12$ e $y = \dfrac{x}{5}$ (ilustradas a seguir). Se a equação da circunferência circunscrita ao triângulo é $x^2 + y^2 + ax + by + c = 0$, indique o valor de $(a + b + c)^2$.

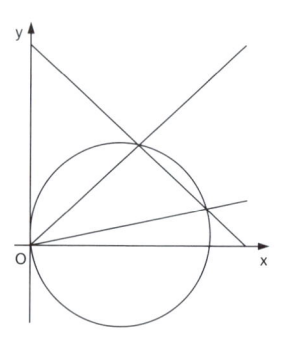

190. (UF-PE) Na ilustração a seguir, temos a circunferência com equação $x^2 + y^2 + 6x + 8y = 75$ e a reta passando pela origem e pelo centro da circunferência. Determine o ponto da circunferência mais distante da origem e indique esta distância.

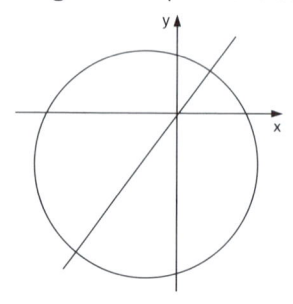

191. (FGV-SP) No plano cartesiano, a circunferência que passa pelos pontos A(2, 0), B(0, 3) e pela origem O(0, 0) intercepta a reta y = x em dois pontos. Um deles tem coordenadas cuja soma é:

a) 5   b) 4,5   c) 4   d) 3,5   e) 3

192. (FGV-SP) A circunferência λ, de centro C, é tangente aos eixos cartesianos coordenados e à hipotenusa do triângulo PQT. Se m($P\hat{T}Q$) = 60° e QT = 1, como indica a figura, o raio da circunferência λ é igual a:

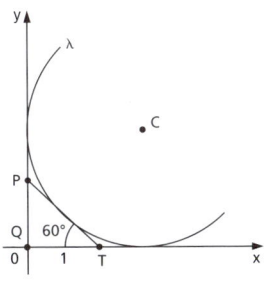

a) $\dfrac{3 + 2\sqrt{3}}{2}$ b) $\dfrac{3 + \sqrt{3}}{2}$ c) $\dfrac{2 + \sqrt{3}}{2}$ c) $\dfrac{3 + \sqrt{3}}{3}$ c) $\dfrac{2 + \sqrt{3}}{3}$

193. (UFF-RJ) A interseção do círculo definido pela equação $x^2 + y^2 = 25$, com a reta definida por x + y = 7, é o conjunto formado por:

a) apenas um ponto no primeiro quadrante.

b) dois pontos no primeiro quadrante.

c) um ponto no segundo quadrante e outro no quarto quadrante.

d) um ponto no primeiro quadrante e outro no terceiro quadrante.

e) dois pontos no terceiro quadrante.

194. (Mackenzie-SP) Na figura, a circunferência de centro O é tangente à reta $\overleftrightarrow{AB}$ no ponto P. Se AC = 2, o raio da circunferência é:

a) $\dfrac{2\sqrt{3}}{2 + \sqrt{3}}$

b) $\dfrac{3\sqrt{2}}{3 + \sqrt{2}}$

c) $\dfrac{\sqrt{2} + \sqrt{3}}{6}$

d) $\dfrac{2\sqrt{3} + 3\sqrt{2}}{3 + 2\sqrt{6}}$

e) $\dfrac{2\sqrt{3}}{3 + \sqrt{2}}$

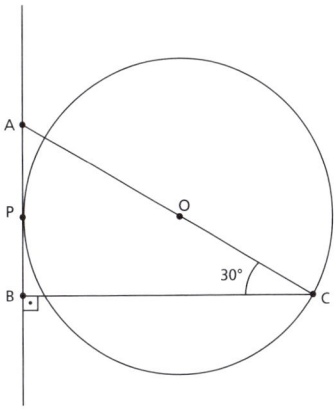

QUESTÕES DE VESTIBULARES

195. (UE-CE) O ponto P, que é o centro da circunferência $x^2 + y^2 - 6x - 8y = 0$, pertence à reta cuja equação é $x - 2y + c = 0$. O valor de c é:

a) 3　　　　　　b) 5　　　　　　c) 7　　　　　　d) 9

196. (UF-AM) A equação da reta r que passa pelo centro da circunferência y de equação $x^2 + y^2 + 4x - 2y + 1 = 0$ e é perpendicular à reta s de equação $\begin{cases} x = 2 - 3t \\ y = 1 + 2t \end{cases}$, $t \in \mathbb{R}$ é:

a) $y = \frac{2}{3}x + 4$　　　c) $y = -\frac{3}{2}x + 4$　　　e) $y = -\frac{2}{3}x + 4$

b) $y = \frac{3}{2}x - 4$　　　d) $y = \frac{3}{2}x + 4$

197. (U.F. Uberlândia-MG) No plano cartesiano, considere o círculo S descrito pela equação cartesiana $x^2 + y^2 = 5$ e a reta r descrita pela equação cartesiana $y = 2x$. Assim, r intersecta S nos pontos A e B.

Considerando uma nova reta h, descrita pela equação cartesiana $y = x + 1$, esta reta intersecta S nos pontos A e C.

a) Determine os pontos A, B e C.

b) Determine a área do triângulo de vértices A, B e C.

198. (UF-AL) A figura a seguir ilustra os gráficos da circunferência com equação $x^2 + y^2 - 6x + 2y - 17 = 0$, da reta com equação $x - y + 2 = 0$ e da circunferência que tem um diâmetro com extremos nas interseções da reta e da circunferência anteriores. Qual das alternativas a seguir é uma equação da circunferência, em tracejado na ilustração, que tem um diâmetro com extremos nas interseções da reta e da circunferência dadas?

a) $x^2 + y^2 - 4y + 5 = 0$
b) $x^2 + y^2 - 4y - 5 = 0$
c) $x^2 + y^2 + 4y + 5 = 0$
d) $x^2 + y^2 + 4y - 5 = 0$
e) $x^2 + y^2 - 5y + 4 = 0$

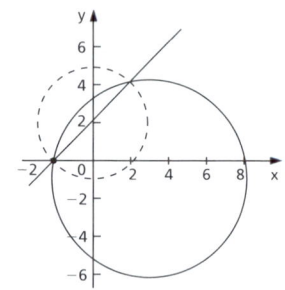

Tangência

199. (UF-CE) A equação da circunferência com centro no ponto (2, 3) e tangente à reta de equação $x + 2y - 3 = 0$ é:

a) $(x - 3)^2 + (y - 2)^2 = 13$　　　d) $(x - 2)^2 + (y - 3)^2 = 5$

b) $(x - 2)^2 + (y - 3)^2 = 13$　　　e) $(x - 3)^2 + (y - 2)^2 = 5$

c) $x^2 + y^2 = 13$

200. (Fuvest-SP) No plano cartesiano Oxy, a reta de equação x + y = 2 é tangente à circunferência C no ponto (0, 2). Além disso, o ponto (1, 0) pertence a C. Então, o raio de C é igual a:

a) $\dfrac{3\sqrt{2}}{2}$ b) $\dfrac{5\sqrt{2}}{2}$ c) $\dfrac{7\sqrt{2}}{2}$ d) $\dfrac{9\sqrt{2}}{2}$ e) $\dfrac{11\sqrt{2}}{2}$

201. (UE-CE) Uma circunferência, cujo centro está localizado no semieixo positivo dos x, é tangente à reta x + y = 1 e ao eixo dos y. A equação desta circunferência é:

a) $x^2 + y^2 - \dfrac{2x}{\sqrt{2}+1} = 0$

b) $x^2 + y^2 - \dfrac{x}{\sqrt{2}+1} = 0$

c) $x^2 + y^2 - \dfrac{2x}{\sqrt{2}-1} = 0$

d) $x^2 + y^2 - \dfrac{x}{\sqrt{2}-1} = 0$

202. (UF-CE) Em um sistema cartesiano de coordenadas, o valor positivo de b tal que a reta y = x + b é tangente ao círculo de equação $x^2 + y^2 = 1$ é:

a) 2 b) 1 c) $\sqrt{2}$ d) $\dfrac{1}{\sqrt{2}}$ e) 3

203. (UE-CE) A equação da circunferência cujo centro é o ponto (5, 1) e que é tangente à reta 4x − 3y − 2 = 0, é:

a) $x^2 + y^2 + 10x + 2y + 26 = 0$
b) $x^2 + y^2 - 10x - 2y + 17 = 0$
c) $x^2 + y^2 + 2x + 10y - 26 = 0$
d) $x^2 + y^2 - 2x - 10y - 17 = 0$

204. (FGV-RJ) No plano cartesiano, a reta tangente à circunferência de equação $x^2 + y^2 = 8$, no ponto P de coordenadas (2, 2), intercepta a reta de equação y = 2x no ponto:

a) $\left(\dfrac{7}{6}, \dfrac{14}{6}\right)$ b) $\left(\dfrac{6}{5}, \dfrac{12}{5}\right)$ c) $\left(\dfrac{5}{4}, \dfrac{10}{4}\right)$ d) $\left(\dfrac{4}{3}, \dfrac{8}{3}\right)$ e) $\left(\dfrac{3}{2}, 3\right)$

205. (FGV-SP) Uma circunferência de raio 3, situada no 1º quadrante do plano cartesiano, é tangente ao eixo y e à reta de equação y = x. Então, a ordenada do centro dessa circunferência vale:

a) $3\sqrt{2} - 1$ b) $2\sqrt{3} + 1$ c) $3\sqrt{2} + 2$ d) $2\sqrt{3} + 3$ e) $3\sqrt{2} + 3$

206. (Fuvest-SP) No plano cartesiano, os pontos (0, 3) e (−1, 0) pertencem à circunferência C. Uma outra circunferência, de centro em $\left(-\dfrac{1}{2}, 4\right)$, é tangente a C no ponto (0, 3). Então, o raio de C vale:

a) $\dfrac{\sqrt{5}}{8}$ b) $\dfrac{\sqrt{5}}{4}$ c) $\dfrac{\sqrt{5}}{2}$ d) $\dfrac{3\sqrt{5}}{4}$ e) $\sqrt{5}$

207. (ITA-SP) Considere as circunferências $C_1: (x-4)^2 + (y-3)^2 = 4$ e $C_2: (x-10)^2 + (y-11)^2 = 9$. Seja r uma reta tangente interna a C_1 e C_2, isto é, r tangencia C_1 e C_2 e intercepta o segmento de reta $\overline{O_1 O_2}$ definido pelos centros O_1 de C_1 e O_2 de C_2. Os pontos de tangência definem um segmento sobre r que mede:
a) $5\sqrt{3}$ b) $4\sqrt{5}$ c) $3\sqrt{6}$ d) $\dfrac{25}{3}$ e) 9

208. (UF-RS) Considere o círculo de centro O e de equação $x^2 + y^2 = 4$ e a reta que passa pelo ponto $A = (0, 6)$ e é tangente ao círculo em um ponto B do primeiro quadrante. A área do triângulo AOB é:
a) $4\sqrt{2}$ b) 6 c) $6\sqrt{2}$ d) 8 e) $8\sqrt{2}$

209. (Fatec-SP) Em um sistema de eixos cartesianos ortogonais, seja o ponto A, de abscissa $x = 3 + \sqrt{5}$, pertencente à circunferência de equação $x^2 + y^2 - 6x - 8y + 16 = 0$. Se a ordenada de A é a maior possível, a equação da reta r, tangente à circunferência em A, é:
a) $2x - \sqrt{5}y - 6 = 0$
b) $2x - \sqrt{5}y - 6 + 4\sqrt{5} = 0$
c) $(1 - \sqrt{5})x - 3y + 20 + 2\sqrt{5} = 0$
d) $\sqrt{5}x - 2y - 3\sqrt{5} - 1 = 0$
e) $\sqrt{5}x + 2y - 3\sqrt{5} - 17 = 0$

210. (Unicamp-SP) No desenho ao lado, a reta $y = ax$ ($a > 0$) e a reta que passa por B e C são perpendiculares, interceptando-se em A. Supondo que B é o ponto $(2, 0)$, resolva as questões abaixo.

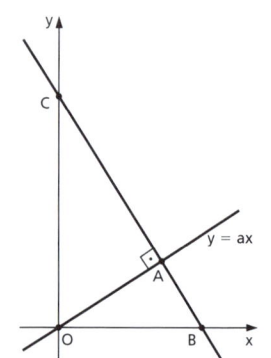

a) Determine as coordenadas do ponto C em função de a.

b) Supondo, agora, que $a = 3$, determine as coordenadas do ponto A e a equação da circunferência com centro em A e tangente ao eixo x.

211. (Unicamp-SP) Um círculo de raio 2 foi apoiado sobre as retas $y = 2x$ e $y = -\dfrac{x}{2}$, conforme mostra a figura abaixo.

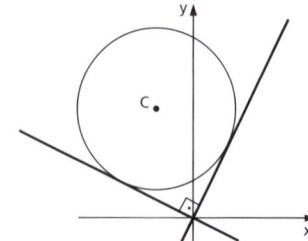

a) Determine as coordenadas do ponto de tangência entre o círculo e a reta $y = -\dfrac{x}{2}$.

b) Determine a equação da reta que passa pela origem e pelo ponto C, centro do círculo.

QUESTÕES DE VESTIBULARES

212. (ITA-SP) Dadas a circunferência C: $(x - 3)^2 + (y - 1)^2 = 20$ e a reta r: $3x - y + 5 = 0$, considere a reta t que tangencia C, forma um ângulo de 45° com r e cuja distância à origem é $\dfrac{3\sqrt{5}}{5}$. Determine uma equação da reta t.

213. (Mackenzie-SP) Com relação à reta que passa pela origem e é tangente à curva $(x - 3)^2 + (y - 4)^2 = 25$, considere as afirmações:

I. é paralela à reta $3x - 4y = 25$.

II. é paralela à bissetriz dos quadrantes pares.

III. é perpendicular à reta $4x - 3y = 0$.

Dessa forma,

a) somente I está correta.

b) somente II está correta.

c) somente III está correta.

d) somente I e III estão corretas.

e) I, II e III estão incorretas.

214. (U.F. Juiz de Fora-MG) No plano cartesiano, seja λ a circunferência de centro $C = (3, 5)$ e raio 4 e seja r a reta de equação $y = -x + 6$.

a) Determine todos os valores de x para os quais o ponto $P = (x, y)$ pertence à reta r e está no interior da circunferência λ.

b) Encontre a equação cartesiana da circunferência λ_1 concêntrica à circunferência λ e tangente à reta r.

215. (UF-GO) Na figura abaixo, as circunferências C_1 e C_2 são tangentes entre si e ambas tangentes às retas de equações $y = \dfrac{\sqrt{3}}{3}x$ e $y = -\dfrac{\sqrt{3}}{3}x$.

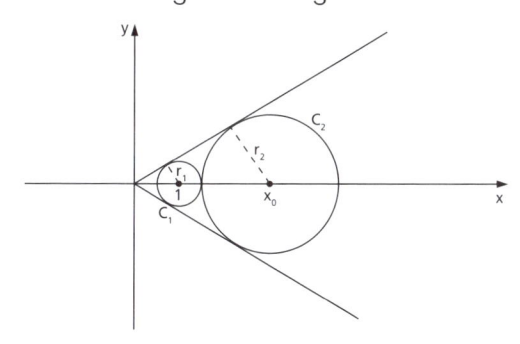

Calcule a equação da circunferência C_2, sabendo que o ponto $(1, 0)$ é o centro da circunferência C_1.

216. (UF-CE) Dada a circunferência C: $x^2 - 2x + y^2 = 24$ no plano cartesiano xy.

a) Verifique que o ponto $P(4, 4)$ pertence a essa circunferência.

b) Determine a equação da reta tangente à circunferência no ponto $P(4, 4)$.

QUESTÕES DE VESTIBULARES

217. (ITA-SP) Considere, no plano cartesiano xy, duas circunferências C_1 e C_2, que se tangenciam exteriormente em P = (5, 10). O ponto Q = (10, 12) é o centro de C_1. Determine o raio da circunferência C_2, sabendo que ela tangencia a reta definida pela equação x = y.

218. (ITA-SP) Considere as *n* retas:

r_i: y = m_ix + 10, i = 1, 2, ..., n; n ≥ 5,

em que os coeficientes m_i, em ordem crescente de *i*, formam uma progressão aritmética de razão q > 0. Se m_1 = 0 e a reta r_5 tangencia a circunferência de equação $x^2 + y^2 = 25$, determine o valor de q.

219. (Unesp-SP) Escreva as equações das retas que sejam, ao mesmo tempo, perpendiculares à reta x = y e tangentes à circunferência $(x - 1)^2 + (y - 1)^2 = 2$.

220. (UF-GO) Considere duas circunferências no plano cartesiano descritas pelas equações $x^2 + y^2 = 10$ e $(x - x_0)^2 + (y - y_0)^2 = 1$. Determine o ponto P($x_0$, y_0) para que as duas circunferências sejam tangentes externas no ponto A(3, 1).

221. (UF-ES) São dadas três retas *r*, *s* e *t* no plano cartesiano. A reta *r* intersecta o eixo-x no ponto de abscissa 7 e intersecta o eixo-y no ponto de ordenada 14. A reta *s* é perpendicular a *r* e intersecta o eixo-x no ponto de abscissa 3. A reta *t* é paralela a *s* e intersecta o eixo-y no ponto de ordenada 5. Determine:

a) as equações das retas *r*, *s* e *t*;

b) a equação da circunferência que é tangente à reta *s*, que tem centro sobre a reta *t* e que possui um diâmetro contido na reta *r*.

222. (UF-ES) Em um sistema de coordenadas cartesianas ortogonais, considere os pontos A(1, 5), B(3, 1) e C(0, 17). Determine:

a) a equação da reta *r* que passa por A e B;

b) a equação da reta *s* que passa por C e é paralela a *r*;

c) a equação da circunferência que passa por A e B e é tangente a *s*.

223. (UF-MS) Desenhando-se uma determinada circunferência no sistema cartesiano ortogonal, ela tangencia o eixo das abscissas O_x em x = $\sqrt{147}$ e também tangencia a reta y = $\sqrt{3}$x. Sabendo-se que nenhum ponto da circunferência tem coordenadas negativas, qual é o raio dessa circunferência?

224. (UF-GO) Dadas as circunferências de equações $x^2 + y^2 - 4y = 0$ e $x^2 - y^2 - 4x - 2y + 4 = 0$, em um sistema de coordenadas cartesianas,

a) esboce os seus gráficos;

b) determine as coordenadas do ponto de interseção das retas tangentes comuns às circunferências.

225. (Fuvest-SP) As circunferências C_1 e C_2 estão centradas em O_1 e O_2, têm raios $r_1 = 3$ e $r_2 = 12$, respectivamente, e tangenciam-se externamente. Uma reta t é tangente a C_1 no ponto P_1, tangente a C_2 no ponto P_2 e intercepta a reta $\overleftrightarrow{O_1O_2}$ no ponto Q. Sendo assim, determine:

a) o comprimento P_1P_2;

b) a área do quadrilátero $O_1O_2P_2P_1$;

c) a área do triângulo QO_2P_2.

226. (Fuvest-SP) No plano cartesiano Oxy, a circunferência C tem centro no ponto $A = (-5, 1)$ e é tangente à reta t de equação $4x - 3y - 2 = 0$ em um ponto P. Seja ainda Q o ponto de interseção da reta t com o eixo Ox.

Assim:

a) Determine as coordenadas do ponto P.

b) Escreva uma equação para a circunferência C.

c) Calcule a área do triângulo APQ.

227. (Fuvest-SP) São dados, no plano cartesiano de origem O, a circunferência de equação $x^2 + y^2 = 5$, o ponto $P = (1, \sqrt{3})$ e a reta s que passa por P e é paralela ao eixo y. Seja E o ponto de ordenada positiva em que a reta s intercepta a circunferência.

Assim sendo, determine:

a) a reta tangente à circunferência no ponto E.

b) o ponto de encontro das alturas do triângulo OPE.

228. (UF-BA) Sendo r a reta no plano cartesiano representada pela equação $2x + 3y = 5$, correto afirmar:

(01) A reta paralela à reta r que passa pelo ponto $(-3, 0)$ pode ser representada pela equação $2x + 3y = -6$.

(02) A reta perpendicular à reta r que passa pela origem pode ser representada pela equação $-3x + 2y = 0$.

(04) Para cada $c \in \mathbb{R} - \left\{\dfrac{5}{2}\right\}$, existe uma única circunferência com centro $(c, 0)$ que é tangente à reta r.

(08) O triângulo cujos vértices são a origem e os pontos de interseção da reta r com os eixos coordenados tem área igual a $\dfrac{25}{12}$ unidades de área.

(16) A imagem de reta r pela rotação de ângulo de 60°, em torno do ponto $\left(\dfrac{5}{2}, 0\right)$, no sentido anti-horário, coincide com o eixo das abscissas.

(32) Dado um ponto $(a, b) \notin r$, existem infinitas circunferências de centro (a, b) que interceptam r.

QUESTÕES DE VESTIBULARES

Cônicas

229. (UF-AM) A equação que melhor representa o gráfico da elipse abaixo é:
a) $4x^2 + 9y^2 - 32x - 54y + 109 = 0$
b) $4x^2 + 9y^2 - 54x - 32y + 109 = 0$
c) $9x^2 + 4y^2 - 54x - 32y + 144 = 0$
d) $9x^2 + 4y^2 - 32x - 54y + 144 = 0$
e) $4x^2 + 9y^2 - 24x - 72y + 144 = 0$

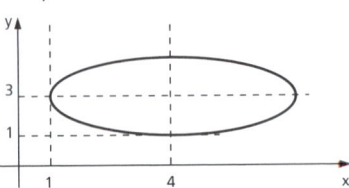

230. (ITA-SP) Os focos de uma elipse são $F_1(0, -6)$ e $F_2(0, 6)$. Os pontos A(0, 9) e B(x, 3), x > 0, estão na elipse. A área do triângulo com vértices em B, F_1 e F_2 é igual a:
a) $22\sqrt{10}$ b) $18\sqrt{10}$ c) $15\sqrt{10}$ d) $12\sqrt{10}$ e) $6\sqrt{10}$

231. (UF-MA) Deseja-se construir uma elipse que tenha os dois focos situados no eixo x. Um desses focos deve ser o ponto (3, 0). Essa elipse deve passar pelos pontos (0, 2) e (7, −2). Quantas elipses assim podem ser construídas?
a) exatamente uma
b) nenhum
c) exatamente duas
d) exatamente três
e) infinitas

232. (UF-TO) Considere $\mathbb{R}$ o conjunto dos números reais e $b \in \mathbb{R}$. Encontre os valores de b, tais que no plano cartesiano xy a reta $y = x + b$ intercepta a elipse $\frac{x^2}{4} + y^2 = 1$ em um único ponto. A soma dos valores de b é:
a) 0   b) 2   c) $2\sqrt{5}$ d) $\sqrt{5}$ e) $-2\sqrt{5}$

233. (Unesp-SP) Suponha que um planeta P descreva uma órbita elíptica em torno de uma estrela O, de modo que, considerando um sistema de coordenadas cartesianas ortogonais, sendo a estrela O a origem do sistema, a órbita possa ser descrita aproximadamente pela equação $\frac{x^2}{100} + \frac{y^2}{25} = 1$, com x e y em milhões de quilômetros. A figura representa a estrela O, a órbita descrita pelo planeta e sua posição no instante em que o ângulo $P\hat{O}A$ mede $\frac{\pi}{4}$.

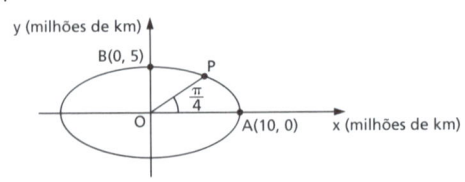

A distância, em milhões de km, do planeta P à estrela O, no instante representado na figura, é:
a) $2\sqrt{5}$ b) $2\sqrt{10}$ c) $5\sqrt{2}$ d) $10\sqrt{2}$ e) $5\sqrt{10}$

234. (UF-PB) A secretaria de infraestrutura de um município contratou um arquiteto para fazer o projeto de uma praça. Na figura a seguir, está o esboço do projeto proposto pelo arquiteto: uma praça em formato retangular medindo 80 m × 120 m, onde deverá ser construído um jardim em forma de elipse na parte central.

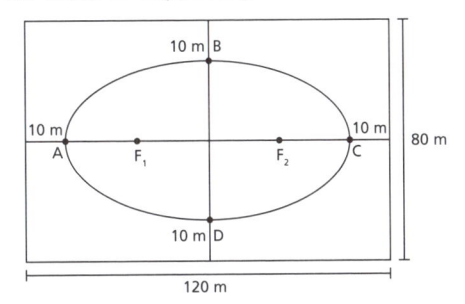

Estão destacados na figura os segmentos AC e BD que são, respectivamente, o eixo maior e o menor da elipse, bem como os pontos F_1 e F_2, que são os focos da elipse onde deverão ser colocados dois postes de iluminação.

Com base nessas informações, conclui-se que a distância entre os postes de iluminação será, aproximadamente, de:

a) 68 m   b) 72 m   c) 76 m   d) 80 m   e) 84 m

235. (Unesp-SP) A figura mostra a representação de algumas das ruas de nossas cidades. Essas ruas possuem calçadas de 1,5 m de largura, separadas por uma pista de 7 m de largura. Vamos admitir que:

I. os postes de iluminação projetam sobre a rua uma área iluminada na forma de uma elipse de excentricidade 0,943;

II. o centro dessa elipse encontra-se verticalmente abaixo da lâmpada, no meio da rua;

III. o eixo menor da elipse, perpendicular à calçada, tem exatamente a largura da rua (calçadas e pista).

Se desejarmos que as elipses de luz se tangenciem nas extremidades dos eixos maiores, a distância, em metros, entre dois postes consecutivos deverá ser de aproximadamente:

Dados: $0{,}943^2 \approx 0{,}889$ e $\sqrt{0{,}111} \approx 0{,}333$

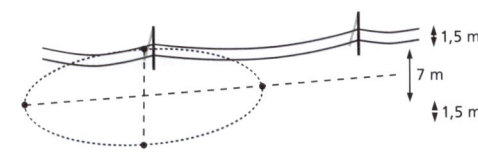

a) 35   b) 30   c) 25   d) 20   e) 15

236. (UF-MA) Considere o conjunto

$$Z = \left\{ z = x + iy \mid x, y \in \mathbb{R} \text{ com } \left(\frac{x}{a}\right)^2 + \left(\frac{y}{b}\right)^2 = 1 \right\},$$

onde $0 < b < a$. Se $z_0 = x_0 + iy_0$, com $x_0, y_0 > 0$ e $\theta \in \left]0, \frac{\pi}{4}\right[$, então o gráfico que melhor representa o conjunto $W = \{z_0 + z(\cos \theta + i\sen \theta) \mid z \in \mathbb{Z}\}$ é:

a)

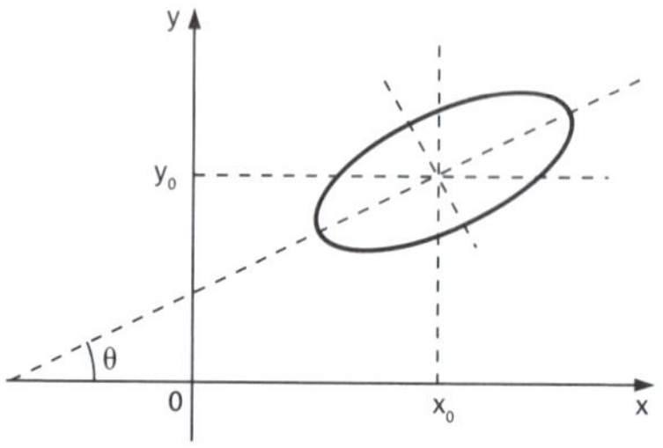

b)

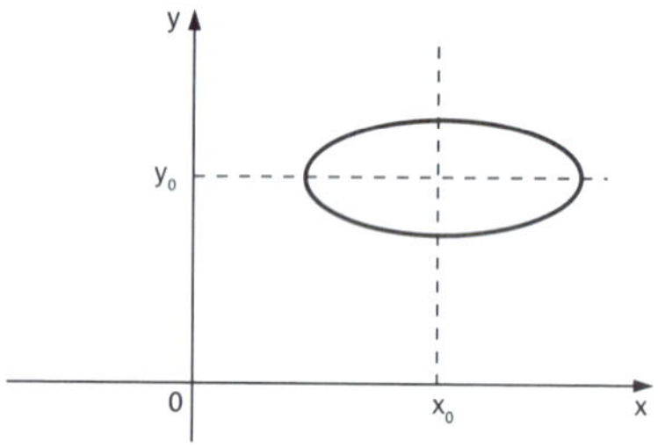

c)

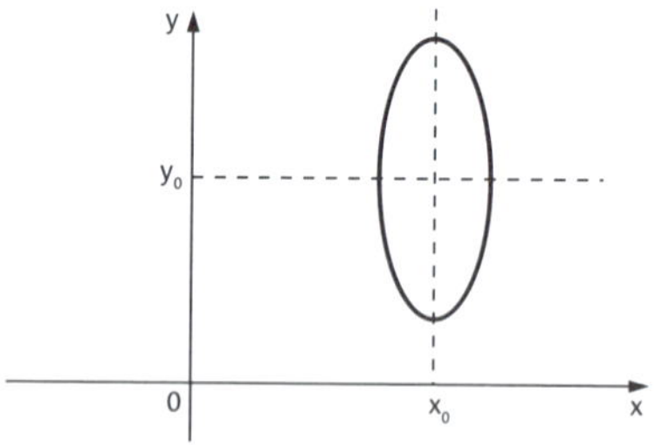

d)

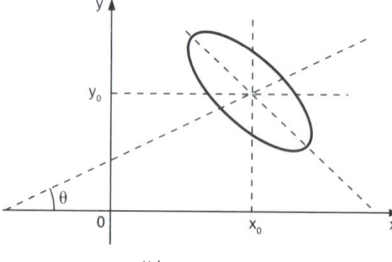

e)

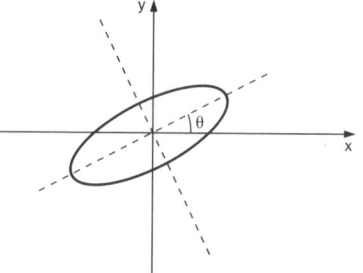

237. (UF-CE) No plano cartesiano, a hipérbole $xy = 1$ intersecta uma circunferência Γ em quatro pontos distintos A, B, C e D. Calcule o produto das abscissas dos pontos A, B, C e D.

238. (UF-PB) Em certo sistema marítimo de navegação, duas estações de rádio, localizadas na costa, nos pontos A e B, transmitem simultaneamente sinais de rádio para qualquer ponto onde está localizada uma embarcação que recebe esses sinais, o computador de bordo da embarcação calcula a diferença, $\overline{PA} - \overline{PB}$, das distâncias da embarcação a cada uma das estações.

Um navio que estava ancorado no mar recebeu o sinal da estação localizada em B e, 120 microssegundos (μs) depois, recebeu o sinal da estação localizada em A, conforme a figura a seguir.

Considere as estações de rádio e o ponto P onde esse navio estava ancorado como pontos de um plano cartesiano, onde a unidade de comprimento é o quilômetro e $A(-30, 0)$ e $B(30, 0)$. Nesse contexto, é correto afirmar que a hipérbole com focos nos pontos A e B e que contém o ponto P tem como equação a expressão:

Dados: 1 s = 10⁶ μs
A velocidade do sinal de rádio é de 300 000 km/s.

a) $\dfrac{x^2}{324} - \dfrac{y^2}{576} = 1$

b) $\dfrac{x^2}{361} - \dfrac{y^2}{676} = 1$

c) $\dfrac{x^2}{576} - \dfrac{y^2}{324} = 1$

d) $\dfrac{x^2}{676} - \dfrac{y^2}{361} = 1$

e) $\dfrac{x^2}{289} - \dfrac{y^2}{625} = 1$

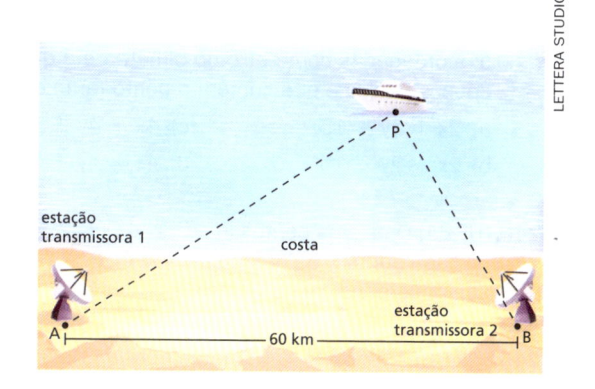

239. (FGV-SP) A equação de uma hipérbole equilátera cujas assíntotas são paralelas aos eixos x e y pode ser expressa na forma: $(x - h)(y - k) = C$, em que (h, k) é o centro da hipérbole, e as retas $x = h$ e $y = k$ são as assíntotas.

As assíntotas vertical e horizontal da hipérbole de equação $xy + x - 3y - 2 = 0$ são, respectivamente:

a) x = −1 e y = 3
b) x = −3 e y = −1
c) x = 3 e y = −1
d) x = −3 e y = 1
e) x = 3 e y = 1

240. (ITA-SP) Dada a cônica $\lambda: x^2 - y^2 = 1$, qual das retas abaixo é perpendicular à λ no ponto $P = (2, \sqrt{3})$?

a) $y = \sqrt{3}(x - 1)$

b) $y = \dfrac{\sqrt{3}}{2}x$

c) $y = \dfrac{\sqrt{3}}{3}(x + 1)$

d) $y = \dfrac{-\sqrt{3}}{5}(x - 7)$

e) $y = \dfrac{-\sqrt{3}}{2}(x - 4)$

241. (U.E. Londrina-PR) O vértice, o foco e a reta diretriz da parábola de equação $y = x^2$ são dados por:

a) vértice: (0, 0); foco: $\left(0, \dfrac{1}{4}\right)$; reta diretriz: $y = -\left(\dfrac{1}{4}\right)$

b) vértice: (0, 0); foco: $\left(0, \dfrac{1}{2}\right)$; reta diretriz: $y = -\left(\dfrac{1}{2}\right)$

c) vértice: (0, 0); foco: (0, 1); reta diretriz: y = −1

d) vértice: (0, 0); foco: (0, −1); reta diretriz: y = 1

e) vértice: (0, 0); foco: (0, 2); reta diretriz: y = −2

242. (PUC-RS) Os pontos $A(-1, y_1)$ e $B(2, y_2)$ pertencem ao gráfico da parábola dada por $y = x^2$. A equação da reta que passa por A e B é:

a) x − y + 2 = 0
b) x − y − 2 = 0
c) 3x − y + 4 = 0
d) 3x − y − 4 = 0
e) 3x + y − 10 = 0

QUESTÕES DE VESTIBULARES

243. (PUC-SP) Relativamente à função quadrática f, dada por $f(x) = ax^2 + bx + c$, em que a, b e c são constantes reais, sabe-se que o valor mínimo é -4; seu gráfico tem o eixo das ordenadas como eixo de simetria e a distância entre as raízes é 8. Assim sendo, a equação da reta que contém o ponto (a; c) e tem inclinação de 135° é:
a) $2x + 2y + 15 = 0$
b) $2x - 2y - 15 = 0$
c) $4x + 4y + 15 = 0$
d) $4x - 4y - 3 = 0$
e) $4x + 4y + 3 = 0$

244. (UF-BA) Dados os pontos $P(-1, 2)$ e $Q(1, 2)$, determine o par de coordenadas cartesianas de cada ponto S da parábola $y = 2x^2$, de abscissa $x \neq \pm 1$, de modo que as retas SP e SQ sejam perpendiculares.

245. (UE-CE) A reta $y = x + 2$ intercepta o gráfico da função $f: \mathbb{R} \to \mathbb{R}$, definida por $f(x) = x^2$, nos pontos $x = (x_1, y_1)$ e $w = (x_2, y_2)$. Se $y = (x_2, 0)$ e $z = (x_1, 0)$, então a medida da área do quadrilátero XWYZ, em unidades de área (u.a.), é:
a) $\frac{11}{2}$ u.a.
b) $\frac{13}{2}$ u.a.
c) $\frac{15}{2}$ u.a.
d) $\frac{17}{2}$ u.a.

246. (Unifesp-SP) Considere a função $f: \mathbb{R} \to \mathbb{R}$, $a \cdot f(x) = a \cdot (x^2 - x)$, $a \in \mathbb{R}$, $a > 0$, e P um ponto que percorre seu gráfico. Se a distância mínima de P à reta de equação $y = -2$ é igual a $\frac{1}{8}$, conclui-se que a vale:
a) $\frac{3}{2}$
b) 2
c) $\frac{5}{2}$
d) $\frac{15}{2}$
e) 8

247. (ESPM-SP) No plano cartesiano, uma reta de coeficiente angular 1 intercepta a parábola de equação $y = x^2 - 2x + 4$ nos pontos A e V, sendo V o vértice da mesma. O comprimento do segmento AV é igual a:
a) 1
b) 2
c) $\sqrt{5}$
d) $\sqrt{3}$
e) $\sqrt{2}$

248. (PUC-RJ) A reta $x + y = 0$ corta a parábola $y = x^2 - 8$ em dois pontos (x_0, y_0) e (x_1, y_1). Quanto vale $y_0 + y_1$?
a) -8
b) -1
c) 0
d) 1
e) 8

249. (UE-CE) Se a reta r, tangente à circunferência $x^2 + y^2 = 1$ no ponto $\left(\frac{\sqrt{2}}{2}, \frac{\sqrt{2}}{2}\right)$, intercepta a parábola $y = x^2 + 1$ nos pontos (x_1, y_1) e (x_2, y_2), então $x_1 \cdot x_2$ é igual a:
a) -2
b) -1
c) $-1 - \sqrt{2}$
d) $1 - \sqrt{2}$

250. (Fatec-SP) As interseções das curvas de equações $x^2 + y^2 - 7x - 9 = 0$ e $y^2 = x + 2$ são vértices de um polígono. A equação da reta traçada pela interseção das diagonais desse polígono, e paralela à reta de equação $2x - y + 3 = 0$, é:
a) $x + 2y - 2 = 0$
b) $x + 2y + 2 = 0$
c) $x - y + 4 = 0$
d) $2x - y - 2 = 0$
e) $2x - y + 2 = 0$

QUESTÕES DE VESTIBULARES

251. (UF-RS) Ligando-se os pontos de interseção das curvas e $y = \dfrac{x^2}{4} - 2x$, obtém-se um:

a) ponto
b) segmento de reta
c) triângulo
d) trapézio
e) pentágono

252. (UF-CE) Encontre as equações das retas tangentes à parábola $y = x^2$ que passam pelo ponto $(0, -1)$.

253. (U.F. Pelotas-RS) O gráfico ao lado representa a função:

$f(x) = x^2 - 5x + 6$

Com base nessas informações é correto afirmar que a equação da circunferência que passa em B e tem centro em A é:

a) $(x - 6) + y = 45$
b) $x^2 + (y - 6)^2 = 9$
c) $x^2 + (y - 6)^2 = 45$
d) $(x - 6)^2 + y^2 = 9$
e) $x^2 + (y - 3)^2 = 9$

254. (ITA-SP) A distância entre o vértice e o foco da parábola de equação $2x^2 - 4x - 4y + 3 = 0$ é igual a:

a) 2
b) $\dfrac{3}{2}$
c) 1
d) $\dfrac{3}{4}$
e) $\dfrac{1}{2}$

255. (UF-PE) Seja $f(x) = x^2 + 4x + 1$, com x sendo um número real. Seja $\mathbb{R}$ a região que consiste dos pontos (x, y) do plano que satisfazem $f(x) + f(y) \leq 10$. Indique o inteiro mais próximo da área de R. Dado: use a aproximação $\pi \approx 3{,}14$.

256. (FGV-SP) A parábola dada por $f(x) = Ax^2 + Bx + C$, com A, B e C reais, $A \neq 0$, tem vértice de coordenadas (M, N), com M e N reais. Essa parábola foi refletida pela reta $y = K$ real, sendo agora definida por $g(x) = Dx^2 + Ex + F$, com D, E e F reais. Em tais condições, $A + B + C + D + E + F$ é igual a:

a) 2A
b) 2K
c) 2M
d) 2N
e) $2(M + N)$

257. (UF-BA) Sendo $f: \mathbb{R} \to \mathbb{R}$, $g: \mathbb{R} \to \mathbb{R}$, $h: \mathbb{R} \to]0, +\infty[$ e $q:]0, +\infty[\to \mathbb{R}$ as funções definidas por $f(x) = x^2 - 5x$, $g(x) = 3x - 1$, $h(x) = 2^x$ e $q(x) = -\log_2 x$, é correto afirmar:

(01) A função h é a inversa da função $-q$.

(02) A função q é crescente.

(04) O conjunto imagem da função $g \circ h$ é $]-\infty, 1[$.

(08) Os gráficos das funções f e g se intersectam em exatamente dois pontos.

(16) Para qualquer $x > 5$, tem $q(f(x)) = q(x) + q(x - 5)$.

(32) O perímetro do triângulo cujos vértices são a origem do plano cartesiano e os pontos de interseção do gráfico da função g com os eixos coordenados é igual a $\dfrac{\sqrt{10} + 4}{3}$ u.c.

QUESTÕES DE VESTIBULARES

258. (Mackenzie-SP) Os pontos A e B pertencem, respectivamente, às curvas $y_1 = x^2 + 1$ e $y_2 = -x^2 + 3x - 2$. O menor comprimento possível do segmento AB, paralelo ao eixo y, é:

a) $\dfrac{13}{8}$ b) $\dfrac{14}{8}$ c) $\dfrac{15}{8}$ d) $\dfrac{16}{8}$ e) $\dfrac{17}{8}$

259. (UF-RS) Determine a equação da parábola que passa pelo ponto $P_1 = (0, a)$ e é tangente ao eixo x no ponto $P_2 = (a, 0)$, sabendo que a distância de P_1 a P_2 é igual a 4.

260. (ITA-SP) Considere a parábola de equação $y = ax^2 + bx + c$, que passa pelos pontos $(2, 5)$, $(-1, 2)$ e tal que a, b, c forma, nesta ordem, uma progressão aritmética. Determine a distância do vértice da parábola à reta tangente à parábola no ponto $(2, 5)$.

261. (UF-MS) Um projétil é lançado a partir de uma altura de 11 metros, e sua trajetória tem a forma de uma parábola de equação $h(x) = c + bx - x^2$, que determina sua altura h (na vertical, em metros) em função de sua distância x do ponto inicial O no solo (na horizontal, em metros). No mesmo instante e lugar do lançamento do projétil, uma bala é lançada em linha reta cuja equação é dada por $H(x) = mx + n$, que determina sua altura H (na vertical, em metros) em função de sua distância x do ponto inicial O no solo (na horizontal, em metros). A bala alcança o projétil num ponto P a 35 metros na vertical e 6 metros na horizontal, como na figura a seguir.

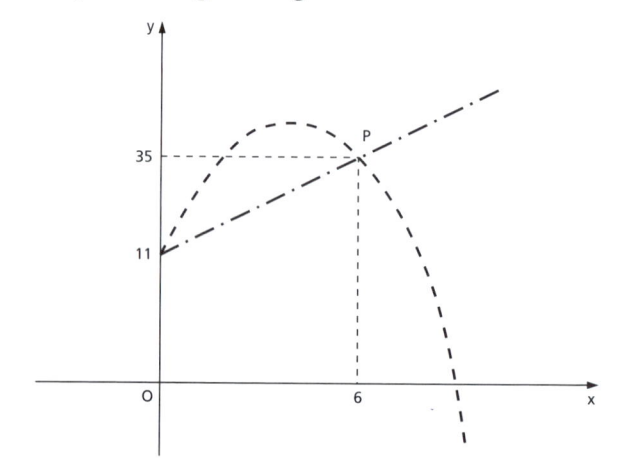

A partir dos dados fornecidos, assinale a(s) afirmação(ões) correta(s).

(001) O valor de $(b + c)$ é igual a 20.

(002) O coeficiente angular da reta que define a trajetória da bala é igual a 4.

(004) O coeficiente linear da reta que define a trajetória da bala é igual a 11.

(008) A altura máxima, atingida pelo projétil na vertical, é de 40 metros.

(016) Supondo que a bala não fosse lançada, então a distância do ponto de partida, na horizontal, que o projétil atingiria o solo seria de $x = 11$ metros.

262. (UF-RS) Considere, na figura ao lado, a região sombreada limitada por uma reta e pelo gráfico de uma função quadrática.

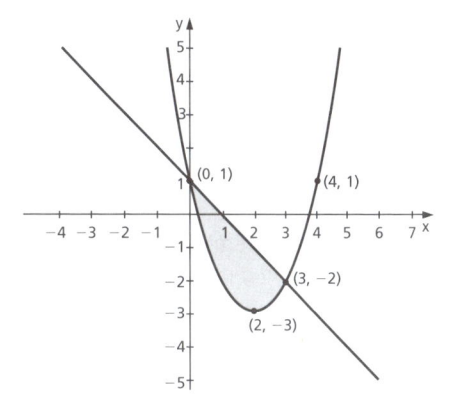

As coordenadas dos pontos (x, y) dessa região verificam as desigualdades:

a) $x^2 - 4x + 1 \leq y \leq 1 - x$
b) $x^2 - x + 4 \geq y \geq 1 - x$
c) $x^2 - 2x + 1 \leq y \leq 1 - x$
d) $x^2 - 4x - 1 \geq y \geq 1 - x$
e) $x^2 - 2x + 1 \geq y \geq 1 - x$

263. (UF-MA) No plano cartesiano, como se vê na figura abaixo, uma parábola intersecta a circunferência $x^2 + y^2 = 1$ nos pontos A e B, e passa pela origem do sistema de coordenadas. Além disso, o eixo de simetria da parábola é perpendicular ao eixo x. Se o segmento AB é o lado de um triângulo equilátero inscrito na circunferência, qual é a equação da parábola?

a) $\dfrac{2\sqrt{3}}{3}(x^2 + x)$

b) $\dfrac{2\sqrt{3}}{3}(x^2 - x)$

c) $\dfrac{\sqrt{3}}{3}(x^2 + x)$

d) $\dfrac{\sqrt{3}}{2}(x^2 - x)$

e) $\dfrac{2\sqrt{3}}{3}x^2$

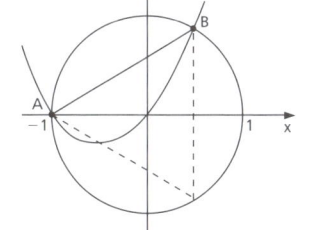

264. (UE-RJ) A foto abaixo mostra um túnel cuja entrada forma um arco parabólico com base AB = 8 m e altura central OC = 5,6 m.

QUESTÕES DE VESTIBULARES

Observe, na foto da página anterior, um sistema de coordenadas cartesianas ortogonais, cujo eixo horizontal Ox é tangente ao solo e o vertical Oy representa o eixo de simetria da parábola.

Ao entrar no túnel, um caminhão com altura AP igual a 2,45 m, como ilustrado ao lado, toca sua extremidade P em um determinado ponto do arco parabólico.

Calcule a distância do ponto P ao eixo vertical Oy.

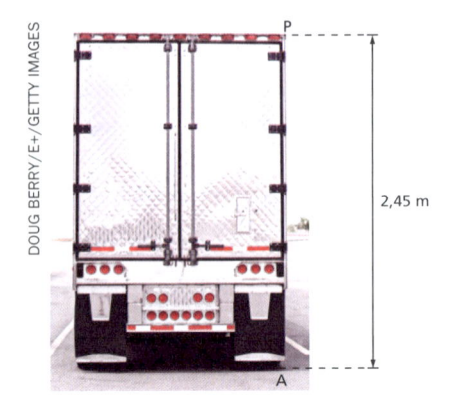

265. (UF-GO) A região do plano cartesiano, destacada na figura abaixo, é determinada por uma parábola com vértice na origem, e duas retas.

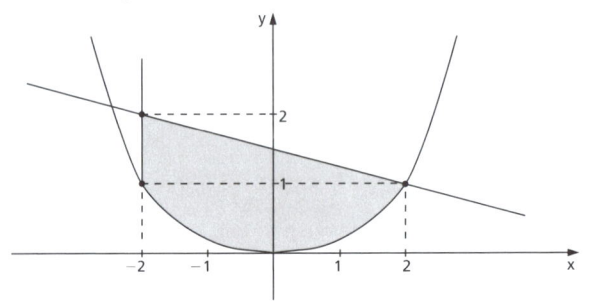

Esta região pode ser descrita como o conjunto dos pares ordenados $(x, y) \in \mathbb{R}$ e $\mathbb{R}$, satisfazendo:

a) $-2 \leq x \leq 2$ e $\dfrac{x^2}{4} \leq y \leq \dfrac{X}{4} + \dfrac{3}{2}$

b) $-2 \leq x \leq 2$ e $-\dfrac{x^2}{4} \leq y \leq \dfrac{X}{4} + \dfrac{3}{2}$

c) $-2 \leq x \leq 2$ e $4x^2 \leq y \leq -\dfrac{X}{4} + \dfrac{3}{2}$

266. (UF-ES) Em uma competição de tiro, um alvo é lançado a partir do ponto B e percorre uma trajetória parabólica. Um competidor situado no ponto A atira na direção da reta *r* e acerta o alvo no ponto P, conforme a figura plana esboçada ao lado.

a) Sabendo que a distância do competidor ao lado do lançamento do alvo é de 24 m e que a altura máxima da trajetória do alvo é de 16 m, determine a equação da parábola que descreve a trajetória do alvo.

b) Sabendo que o competidor atirou formado um ângulo $\alpha = 30°$ com a horizontal, determine as coordenadas cartesianas do ponto P.

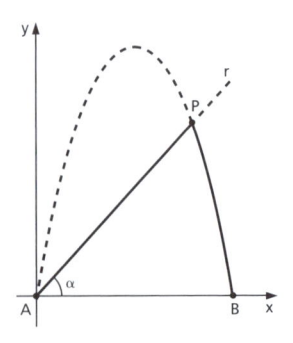

267. (UF-PE) Na ilustração ao lado temos parte dos gráficos da parábola com equação $y = -x^2 + 6x - 5$ e da reta não vertical que passa pelo ponto com coordenadas (2, 3) e que intercepta a parábola em um único ponto. Qual das seguintes é uma equação da reta?

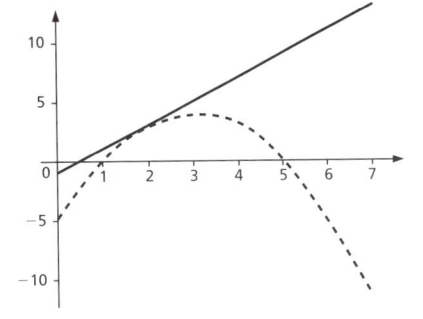

a) $y = 2x - 1$
b) $y = 3x - 3$
c) $y = 4x - 5$
d) $y = x + 1$
e) $y = -x + 5$

268. (FGV-SP) Na parte sombreada da figura, as extremidades dos segmentos de reta paralelos ao eixo y são pontos das representações gráficas das funções definidas por $f(x) = x^2$ e $g(x) = x + 6$, conforme indicado.

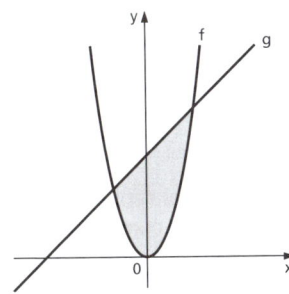

A medida do comprimento do maior desses segmentos localizado na região indicada na figura é:

a) 6
b) 6,25
c) 6,5
d) 6,75
e) 7

269. (UF-PE) A curva da figura ao lado representa parte do conjunto dos pontos (x, y) que satisfazem a equação

$y^2 - 4y - 4 = 0$

Com base nesses dados, analise as afirmações seguintes.

0–0) Para cada y real, existe um real x tal que (x, y) está na curva.

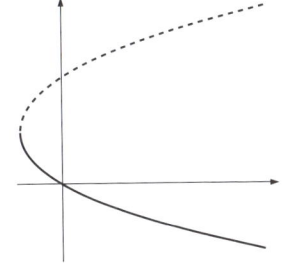

1–1) A curva é o gráfico da função $y = 2 \pm 2\sqrt{x + 1}$, com domínio os reais ≥ -1.

2–2) A parte da curva em traço pontilhado ilustra o gráfico da função $y = 2 + 2\sqrt{x + 1}$, com domínio os reais ≥ -1.

3–3) A parte da curva em traço contínuo ilustra o gráfico da função $y = 2 - 2\sqrt{x + 1}$, com domínio os reais ≥ -1.

4–4) Não é possível expressar x como função de y.

QUESTÕES DE VESTIBULARES

270. (UF-PB) O Governo pretende construir armazéns com o intuito de estocar parte da produção da safra de grãos, de modo que não haja desperdícios por situações adversas. A seção transversal da cobertura de um desses armazéns tem a forma de um arco de circunferência, apoiado em colunas de sustentação que estão sobre uma viga. O comprimento dessa viga é de 24 m e o comprimento da maior coluna de sustentação é de 8 m, conforme a figura a seguir.

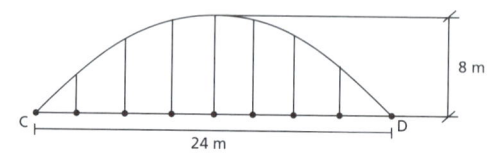

Considerando um sistema cartesiano de eixos ortogonais xy, com origem no ponto C, de modo que o semieixo x positivo esteja na direção CD e o semieixo y positivo apontando para cima, é correto afirmar que a equação da circunferência que contém o arco CD da seção transversal do telhado, com relação ao sistema de eixos xy, é dada por:

a) $(x - 12)^2 + (y + 5)^2 = 169$
b) $(x - 12)^2 + (y - 7)^2 = 193$
c) $(x - 12)^2 + (y - 6)^2 = 180$
d) $(x - 12)^2 + (y + 6)^2 = 180$
e) $(x - 12)^2 + (y - 5)^2 = 169$

271. (UF-PE) A figura abaixo ilustra a parábola com equação $y = -x^2 + 4x$ e uma circunferência de raio r e centro $(2, a)$. O único ponto comum a ambas é o vértice da parábola. O gráfico da circunferência está entre o eixo das abscissas e o gráfico da parábola, exceto pelo ponto comum à circunferência. Assinale $a + r$:

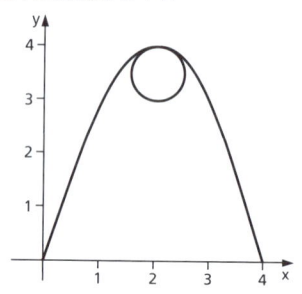

272. (UF-RN) Na construção de antenas parabólicas, os fabricantes utilizam uma curva, construída a partir de pontos dados, cujo modelo é uma parábola, conforme a figura abaixo:

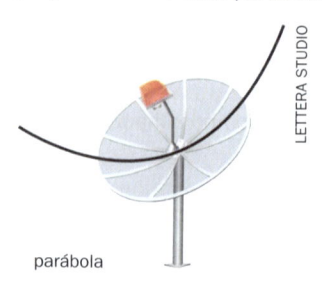

Uma fábrica, para construir essas antenas, utilizou como modelo a curva que passa pelos pontos de coordenadas (0, 0), (4, 1), (−4, 1).

Outro ponto que também pertence a essa curva tem coordenadas:

a) $\left(3, \frac{1}{2}\right)$
b) $\left(2, \frac{1}{4}\right)$
c) $\left(-2, \frac{1}{2}\right)$
d) $\left(-1, \frac{1}{4}\right)$

273. (UF-PR) Alguns telescópios usam espelhos parabólicos, pois essa forma geométrica reflete a luz que entra para um único ponto, chamado foco. O gráfico de $y = x^2$, por exemplo, tem a forma de uma parábola. A luz que vem verticalmente, de cima para baixo (paralelamente ao eixo y), encontra a parábola e é refletida segundo a lei de que o ângulo de incidência é igual ao ângulo de reflexão. Essa lei implica que os raios de luz verticais, encontrando a parábola no ponto (a, a^2), serão refletidos na direção da reta

$4ay + (1 - 4a^2)x = a$

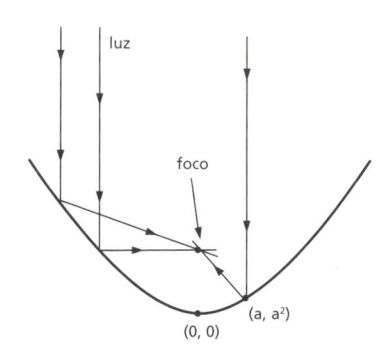

Sendo assim, calcule o ponto em que os raios de luz verticais refletidos em (1, 1) e (2, 4) se encontrarão.

274. (Fuvest-SP) No plano cartesiano Oxy, considere a parábola P de equação $y = -4x^2 + 8x + 12$ e a reta r de equação $y = 3x + 6$. Determine:

a) Os pontos A e B, de interseção da parábola P com o eixo coordenado Ox, bem como o vértice V da parábola P.

b) O ponto C de abscissa positiva, que pertence à interseção de P com a reta r.

c) A área do quadrilátero de vértices A, B, C e V.

275. (UF-PB) Uma parábola, ao ser girada em torno de seu eixo de simetria, gera uma superfície parabólica (paraboloide de revolução). Expondo-se uma superfície parabólica espelhada aos raios solares, esses raios são refletidos e convergem para o foco. Essa propriedade está na base do funcionamento dos chamados concentradores solares, cuja finalidade é captar a energia solar incidente numa superfície parabólica, relativamente grande, e concentrá-la numa área menor (foco), de modo que a temperatura desse foco aumente substancialmente.

A figura, a seguir, representa uma seção transversal de um concentrador solar que está sendo projetado por um técnico.

QUESTÕES DE VESTIBULARES

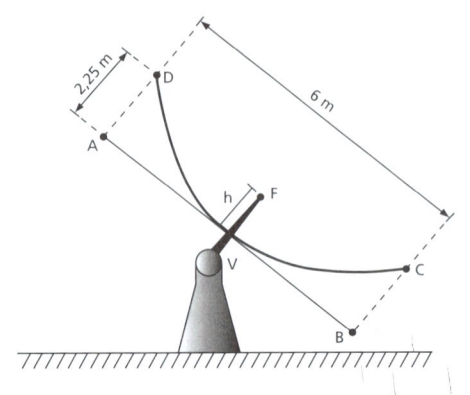

Nessa figura, os pontos V e F representam o vértice e o foco da parábola (seção transversal do concentrador solar).

Sabendo-se que AB = 6 m e AD = BC = 2,25 m, conclui-se que a distância h do vértice V ao foco F será de:

a) 1,00 m b) 1,25 m c) 1,50 m d) 1,75 m e) 2,00 m

276. (UF-PB) Uma empresa de telefonia celular mapeou sua área de cobertura em certa cidade, utilizando o plano cartesiano. Devido às características do relevo e do planejamento urbano da cidade, na região exterior à circunferência de equação $x^2 + y^2 = 81$ não há recepção de sinal e, nas demais regiões, a recepção do sinal ficou classificada conforme a figura abaixo.

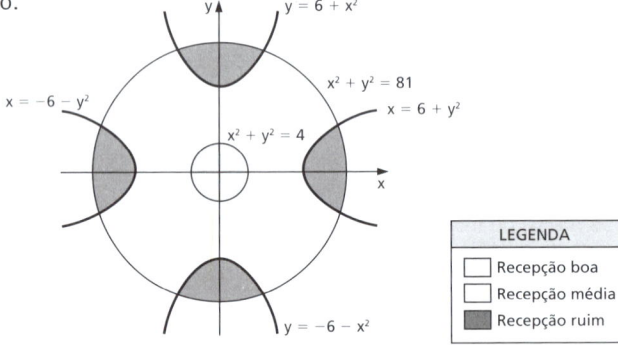

Nesse contexto, identifique as afirmativas corretas:

I. O ponto (1, 1) está na região de recepção boa.

II. O ponto (5, 1) está na região de recepção ruim.

III. A localidade delimitada pela região retangular de vértices (4, 6), (4, 10), (12, 10) e (12, 6) está parcialmente contida na região de recepção boa.

IV. A localidade delimitada pelo quadrado de vértices (1, −1), (−1, −1), (−1, 1) e (1, 1) está totalmente contida na região de recepção boa.

V. A localidade delimitada pelo retângulo de vértices (−1, 1), (1, 1), (−1, 8) e (1, 8) possui pontos de recepção boa, recepção média e recepção ruim.

277. (U.F. São Carlos-SP) A figura indica a representação gráfica, no plano cartesiano ortogonal xOy, das funções $y = x^2 + 2x - 5$ e $xy = 6$.

Sendo P, Q e R os pontos de interseção das curvas, e p, q e r as respectivas abscissas dos pares ordenados que representam esses pontos, então $p + q + r$ é igual a:

a) $-\dfrac{2}{3}$ c) $-\dfrac{3}{2}$ e) -3

b) -1 d) -2

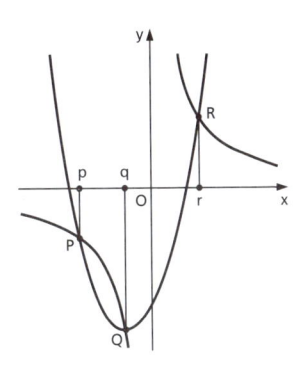

Lugares geométricos

278. (FGV-SP) A representação gráfica da equação $(x + y)^2 = x^2 + y^2$ no sistema cartesiano ortogonal é:

a) o conjunto vazio
b) um par de retas perpendiculares
c) um ponto
d) um par de pontos
e) um círculo

279. (PUC-RS) O lugar geométrico dos pontos do plano cartesiano que têm como característica abscissa igual a ordenada coincide com a representação da função f definida por:

a) $f(x) = 1$ c) $f(x) = x^2$ e) $f(x) = x^5$
b) $f(x) = x$ d) $f(x) = x^3$

280. (FGV-SP) Associe cada equação ao gráfico que forma:

I. $\dfrac{x-1}{2} + \dfrac{y-1}{2} = 0$

II. $x^2 - 1 = 0$

III. $x^2 - 1 = y$

IV. $x^2 + 2y^2 = 2$

V. $x^2 - y^2 = -1$

a) uma parábola c) uma hipérbole e) duas retas paralelas
b) uma elipse d) uma reta

As associações corretas são:

a) I – d; II – e; III – c; IV – a; V – d
b) I – d; II – e; III – a; IV – b; V – c
c) I – b; II – e; III – d; IV – b; V – c
d) I – d; II – a; III – c; IV – e; V – c
e) I – e; II – d; III – b; IV – c; V – a

7 | Fundamentos de Matemática Elementar

QUESTÕES DE VESTIBULARES

281. (UF-PR) Alguns processos de produção permitem obter mais de um produto a partir dos mesmos recursos, por exemplo, variação da quantidade de níquel no processo de produção do aço fornece ligas com diferentes graus de resistência. Uma companhia siderúrgica pode produzir, por dia, x toneladas do aço tipo Xis e y toneladas do aço tipo Ypsilon utilizando o mesmo processo de produção. A equação $2x + 3y^2 + 9y - 30 = 0$, chamada de curva de transformação do produto, estabelece a relação de dependência entre essas duas quantidades. Obviamente deve-se supor $x \geq 0$ e $y \geq 0$. Com base nessas informações, considere as seguintes afirmativas.

1. É possível produzir até 20 toneladas do aço tipo Xis por dia.
2. A produção máxima de aço tipo Ypsilon, por dia, é de apenas 2 toneladas.
3. Num único dia é possível produzir 500 kg de aço tipo Ypsilon e ainda restam recursos para produzir mais de 12 toneladas do aço tipo Xis.

Assinale a alternativa correta:

a) Somente as afirmativas 1 e 3 são verdadeiras.
b) Somente as afirmativas 1 e 2 são verdadeiras.
c) Somente as afirmativas 2 e 3 são verdadeiras.
d) Somente a afirmativa 1 é verdadeira.
e) Somente a afirmativa 2 é verdadeira.

282. (ITA-SP) Sejam A: (a, 0), B: (0, a) e C: (a, a), pontos do plano cartesiano, em que a é um número real não nulo. Nas alternativas abaixo, assinale a equação do lugar geométrico dos pontos P: (x, y) cuja distância à reta que passa por A e B é igual à distância de P ao ponto C.

a) $x^2 + y^2 - 2xy - 2ax - 2ay + 3a^2 = 0$
b) $x^2 + y^2 + 2xy + 2ax + 2ay + 3a^2 = 0$
c) $x^2 + y^2 - 2xy + 2ax + 2ay + 3a^2 = 0$
d) $x^2 + y^2 - 2xy - 2ax - 2ay - 3a^2 = 0$
e) $x^2 + y^2 + 2xy - 2ax - 2ay - 3a^2 = 0$

283. (ITA-SP) Dada a curva $x^2 - 10x + y^2 + 16 = 0$ e a reta $x + 2 = 0$, determine o lugar geométrico dos centros das circunferências que são tangentes à reta e tangentes exteriormente à curva.

284. (UF-AM) Considerando as cônicas de equação:

C_1: $x^2 + y^2 - 4x - 4y + 4 = 0$ e
C_2: $x^2 + y^2 - 10x - 4y + 28 = 0$, podemos afirmar que:

a) As cônicas se interceptam em um único ponto.
b) As cônicas são duas circunferências concêntricas.
c) As cônicas são duas circunferências que se interceptam em dois pontos distintos.
d) As cônicas são duas circunferências que não se interceptam.
e) A distância entre os centros das duas cônicas é igual a $\sqrt{2}$.

285. (Udesc-SC) Analise as afirmações dadas a seguir, classifique-as como verdadeiras (V) ou falsas (F):

( ) A equação $x^2 - 2x + y^2 + 2y + 1 = 0$ representa uma circunferência que é tangente tanto ao eixo das abscissas quando ao eixo das ordenadas.

( ) A elipse de equação $9x^2 + 4y^2 = 36$ intercepta a hipérbole de equação $x^2 - 4y^2 = 4$ em apenas dois pontos, que são os vértices da hipérbole.

( ) O semieixo maior da elipse $9x^2 + 4y^2 = 36$ é paralelo ao eixo real da hipérbole $x^2 - 4y^2 = 4$.

Assinale a alternativa que contém a sequência correta, de cima para baixo:
a) V – V – V
b) V – V – F
c) F – V – F
d) F – F – V
e) V – F – F

286. (UF-CE) Considere as seguintes regiões do plano cartesiano xOy:

$A = \{P(x, y); x^2 + y^2 - 4x - 4y + 4 \leq 0\}$ e $B = \{P(x, y); 0 \leq y \leq x \leq 4\}$

a) Identifique e esboce graficamente a região A.
b) Identifique e esboce graficamente a região B.
c) Calcule a área da região $A \cap B$.

287. (UE-RJ) Em cada ponto (x, y) do plano cartesiano, o valor de T é definido pela seguinte equação:

$$T = \frac{200}{x^2 + y^2 - 4x + 8}$$

Sabe-se que T assume seu valor máximo, 50, no ponto $(2, 0)$.

Calcule a área da região que corresponde ao conjunto dos pontos do plano cartesiano para os quais $T \geq 20$.

288. (ITA-SP) Dados os pontos $A = (0, 0)$, $B = (2, 0)$ e $C = (1, 1)$, o lugar geométrico dos pontos que se encontram a uma distância $d = 2$ da bissetriz interna, por A, do triângulo ABC é um par de retas definidas por:

a) $r_{1,2}: \sqrt{2}y - x \pm 2\sqrt{4 + \sqrt{2}} = 0$
b) $r_{1,2}: \frac{\sqrt{2}}{2}y - x \pm 2\sqrt{10 + \sqrt{2}} = 0$
c) $r_{1,2}: 2y - x \pm 2\sqrt{10 + \sqrt{2}} = 0$
d) $r_{1,2}: (\sqrt{2} + 1)y - x \pm 2\sqrt{2 + 4\sqrt{2}} = 0$
e) $r_{1,2}: (\sqrt{2} + 1)y - x \pm 2\sqrt{4 + 2\sqrt{2}} = 0$

289. (ITA-SP) No plano, considere S o lugar geométrico dos pontos cuja soma dos quadrados de suas distâncias à reta $t: x = 1$ e ao ponto $A = (3, 2)$ é igual a 4. Então, S é:

a) uma circunferência de raio $\sqrt{2}$ e centro $(2, 1)$.
b) uma circunferência de raio 1 e centro $(1, 2)$.
c) uma hipérbole.
d) uma elipse de eixos de comprimento $2\sqrt{2}$ e 2.
e) uma elipse de eixos de comprimento 2 e 1.

QUESTÕES DE VESTIBULARES

290. (ITA-SP) A expressão $4e^{2x} + 9e^{2y} - 16e^x - 54e^y + 61 = 0$, com x e y reais, representa
a) o conjunto vazio.
b) um conjunto unitário.
c) um conjunto não unitário com um número finito de pontos.
d) um conjunto com um número infinito de pontos.
e) o conjunto $\{(x, y) \in \mathbb{R}^2 \mid 2(e^x - 2)^2 + 3(e^y - 3)^2 = 1\}$.

291. (U.F. São Carlos-SP) O gráfico esboçado representa o peso médio, em quilogramas, de um animal de determinada espécie em função do tempo de vida t, em meses.

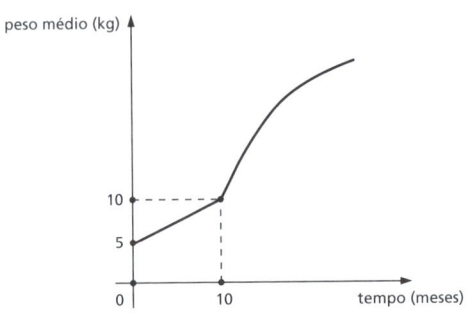

a) $0 \leq t \leq 10$ o gráfico é um segmento de reta. Determine a expressão da função cujo gráfico é esse segmento de reta e calcule o peso médio do animal com 6 meses de vida.

b) Para $t \geq 10$ meses a expressão da função que representa o peso médio do animal, em quilogramas, é $P(t) = \dfrac{120t - 1\,000}{t + 10}$.

Determine o intervalo de tempo t para o qual $10 < P(t) \leq 70$.

O texto abaixo se refere às questões 292 e 293.

292. (FGV-SP) Um ponto pode ser descrito pelas suas coordenadas retangulares (x, y) ou pelas coordenadas polares (r, θ), sendo r a distância entre o ponto e a origem e θ a medida, em radianos, do arco que o eixo x descreve no sentido anti-horário, até encontrar $\overline{OP}$. Em geral, $0 \leq \theta \leq 2\pi$. As relações utilizadas para que se passe de um sistema de coordenadas a outro são as seguintes:

$r = \sqrt{x^2 + y^2}$; $\operatorname{sen} \theta = \dfrac{y}{r}$; $\cos \theta = \dfrac{x}{r}$; $\operatorname{tg} \theta = \dfrac{y}{x}$

As coordenadas polares do ponto P(1, 1) são:

a) $\left(\sqrt{2}, \pi\right)$
b) $\left(\sqrt{2}, \dfrac{\pi}{2}\right)$
c) $\left(\sqrt{2}, \dfrac{\pi}{4}\right)$
d) $\left(\sqrt{2}, \dfrac{3\pi}{4}\right)$
e) $\left(\sqrt{2}, \dfrac{3\pi}{2}\right)$

QUESTÕES DE VESTIBULARES

293. (FGV-SP) A equação, em coordenadas polares, da curva cuja equação em coordenadas retangulares é $x^2 + y^2 = x + y$, é:
a) $r = \cos \theta + \text{sen } \theta$
c) $r = \cos^2 \theta - \text{sen } \theta$
e) $r = 2 \text{ sen } \theta$
b) $r^2 = \cos \theta + \text{sen } \theta$
d) $r = 2 \cos \theta$

294. (Unicamp-SP) Uma placa retangular de madeira, com dimensões 10 × 20 cm, deve ser recortada conforme mostra a figura abaixo. Depois de efetuado o recorte, as coordenadas do centro de gravidade da placa (em função da medida w) serão dadas por:

$$x_{CG}(w) = \frac{400 - 15w}{80 - 2w} \text{ e } y_{CG}(w) = \frac{400 + (w - 20)^2}{80 - 2w}$$

em que x_{CG} é a coordenada horizontal e y_{CG} é a coordenada vertical do centro de gravidade, tomando o canto inferior esquerdo como a origem.

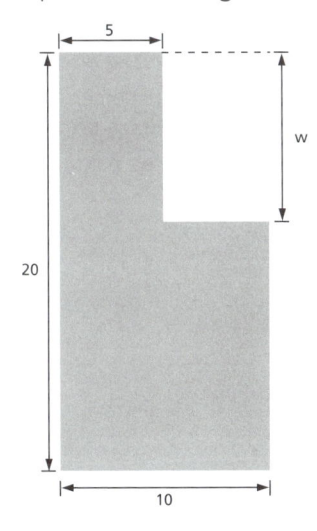

a) Defina A(w), a função que fornece a área da placa recortada em relação a w. Determine as coordenadas do centro de gravidade quando $A(w) = 150$ cm².

b) Determine uma expressão geral para $w(x_{CG})$, a função que fornece a dimensão w em relação à coordenada x_{CG}, e calcule y_{CG} quando $x_{CG} = \frac{7}{2}$ cm.

295. (FGV-SP) Os pontos $A(-1, 4)$, $B(2, 3)$ e C não são colineares. O ponto C é tal que a área do triângulo ABC é $\sqrt{5}$. Nas condições dadas, o lugar geométrico das possibilidades de C é representado no plano cartesiano por um(a):
a) par de pontos distantes $2\sqrt{5}$ um do outro.
b) reta perpendicular a $\overline{AB}$ que passa por $\left(1, \frac{10}{3}\right)$.
c) reta perpendicular a $\overline{AB}$ que passa por $\left(\frac{1}{2}, \frac{7}{2}\right)$.

d) par de retas paralelas distantes $\sqrt{3}$ uma da outra.

e) par de retas paralelas distantes $2\sqrt{2}$ uma da outra.

296. (UF-MG) Um triângulo equilátero ABC, cujo lado mede 1 cm, é colocado sobre um plano cartesiano, de modo que, inicialmente, o lado AC está apoiado sobre o eixo x e o vértice C, sobre a origem. Em seguida, esse triângulo é girado, seguidamente, sobre o vértice que está à direita e apoiado sobre o eixo x, como mostrado nesta figura:

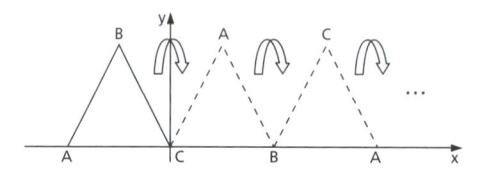

a) Determine uma equação que descreve a trajetória do ponto A da sua posição inicial até ele tocar novamente, pela primeira vez, o eixo.

b) Determine o comprimento da trajetória percorrida pelo ponto A, da sua posição inicial até ele tocar novamente, pela primeira vez, o eixo x.

c) Determine as coordenadas de todos os pontos da trajetória do ponto A que estão a uma altura $\dfrac{1}{2}$ do eixo x.

Respostas das questões de vestibulares

Coordenadas cartesianas no plano

1. e
2. a
3. d ≅ 7,21 m
4. e
5. a
6. d
7. a
8. e
9. d
10. a
11. 26
12. P(2, 5)

Equação da reta

13. c
14. c
15. a) 2   b) 9
16. c
17. c
18. a
19. a
20. d
21. a
22. c
23. F(6, 6)
24. a
25. e
26. d
27. a
28. a
29. a
30. a
31. b
32. d

RESPOSTAS DAS QUESTÕES DE VESTIBULARES

33. b

34. c

35. d

36. c

37. $x + 2y = 8$

38. $y = -\dfrac{3}{4}x + \dfrac{15}{4}$

39. $A = \left(-\dfrac{28}{3}, -\dfrac{47}{9}\right)$ e $B = \left(\dfrac{28}{3}, -\dfrac{25}{9}\right)$

40. a) 3, 6 e 9
b) $9 + 54\sqrt{2}$

41. e

42. a

43. e

44. d

45. a) Não
b) x = nº de vacas
y = nº de bezerros
$5x + 2y \leqslant 100$

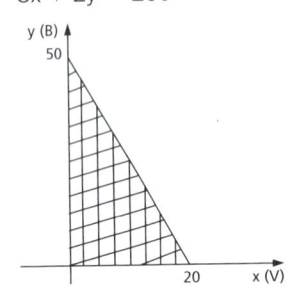

46. c

47. d

48. e

49. a) 36
b) A'(0, 3), B'(−6, 0), C'(0, −3) e D'(6, 0)
c) i

50. e

51. a) $A\left(3, \dfrac{1}{2}\right)$ e $B\left(1, \dfrac{3}{2}\right)$
b) Construção

52. $y = \dfrac{50}{101} \cdot x$

Teoria angular

53. c

54. b

55. a) $3x - 4y = 0$
b) $3x + 2y = 9$
c) $\left(2, \dfrac{3}{2}\right)$

56. d

57. e

58. a

59. b

60. (001), (002), (004) e (008)

61. a

62. a) M(4, 5)
b) C(−1, 7)
c) (10, 8) e (−2, 2)

63. c

64. a

65. d

66. b

67. $3x + 2y - 2 = 0$

68. c

69. e

70. b

71. d

72. d

73. c

74. b

75. a

76. 24

77. a

78. b

79. 80 u.a.

80. 25

81. a) Duas retas
b) $2x - y + 1 = 0$ e $x + 2y - 12 = 0$

82. a) $Re(z_0) = \frac{1}{2}$ e $Im(z_0) = 1$
b) $P(z) = 4z^2 - 4z + 5$
c) $w_1 = -6 + 2i$ e $w_2 = 6 - 2i$
d) $z_1 = 1 + \frac{1}{2}i$

Distância de ponto a reta

83. 72

84. e

85. a

86. e

87. a

88. d

89. $x + y + 3 = 0$ e $x + y - 1 = 0$

90. c

91. c

92. d

93. d

94. c

95. a

96. c

97. c

98. a

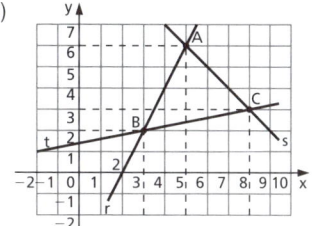

99. a) [gráfico]
b) A(5, 6), B(3, 2), C(8, 3)
c) 9 u.a.

100. e

101. e

102. b

103. 22

104. e

105. II, III, IV e V

106. c

107. b

108. b

109. a) $P\left(-\frac{b}{a}, 0\right)$, $Q(0, b)$ e $R\left(\frac{b}{2b - 2a}, \frac{2b^2 - ab}{2b - 2a}\right)$
b) $a = -8$, $b = 4$ e $c = 16$

110. c

111. b

112. b

113. 4 u.a.

114. b

115. a) $y = \frac{x}{2}$
b) $Q\left(\frac{6(6 - \sqrt{3})}{11}, \frac{6(6 - \sqrt{3})}{22}\right)$
$R\left(-\frac{6(6 - \sqrt{3})}{11}, -\frac{6(6 - \sqrt{3})}{22}\right)$

116. (001), (002) e (016)

117. V, F, V, V e V

118. e

119. e

120. b

121. e

122. d

123. e

124. a) 4 u.a.   b) 36 u.a.

Circunferências

125. b

126. e

127. a

128. a

129. c

130. d

131. a) $(x-3)^2 + (y-4)^2 = 5^2$
b) P(0, 8)

132. e

133. d

134. d

135. b

136. c

137. b

138. a) Demonstração
b) D = (3, 6)
c) $\left(x - \frac{7}{2}\right)^2 + \left(y - \frac{7}{2}\right)^2 = \frac{26}{4}$

139. $\left(x - \frac{5}{2}\right)^2 + (y - 4)^2 = \frac{9}{4}$

140. d

141. e

142. e

143. a

144. 40

145. a) $A(2\sqrt{2}, 1)$, $B(1, 2\sqrt{2})$, $C(-1, 2\sqrt{2})$ e $D(-2\sqrt{2}, 1)$
b) $7 + 2\sqrt{2}$

146. d

147. a) x = 2, y = 0 e y = x
b) $(x - 2)^2 + y^2 = 8$

148. d

149. b

150. c

151. d

152. b

153. (01), (02), (04), (08) e (16)

154. c

155. b

156. c

157. e

158. d

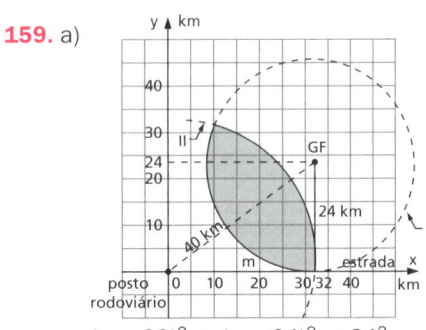

159. a)

$(x - 32)^2 + (y - 24)^2 \leqslant 24^2$ e
$x^2 + y^2 \leqslant 24^2$
b) No quilômetro 25 da estrada

160. e

161. d

162. c

163. c

164. a

165. d

166. a

167. I, II e V

168. a

169. b

170. b

171. a) $A = 2 \cdot \text{sen}(2\alpha)$
$P = 4(\cos \alpha + \text{sen } \alpha)$
b) $\alpha = \dfrac{\pi}{4}$
c) $\alpha = \dfrac{\pi}{4}$

172. e

173. e

174. $02 + 04 = 06$

175. d

176. c

177. a) $P(3, \sqrt{3})$
b) $\dfrac{4\pi}{3} + 2\sqrt{3}$

178. a) $\dfrac{1}{2}$
b) $a_1\sqrt{10}$

179. $\left[-\dfrac{25}{4}, -4\right] \cup [-1, 0]$

180. a) $\dfrac{S}{T} = \dfrac{\pi k}{4}$
b) $k = \dfrac{4}{\pi}$

181. d

182. $\sqrt{3}x + 3y = 3 + 2\sqrt{3}$

184. $\dfrac{2\pi}{3}$ u.a.

184. a

185. b

186. b

187. a) 30 unidades
b) $x = 5$ e $y = 5$

188. a) $(1 + \sqrt{2}, 0)$ b) $\left(\dfrac{3}{5}, \dfrac{4}{5}\right)$

189. 64

190. $(9, 12)$ e $d = 15$

191. a

192. b

193. b

194. a

195. b

196. d

197. a) $A(1, 2)$, $B(-1, -2)$ e $C(-2, -1)$
b) 3

198. b

Tangência

199. d

200. b

201. a

202. c

203. b

204. d

205. d

206. e

207. a

208. a

209. e

210. a) $C\left(0, \dfrac{2}{a}\right)$
b) $A\left(\dfrac{1}{5}, \dfrac{3}{5}\right)$ e $\left(x - \dfrac{1}{5}\right)^2 + \left(y - \dfrac{3}{5}\right)^2 = \dfrac{9}{25}$

211. a) $\left(-\dfrac{4\sqrt{5}}{5}, \dfrac{2\sqrt{5}}{5}\right)$
b) $y = -3x$

213. $2x + y + 3 = 0$

213. e

214. a) $2 - \sqrt{7} < x < 2 + \sqrt{7}$
b) $(x - 3)^2 + (y - 5)^2 = 2$

215. $(x - 3)^2 + y^2 = \dfrac{9}{4}$

216. $y = -\dfrac{3}{4}x + 7$

217. $\dfrac{145\sqrt{2} + 15\sqrt{29}}{49}$

218. $q = \dfrac{\sqrt{3}}{4}$

219. $y = -x + 4$ e $y = -x$

220. $P\left(3 + \dfrac{3}{\sqrt{10}}, 1 + \dfrac{1}{\sqrt{10}}\right)$

221. a) $y = \dfrac{1}{2}x + 5$
b) $\left(x - \dfrac{18}{5}\right)^2 + \left(y - \dfrac{34}{5}\right)^2 = \dfrac{169}{5}$

222. a) $2x + y - 7 = 0$
b) $2x + y - 17 = 0$
c) $\left(x - \dfrac{7}{2}\right)^2 + \left(y - \dfrac{15}{4}\right)^2 = \dfrac{125}{16}$

223. 7

224. a) demonstração
b) $(4, 0)$

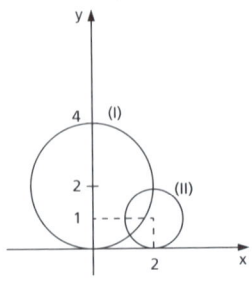

225. a) 12
b) 90
c) 96

226. a) $P(-1, -2)$
b) $(x + 5)^2 + (y - 1)^2 = 25$
c) 6,25 u.a.

227. a) $x + 2y - 5 = 0$
b) $(2\sqrt{3} + 1, 0)$

228. $01 + 02 + 04 + 08 + 32 = 47$

Cônicas

229. a
230. d
231. a
232. a
233. b
234. d
235. b
236. a
237. 1
238. a
239. c
240. e
241. a
242. a
243. c
244. $S = (\sqrt{6}, 12)$ ou $S = (-\sqrt{6}, 12)$
245. c
246. d
246. e
248. d
249. d

250. d

251. c

252. y = 2x − 1 e y = −2x − 1

253. c

254. e

255. 50

256. b

257. 01 + 08 + 16 + 32 = 57

258. c

259. $y = \frac{\sqrt{2}}{4}(x - 2\sqrt{2})^2$ e $y = -\frac{\sqrt{2}}{4}(x - 2\sqrt{2})^2$

260. $d = \frac{\sqrt{5}}{5}$

261. (002), (004) e (016)

262. a

263. a

264. 3 m

265. e

266. a) $y = -\frac{1}{9}x^2 + \frac{8}{3}x$
b) $x_0 = 24 - 3\sqrt{3}$ e $y_0 = 8\sqrt{3} - 3$

267. a

268. b

269. V, F, V, V e F

270. a

271. 04

272. b

273. $\left(0, \frac{1}{4}\right)$

274. a) A(−1, 0), B(3, 0) e V(1, 16)
b) C(2, 12)
c) 36 u.a.

275. a

276. V, F, F, V, V

277. d

Lugares geométricos

278. b

279. b

280. b

281. c

282. a

283. $y^2 = 20x$

284. a

285. b

286. a) Círculo de raio 2 e centro (2, 2)

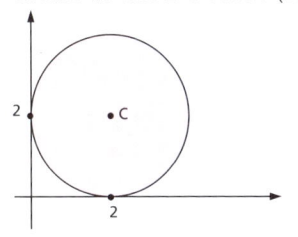

b) Interseção de três semiplanos, que é a região limitada pelo triângulo abaixo:

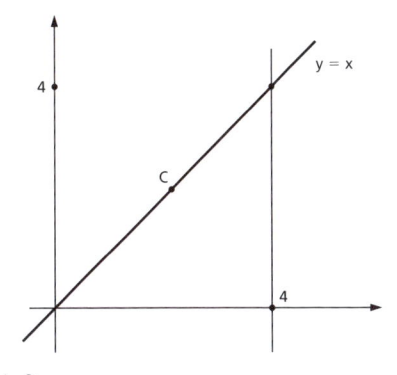

c) 2π

287. 6π

288. e

RESPOSTAS DAS QUESTÕES DE VESTIBULARES

289. d

290. d

291. a) $P(t) = \dfrac{t}{2} + 5$ e $P_m = P(5) = 7{,}5$ kg

b) $0 < t \leq 34$

292. c

293. a

294. a) $A(w) = 200 - 5w$, $x_{CG} = \dfrac{25}{6}$ cm e $y_{CG} = \dfrac{25}{3}$ cm

b) $w(x_{CG}) = \dfrac{400 - 80x_{CG}}{15 - 2x_{CG}}$ e $y_{CG} = 8{,}5$ cm

295. e

296. a) $x^2 + y^2 = 1 \left(\text{com } -1 \leq x \leq \dfrac{1}{2} \text{ e } y \geq 0\right)$

$(x-1)^2 + y^2 = 1 \left(\text{com } \dfrac{1}{2} \leq x \leq 2 \text{ e } y > 0\right)$

b) $\dfrac{4\pi}{3}$

c) $\left(-\dfrac{\sqrt{3}}{2}, \dfrac{1}{2}\right)$ e $\left(4\dfrac{\sqrt{3}}{2}, \dfrac{1}{2}\right)$

Significado das siglas de vestibulares

Cefet-SC — Centro Federal de Educação Tecnológica de Santa Catarina
Enem-MEC — Exame Nacional do Ensino Médio, Ministério da Educação
ESPM-SP — Escola Superior de Propaganda e Marketing, São Paulo
Fatec-SP — Faculdade de Tecnologia de São Paulo
FEI-SP — Faculdade de Engenharia Industrial, São Paulo
FGV-SP — Fundação Getúlio Vargas, São Paulo
FGV-RJ — Fundação Getúlio Vargas, Rio de Janeiro
Fuvest-SP — Fundação para o Vestibular da Universidade de São Paulo
Ibmec-RJ — Ibmec, Rio de Janeiro
ITA-SP — Instituto Tecnológico de Aeronáutica, São Paulo
Mackenzie-SP — Universidade Presbiteriana Mackenzie, São Paulo
PUC-MG — Pontifícia Universidade Católica de Minas Gerais
PUC-RJ — Pontifícia Universidade Católica do Rio de Janeiro
PUC-RS — Pontifícia Universidade Católica do Rio Grande do Sul
PUC-SP — Pontifícia Universidade Católica de São Paulo
Udesc-SC — Universidade do Estado de Santa Catarina
UE-CE — Universidade Estadual do Ceará
UE-GO — Universidade Estadual de Goiás
U.E. Londrina-PR — Universidade Estadual de Londrina, Paraná
U.E. Ponta Grossa-PR — Universidade Estadual de Ponta Grossa, Paraná
UE-RJ — Universidade do Estado do Rio de Janeiro
UF-AL — Universidade Federal de Alagoas
UF-AM — Universidade Federal do Amazonas
UF-BA — Universidade Federal da Bahia
UF-CE — Universidade Federal do Ceará
UF-ES — Universidade Federal do Espírito Santo
UF-GO — Universidade Federal de Goiás
U.F. Juiz de Fora-MG — Universidade Federal de Juiz de Fora, Minas Gerais
UF-MA — Universidade Federal do Maranhão
UF-MG — Universidade Federal de Minas Gerais
UF-MS — Universidade Federal do Mato Grosso do Sul
UF-MT — Universidade Federal do Mato Grosso
UF-PA — Universidade Fedeal do Pará
UF-PB — Universidade Federal da Paraíba
UF-PE — Universidade Federal de Pernambuco
U.F. Pelotas-RS — Universidade Federal de Pelotas, Rio Grande do Sul

SIGNIFICADO DAS SIGLAS DE VESTIBULARES

UF-PI — Universidade Federal do Piauí
UF-PR — Universidade Federal do Paraná
UF-RS — Universidade Federal do Rio Grande do Sul
UF-RJ — Universidade Federal do Rio de Janeiro
UF-RN — Universidade Federal do Rio Grande do Norte
UFR-RJ — Universidade Federal Rural do Rio de Janeiro
U.F. São Carlos-SP — Universidade Federal de São Carlos, São Paulo
UF-TO — Universidade Federal de Tocantins
U.F. Uberlândia-MG — Universidade Federal de Uberlândia, Minas Gerais
Uneb-BA — Universidade do Estado da Bahia
Unemat-MT — Universidade do Estado do Mato Grosso
Unesp-SP — Universidade Estadual Paulista, São Paulo
Unicamp-SP — Universidade Estadual de Campinas, São Paulo
Unifesp-SP — Universidade Federal de São Paulo